本书根据土木工程本科专业教学要求，并结合《建筑与市政工程抗震通用规范》GB 55002—2021、《建筑抗震设计规范》GB 50011—2010（2016年版）等国家现行规范进行修订。

本书主要内容包括：地震基本知识，地震作用计算，结构抗震计算，结构抗震概念设计，混凝土结构房屋抗震设计，砌体结构房屋抗震设计，钢结构房屋抗震设计，桥梁结构抗震设计，建筑结构隔震设计，建筑结构消能减震设计。

本书可用作土木工程专业本科教材或教学参考书，也可供研究生和有关技术人员参考使用。

为了更好地支持教学，我社向采用本书作为教材的教师提供课件，有需要者可与出版社联系，邮箱 jckj@cabp.com.cn，电话 (010)58337285。

党和国家高度重视教材建设。2016年，中办国办印发了《关于加强和改进新形势下大中小学教材建设的意见》，提出要健全国家教材制度。2019年12月，教育部牵头制定了《普通高等学校教材管理办法》和《职业院校教材管理办法》，旨在全面加强党的领导，切实提高教材建设的科学化水平，打造精品教材。住房和城乡建设部历来重视土建类学科专业教材建设，从"九五"开始组织部级规划教材立项工作，经过近30年的不断建设，规划教材提升了住房和城乡建设行业教材质量和认可度，出版了一系列精品教材，有效促进了行业部门引导专业教育，推动了行业高质量发展。

为进一步加强高等教育、职业教育住房和城乡建设领域学科专业教材建设工作，提高住房和城乡建设行业人才培养质量，2020年12月，住房和城乡建设部办公厅印发《关于申报高等教育职业教育住房和城乡建设领域学科专业"十四五"规划教材的通知》（建办人函〔2020〕656号），开展了住房和城乡建设部"十四五"规划教材选题的申报工作。经过专家评审和部人事司审核，512项选题列入住房和城乡建设领域学科专业"十四五"规划教材（简称规划教材）。2021年9月，住房和城乡建设部印发了《高等教育职业教育住房和城乡建设领域学科专业"十四五"规划教材选题的通知》（建人函〔2021〕36号）。为做好"十四五"规划教材的编写、审核、出版等工作，《通知》要求：（1）规划教材的编著者应依据《住房和城乡建设领域学科专业"十四五"规划教材申请书》（简称《申请书》）中的立项目标、申报依据、工作安排及进度，按时编写出高质量的教材；（2）规划教材编著者所在单位应履行《申请书》中的学校保证计划实施的主要条件，支持编著者按计划完成书稿编写工作；（3）高等学校土建类专业课程教材与教学资源专家委员会、全国住房和城乡建设职业教育教学指导委员会、住房和城乡建设部中等职业教育专业指导委员会应做好规划教材的指导、协调和审稿等工作，保证编写质量；（4）规划教材出版单位应积极配合，做好编辑、出版、发行等工作；（5）规划教材封面和书脊应标注"住房和城乡建设部'十四五'规划教材"字样和统一标识；（6）规划教材应在"十四五"期间完成出版，逾期不能完成的，不再作为《住房和城乡建设领域学科专业"十四五"规划教材》。

住房和城乡建设领域学科专业"十四五"规划教材的特点：一是重点以修订教育部、住房和城乡建设部"十二五""十三五"规划教材为主；二是严格按照专业标准规范要求编写，体现新发展理念；三是系列教材具有明显特点，满足不同层次和类型的学校专业教学要求；四是配备了数字资源，适应现代化教学的要求。规划教材的出版凝聚了作者、主审及编辑的心血，得到了有关院校、出版单位的大力支

住房和城乡建设部"十四五"规划教材
"十二五"普通高等教育本科国家级规划教材
高等学校土木工程专业指导委员会规划推荐教材

（经典精品系列教材）

工程结构抗震设计

（第四版）

李爱群　丁幼亮　高振世　编著

中国建筑工业出版社

图书在版编目(CIP)数据

工程结构抗震设计 / 李爱群, 丁幼亮, 高振世编著
. —4 版. —北京:中国建筑工业出版社, 2023.5 (2024.6 重印)
住房和城乡建设部"十四五"规划教材 "十二五"
普通高等教育本科国家级规划教材 高等学校土木工程专
业指导委员会规划推荐教材. 经典精品系列教材
ISBN 978-7-112-28684-3

Ⅰ. ①工… Ⅱ. ①李… ②丁… ③高… Ⅲ. ①建筑结
构－防震设计－高等学校－教材 Ⅳ. ①TU352.104

中国国家版本馆 CIP 数据核字(2023)第 073895 号

责任编辑:仕 帅 吉万旺 王 跃
责任校对:李美娜

住 房 和 城 乡 建 设 部 "十 四 五 " 规 划 教 材
"十二五"普通高等教育本科国家级规划教材
高等学校土木工程专业指导委员会规划推荐教材
(经典精品系列教材)

工程结构抗震设计
(第四版)
李爱群 丁幼亮 高振世 编著

*

中国建筑工业出版社出版、发行 (北京海淀三里河路 9 号)
各地新华书店、建筑书店经销
北京红光制版公司制版
北京圣夫亚美印刷有限公司印刷

*

开本:787 毫米×1092 毫米 1/16 印张:17¼ 字数:374 千字
2023 年 6 月第四版 2024 年 6 月第二次印刷
定价:48.00 元 (赠教师课件)
ISBN 978-7-112-28684-3
(40955)

持，教材建设管理过程有严格保障。 希望广大院校及各专业师生在选用、使用过程中，对规划教材的编写、出版质量进行反馈，以促进规划教材建设质量不断提高。

住房和城乡建设部"十四五"规划教材办公室

2021 年 11 月

修订说明

为规范我国土木工程专业教学，指导各学校土木工程专业人才培养，高等学校土木工程学科专业指导委员会组织我国土木工程专业教育领域的优秀专家编写了《高等学校土木工程专业指导委员会规划推荐教材》。本系列教材自 2002 年起陆续出版，共 40 余册，十余年来多次修订，在土木工程专业教学中起到了积极的指导作用。

本系列教材从宽口径、大土木的概念出发，根据教育部有关高等教育土木工程专业课程设置的教学要求编写，经过多年的建设和发展，逐步形成了自己的特色。本系列教材曾被教育部评为面向 21 世纪课程教材，其中大多数曾被评为普通高等教育"十一五"国家级规划教材和普通高等教育土建学科专业"十五""十一五""十二五""十三五"规划教材，并有 11 种入选教育部普通高等教育精品教材。2012 年，本系列教材全部入选第一批"十二五"普通高等教育本科国家级规划教材。

2011 年，高等学校土木工程学科专业指导委员会根据国家教育行政主管部门的要求以及我国土木工程专业教学现状，编制了《高等学校土木工程本科指导性专业规范》。在此基础上，高等学校土木工程学科专业指导委员会及时规划出版了高等学校土木工程本科指导性专业规范配套教材。为区分两套教材，特在原系列教材丛书名《高等学校土木工程专业指导委员会规划推荐教材》后加上经典精品系列教材。2021 年，本套教材整体被评为《住房和城乡建设部"十四五"规划教材》，请各位主编及有关单位根据《高等教育 职业教育住房和城乡建设领域学科专业"十四五"规划教材选题的通知》要求，高度重视土建类学科专业教材建设工作，做好规划教材的编写、出版和使用，为提高土建类高等教育教学质量和人才培养质量做出贡献。

高等学校土木工程学科专业指导委员会

中国建筑工业出版社

第四版前言

本书是在住房城乡建设部土建类学科专业"十三五"规划教材、"十二五"普通高等教育本科国家级规划教材《工程结构抗震设计（第三版）》基础上，根据《建筑与市政工程抗震通用规范》GB 55002—2021、《建筑抗震设计规范》GB 50011—2010（2016 年版）等现行国家规范及教材使用中发现的问题进行局部修订而成。本书为高等学校土木工程专业指导委员会规划推荐教材(经典精品系列教材)，自出版以来，曾被评为普通高等教育"十一五""十二五"国家级规划教材以及住房城乡建设部土建类学科专业"十一五""十二五""十三五"规划教材。2021 年本书被评为住房和城乡建设部"十四五"规划教材。

对于书中可能存在的疏漏与不妥之处，敬请广大同行及读者继续指正。

编者

2022 年 11 月

第三版前言

　　本书是在高校土木工程专业指导委员会规划推荐教材《工程结构抗震设计（第二版）》基础上，根据《建筑抗震设计规范》GB 50011—2010(2016 年版）等现行国家规范及教材使用中发现的问题进行局部修订而成。 本书自出版以来，曾被评为普通高等教育"十一五""十二五"国家级规划教材以及住房城乡建设部土建学科"专业""十一五""十二五"规划教材。 2016 年本书被评为住房城乡建设部土建类学科专业"十三五"规划教材。

　　对于书中可能存在的疏漏与不妥之处，敬请广大同行及读者继续指正。

编者

2017 年 5 月

第二版前言

本书是在我校编著的普通高等教育土建学科专业"十五"规划教材、全国高校土木工程专业指导委员会规划推荐教材《工程结构抗震设计》和近几年教学改革实践的基础上，为适应土木工程本科专业的教学要求而组织编写的。 本书的编写突出了以下特点：第一，本书内容涵盖了结构抗震计算、钢筋混凝土房屋抗震设计、砌体结构房屋抗震设计、钢结构房屋抗震设计、桥梁结构抗震设计、建筑结构隔震设计、建筑结构消能减震设计等内容，更好地满足了土木工程本科专业的教学需要；第二，将原教材"结构抗震计算"一章扩充为"地震作用"和"结构抗震计算"两章，重新编写了"钢筋混凝土房屋抗震设计"和"建筑结构隔震设计"两章，并补充了大量计算例题，以期对教学内容进行融会贯通的梳理，适应教学新形势的发展；第三，按照《建筑抗震设计规范》GB 50011—2010 等国家新规范进行了修订；第四，注重基本概念、基本理论和基本方法，注重内容的系统性和先进性，注重理论和工程实践的结合，注重学生启发性和创造性思维的培养与训练。

本书由李爱群教授、丁幼亮副教授、高振世教授主编，梁书亭教授、王修信教授、叶继红教授、刘钊教授、耿方方老师参与了本书的编写工作。 研究生孙鹏和林日长绘制了部分插图，在此深表谢意。

本书在编写过程中，学习和参考了国内外已出版的大量教材和论著，谨向原编著者致以诚挚的谢意。

限于时间和水平，书中的疏漏与不妥之处，敬请广大同行及读者批评指正。

编者于东南大学土木工程学院

2010 年 3 月

第一版前言

本书是在我校编著的高等学校推荐教材《建筑结构抗震设计》(1999 年版，中国建筑工业出版社)基础上，为适应土木工程本科专业的教学要求而组织编写的。本书的编写突出了以下特点：第一，由通常的"建筑结构抗震设计"拓展至"工程结构抗震设计"，新增了钢结构房屋抗震设计、桥梁结构抗震设计、建筑结构基础隔震设计、建筑结构消能减震设计等内容，较大程度地拓宽了知识的广度和深度，以更好地满足土木工程本科专业的教学需要；第二，按照《建筑抗震设计规范》GB 50011—2001 等国家新规范进行编写；第三，注重基本概念、基本理论和基本方法，注重内容的系统性和先进性，注重理论和工程实践的结合，注重学生启发性和创造性思维的培养与训练。

本书在编写过程中，学习和参考了大量兄弟院校和科研院所出版的教材和论著，在此谨向原编著者致以诚挚的谢意。

本书由李爱群、高振世教授主编，李爱群教授、高振世教授、梁书亭教授、王修信教授、叶继红教授、刘钊教授等共同编著。 具体分工如下：

第 1 章、第 2 章、第 5 章、第 9 章、第 10 章由李爱群编写，第 3 章、第 6 章由高振世编写，第 4 章(除 4.6 节)由梁书亭编写，第 4 章 4.6 节由王修信编写，第 7 章由叶继红编写，第 8 章由刘钊编写。 全书由李爱群、高振世负责统稿。

编写过程中，博士生叶正强、毛利军、丁幼亮等协助做了大量工作，在此深表谢意。

限于时间和水平，书中的疏漏和不妥之处，敬请读者批评指正。

编者于东南大学土木工程学院

2004 年 5 月

目 录

第1章

地 震 概 述

1.1　地震基本知识

1.1.1　地球的构造

地球是一个平均半径约 6400km 的椭圆球体，由外到内可分为三层：最表面的一层是很薄的地壳，平均厚度约为 30km；中间很厚的一层是地幔，厚度约为 2900km；最里面的为地核，半径约为 3500km。

地壳由各种岩层构成。除地面的沉积层外，陆地下面的地壳通常由上部的花岗岩层和下部的玄武岩层构成；海洋下面的地壳一般只有玄武岩层。地壳各处厚薄不一，为 5～40km。世界上绝大部分地震都发生在这一薄薄的地壳内。

地幔主要由质地坚硬的橄榄岩组成。由于地球内部放射性物质不断释放热量，地球内部的温度也随深度的增加而升高。从地下 20km 到地下 700km，其温度由大约 600℃上升到 2000℃。在这一范围内的地幔中存在着一个厚几百千米的软流层。由于温度分布不均匀，就发生了地幔内部物质的对流。另外，地球内部的压力也是不均衡的，在地幔上部约为 900MPa，地幔中间则达 370 000MPa，地幔内部物质就是在这样的热状态下和不均衡压力作用下缓慢地运动着，这可能是地壳运动的根源。到目前为止，所观测到的最深的地震发生在地下 700km 左右处，可见地震仅发生在地球的地壳和地幔上部。

地核是地球的核心部分，可分为外核（厚 2100km）和内核，其主要构成物质是镍和铁。据推测，外核可能处于液态，而内核可能是固态。

1.1.2　地震的类型与成因

地震按其成因主要分为火山地震、陷落地震和构造地震。

由于火山爆发而引起的地震叫火山地震；由于地表或地下岩层突然大规模陷落和崩塌而造成的地震叫陷落地震；由于地壳运动，推挤地壳岩层使其薄弱部位发生断裂错动而引起的地震叫构造地震。火山地震和陷落地震的影响范围和破坏程度相对较小，而构造地震的分布范围广、破坏作用大，因而对构造地震应予以重点考虑。

　　构造地震的成因是，地球内部不断运动的过程中，始终存在着巨大的能量，造成地壳岩层不停地连续变动，不断地发生变形，产生地应力，当地应力产生的应变超过某处岩层的极限应变时，岩层就会发生突然断裂和错动，从而引起振动。振动以波的形式传到地面，便形成地震（图 1.1.1）。构造地震与地质构造密切相关，这种地震往往发生在地应力比较集中、构造比较脆弱的地段，即原有断层的端点或转折处、不同断层的交会处。

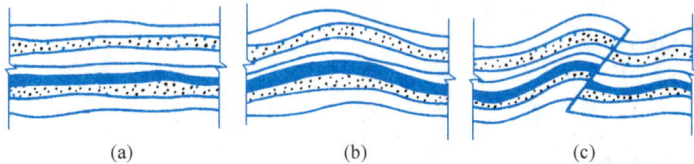

(a) (b) (c)

图 1.1.1　构造地震的形成

(a) 岩层原始状态；(b) 受力后发生褶皱变形；(c) 岩层断裂，产生振动

　　对于地应力的产生，较为公认的板块构造学说认为，地球表面的岩石层不是一块整体，而是由六大板块和若干小板块组成，这六大板块即欧亚板块、美洲板块、非洲板块、太平洋板块、澳洲板块和南极板块。由于地幔的对流，这些板块在地幔软流层上异常缓慢而又持久地相互运动着。由于它们的边界是相互制约的，因而板块之间处于拉张、挤压和剪切状态，从而产生了地应力。地球上的主要地震带就位于这些大板块的交界地区。

1.1.3　世界的地震活动

　　据统计，地球上平均每年发生震级为 8 级以上、震中烈度 11 度以上的毁灭性地震 2 次；震级为 7 级以上、震中烈度在 9 度以上的大地震不到 20 次；震级在 2.5 级以上的有感地震 15 万次以上。

　　在宏观地震资料调查和地震台观测数据研究基础上，可以得到世界范围内的两个主要地震带：一是环太平洋地震带，它沿南、北美洲西海岸、阿留申群岛，转向西南到日本列岛，再经我国台湾省，到达菲律宾、新几内亚和新西兰；全球约 80% 浅源地震和 90% 的中、深源地震，以及几乎所有的深源地震都集中在这一地带。二是欧亚地震带，它西起大西洋的亚速岛，经意大利、土耳其、伊朗、印度北部、我国西部和西南地区，过缅甸至印度尼西亚与上述环太平洋带相衔接；除分布在环太平洋地震活动带的中、深源地震以外，几乎所有其他中、深源地震和一些大的浅源地震都发生在这一活动带。

　　此外，在大西洋、太平洋和印度洋中也有呈条形分布的地震带。

1.1.4 我国的地震活动

我国东临环太平洋地震带,南接欧亚地震带,地震分布相当广泛。我国主要地震带有两条:一是南北地震带,它北起贺兰山,向南经六盘山,穿越秦岭沿川西至云南省东北,纵贯南北。二是东西地震带,主要的东西构造带有两条,北面的一条沿陕西、山西、河北北部向东延伸,直至辽宁北部的千山一带;南面的一条,自帕米尔高原起经昆仑山、秦岭,直到大别山区。

据此,我国大致可划分成6个地震活动区:①台湾省及其附近海域;②喜马拉雅山脉活动区;③南北地震带;④天山地震活动区;⑤华北地震活动区;⑥东南沿海地震活动区。

据统计,全国除个别省份(例如浙江、江西)外,绝大部分地区都发生过较强的破坏性地震,有不少地区现代地震活动还相当强烈,如我国台湾省大地震最多,新疆、西藏次之,西南、西北、华北和东南沿海地区也是破坏性地震较多的地区。

1.2 地震基本术语

1.2.1 震源和震中

地层构造运动中,在地下岩层产生剧烈相对运动的部位大量释放能量,产生剧烈震动,此处就叫震源,震源正上方的地面位置叫震中(图1.2.1)。震中附近的地面振动最剧烈,也是破坏最严重的地区,叫震中区或极震区。地面某处至震中的水平距离叫震中距。把地面上破坏程度相同或相近的点连成的曲线叫等震线。震源至地面的垂直距离叫震源深度。

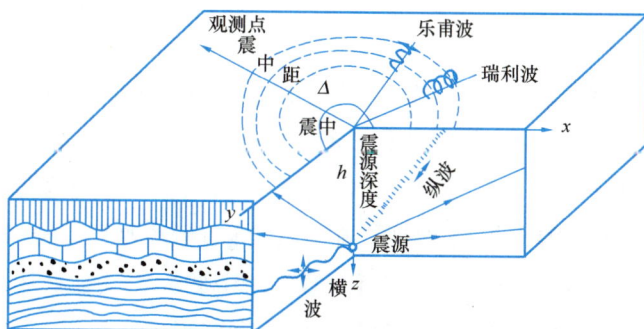

图 1.2.1 地震波传播示意图

按震源的深浅，地震又可分为：①浅源地震，震源深度在 70km 以内；②中源地震，震源深度在 70～300km 范围；③深源地震，震源深度超过 300km。浅源、中源和深源地震所释放能量分别约占所有地震释放能量的 85%、12% 和 3%。

1.2.2 地震波

地震引起的振动以波的形式从震源向各个方向传播并释放能量，这就是地震波。由于断层机制、震源特点、传播途径等因素的不确定性，地震波具有强烈的随机性。地震波可以看作是一种弹性波，它主要包含可以通过地球本体的两种"体波"和只限于在地面附近传播的两种"面波"。

1. 体波

体波是指通过介质体内传播的波。介质质点振动方向与波的传播方向一致的波称为纵波；质点振动方向与波的传播方向正交的波称为横波（图 1.2.2）。纵波比横波的传播速度要快，因此，通常把纵波叫"P 波"（即初波），把横波叫"S 波"（即次波）。由于地球是层状构造，体波通过分层介质时，在界面上将产生折射，并且在地表附近地震波的进程近于铅直方向。因此，在地表面，对纵波感觉上是上下动，而对横波感觉是水平动。

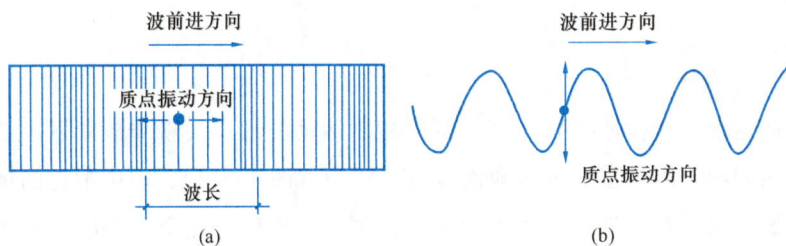

图 1.2.2　体波质点振动形式
（a）压缩波；（b）剪切波

2. 面波

面波是指沿着介质表面（地面）及其附近传播的波。它是体波经地层界面多次反射形成的次生波。在半空间表面上一般存在两种波的运动，即瑞利波（R 波）和乐甫波（L 波），如图 1.2.3 所示。瑞利波传播时，质点在波的传播方向和自由面（即地表面）法向组成的平面内作椭圆运动，瑞利波的特点是振幅大，在地表以垂直运动为主。由于瑞利波是 P 波和 S 波经界面折射叠加后形成，因而在震中附近并不发生瑞利波。乐甫波只是在与传播方向相垂直的水平方向运动，即地面水平运动或者说在地面上呈蛇形运动形式。质点在水平向的振动与波行进方向耦合后会产生水平扭矩分量，这是乐甫波的重要特点之一。乐甫波的另一个重要特点是其波速取决于波动频率，因而乐甫波具有频散性。

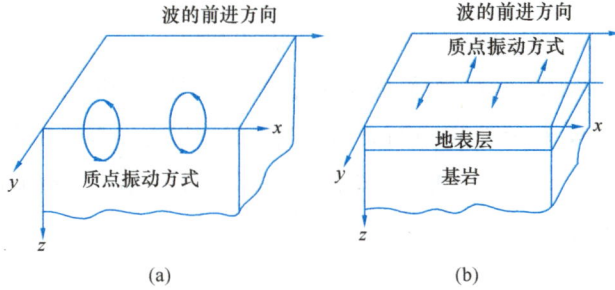

图 1.2.3　面波质点振动形式
（a）瑞利波质点振动（b）乐甫波质点振动

综上所述，地震波的传播以纵波最快，横波次之，面波最慢。所以在地震波记录图（图 1.2.4）上，纵波最先到达。横波到达较迟，面波在体波之后到达。当横波或面波到达时地面振动才趋于强烈。一般认为，地震动在地表面引起的破坏力主要是 S 波和面波的水平和竖向振动。

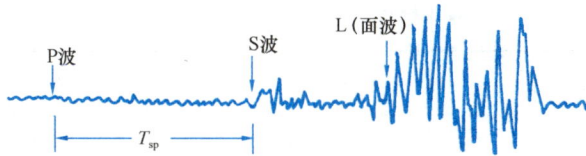

图 1.2.4　地震波记录图

1.2.3　震级

震级是表示地震本身大小的尺度，是按一次地震本身强弱程度而定的等级。目前，国际上比较通用的是里氏震级，其原始定义是在 1935 年由 C. F. Richter 给出，即地震震级 M 为：

$$M = \log A \tag{1.2.1}$$

式中　A——标准地震仪（指摆的自振周期 0.8s，阻尼系数 0.8，放大倍数 2800 倍的地震仪）在距震中 100km 处记录的以微米（$1\mu\mathrm{m}=10^{-6}\mathrm{m}$）为单位的最大水平地动位移（即振幅）。

例如，在距震中 100km 处地震仪记录的振幅是 100mm，即 $100\,000\mu\mathrm{m}$，则 $M=\log 100\,000=5$。

震级表示一次地震释放能量的多少，所以一次地震只有一个震级。震级 M 与震源释放的能量 E 之间有如下对应关系：

$$logE = 1.5M + 11.8 \tag{1.2.2}$$

由上式可知，震级每差一级，地震释放的能量将差 32 倍。

一般认为，小于 2 级的地震，人们感觉不到，只有仪器才能记录下来，称为微震；2～4 级地震，人可以感觉到，称为有感地震；5 级以上地震能引起不同程度的破坏，称为破坏性地震；7 级以上的地震，则称为强烈地震或大震；8 级以上的地震，称为特大地震。目前世界上已记录到的最大地震震级为 8.9 级。

1.2.4 地震烈度

地震烈度表示地震时一定地点地面振动强弱程度的尺度。对于一次地震，表示地震大小的震级只有一个，但它对不同地点的影响是不一样的。一般来说，随距离震中的远近不同，烈度就有差异，距震中愈远，地震影响愈小，烈度就愈低；反之，距震中愈近，烈度就愈高。此外，地震烈度还与地震大小、震源深度、地震传播介质、表土性质、建筑物动力特性等许多因素有关。震中区的烈度称为震中烈度。对于大量的震源深度在 10～30km 的浅源地震，其震中烈度 I_0 与震级 M 的对应关系见表 1.2.1。

震中烈度与震级的大致对应关系　　　　　　　　表 1.2.1

震级 M	2	3	4	5	6	7	8	>8
震中烈度 I_0	1～2	3	4～5	6～7	7～8	9～10	11	12

为评定地震烈度，就需要建立一个标准，这个标准就称为地震烈度表。地震烈度表的使用已有四百多年的历史。早期的地震烈度表由于没有地震观测仪器，只能根据地震宏观现象来制定，如人的感觉、物体的反应、地表和建筑的影响和破坏程度等。由于宏观烈度表没有提供定量的数据，因此不能直接应用于工程抗震设计。强震观测仪器的出现，人们才有可能用记录到的地面运动的某些参数，如加速度峰值、速度峰值等来定义烈度，从而出现了将地震宏观烈度与地面运动参数建立起联系的地震烈度表。我国和世界大多数国家一样都采用了 12 等级的地震烈度表（表 1.2.2）。

中国地震烈度表（GB/T 17742—2020）

表 1.2.2

地震烈度	评定指标							仪器测定的地震烈度 I_1	合成地震动的最大值	
	房屋震害			人的感受	器物反应	生命线工程震害	其他震害现象		加速度 $(\mathrm{m/s^2})$	速度 $(\mathrm{m/s})$
	类型	震害程度	平均震害指数							
I（1）	—	—	—	无感	—	—	—	$1.0 \leqslant I_1 < 1.5$	1.80×10^{-2} $(<2.57\times10^{-2})$	1.21×10^{-3} $(<1.77\times10^{-3})$
II（2）	—	—	—	室内个别静止中的人有感觉，个别较高楼层中的人有感觉	—	—	—	$1.5 \leqslant I_1 < 2.5$	3.69×10^{-2} $(2.58\times10^{-2}\sim 5.28\times10^{-2})$	2.59×10^{-3} $(1.78\times10^{-3}\sim 3.81\times10^{-3})$
III（3）	—	—	—	室内少数静止中的人有感觉，少数较高楼层中的人有明显感觉	悬挂物微动	—	—	$2.5 \leqslant I_1 < 3.5$	7.57×10^{-2} $(5.29\times10^{-2}\sim 1.08\times10^{-1})$	5.58×10^{-3} $(3.82\times10^{-3}\sim 8.19\times10^{-3})$
IV（4）	—	—	—	室内多数人，室外少数人有感觉，少数人睡梦中惊醒	悬挂物明显摆动，器皿作响	—	—	$3.5 \leqslant I_1 < 4.5$	1.55×10^{-1} $(1.09\times10^{-1}\sim 2.22\times10^{-1})$	1.20×10^{-2} $(8.20\times10^{-3}\sim 1.76\times10^{-2})$
V（5）	—	门窗、屋顶、屋架颤动作响，灰土掉落，个别屋顶墙体抹灰出现细微裂缝，个别老旧A1类或A2类房屋墙体出现轻微裂缝或原有裂缝扩展，个别屋顶烟囱掉砖，个别檐瓦掉落	—	室内绝大多数，室外多数人有感觉，多数人睡梦中惊醒，少数人惊逃户外	悬挂物大幅度晃动，少数架上小物品、个别顶部沉重或放置不稳定器物摇动或翻倒，水晃动并从盛满的容器中溢出	—	—	$4.5 \leqslant I_1 < 5.5$	3.19×10^{-1} $(2.23\times10^{-1}\sim 4.56\times10^{-1})$	2.59×10^{-2} $(1.77\times10^{-2}\sim 3.80\times10^{-2})$

续表

地震烈度	类型	评定指标 房屋震害 震害程度	平均震害指数	人的感受	器物反应	生命线工程震害	其他震害现象	仪器测定的地震烈度 I_1	合成地震动的最大值 加速度 (m/s²)	速度 (m/s)
	A1	少数轻微破坏和中等破坏，多数基本完好	0.02~0.17							
VI(6)	A2	少数轻微破坏和中等破坏，大多数基本完好	0.01~0.13	多数人站立不稳，多数人惊逃户外	少数轻家具和物品移动，少数顶部沉重的器物翻倒	个别梁桥挡块破坏，个别拱桥主拱圈出现裂缝及桥台开裂；个别主变压器跳闸；个别老旧支线管道有破坏，局部水压下降	河岸和松软土地出现裂缝，饱和砂层出现喷砂冒水；个别独立砖烟囱轻度裂缝	$5.5 \leqslant I_1 < 6.5$	6.53×10^{-1} $(4.57\times10^{-1}\sim$ $9.36\times10^{-1})$	5.57×10^{-2} $(3.81\times10^{-2}\sim$ $8.17\times10^{-2})$
	B	少数轻微破坏和中等破坏，大多数基本完好	≤0.11							
	C	少数或个别轻微破坏，绝大多数基本完好	≤0.06							
	D	少数或个别轻微破坏，绝大多数基本完好	≤0.04							
	A1	少数严重破坏和毁坏，多数中等破坏和轻微破坏	0.15~0.44							
VII(7)	A2	少数中等破坏，多数轻微破坏和基本完好	0.11~0.31	大多数人惊逃户外，骑自行车的人有感觉，行驶中的汽车驾乘人员有感觉	物品从架子上掉落，多数顶部沉重的器物翻倒，少数家具倾倒	少数梁桥挡块破坏，个别拱桥主拱圈出现明显裂缝和变形以及少数桥台开裂；个别变压器的套管破坏，个别瓷柱型高压电气设备破坏；少数支线管道破坏，局部停水	河岸出现塌方，饱和砂层常见喷水冒砂，松软土地上的裂缝较多；大多数独立砖烟囱中等破坏	$6.5 \leqslant I_1 < 7.5$	1.35 $(9.37\times10^{-1}\sim$ $1.94)$	1.20×10^{-1} $(8.18\times10^{-2}\sim$ $1.76\times10^{-1})$
	B	少数中等破坏，多数轻微破坏和基本完好	0.09~0.27							
	C	少数轻微破坏和中等破坏，多数基本完好	0.05~0.18							
	D	少数轻微破坏和中等破坏，大多数基本完好	0.04~0.16							

续表

地震烈度	评定指标							仪器测定的地震烈度 I_1	合成地震动的最大值	
	房屋震害			人的感受	器物反应	生命线工程震害	其他震害现象		加速度 (m/s²)	速度 (m/s)
	类型	震害程度	平均震害指数							
Ⅷ(8)	A1	少数毁坏和严重破坏，多数中等破坏和轻微破坏	0.42~0.62	多数人摇晃颠簸，行走困难	除重家具外，室内物品大多数倾倒或移位	少数梁桥梁体移位、开裂及多数拱桥损坏，少数严重；主拱圈开裂严重；少数变压器的套管破坏、个别或少数瓷柱型高压电气设备破坏；多数少数干线管道破坏，部分区域停水	干硬土地上出现裂缝，饱和砂层绝大多数喷砂冒水；大多数独立砖烟囱严重破坏	$7.5 \leqslant I_1 < 8.5$	2.79 (1.95~4.01)	2.58×10^{-1} $(1.77\times10^{-1}\sim 3.78\times10^{-1})$
	A2	少数严重破坏，多数中等破坏和轻微破坏	0.29~0.46							
	B	少数严重破坏和毁坏，多数中等和轻微破坏	0.25~0.50							
	C	少数中等破坏和严重破坏，多数轻微破坏和基本完好	0.16~0.35							
	D	少数中等破坏、多数轻微破坏和基本完好	0.14~0.27							
Ⅸ(9)	A1	大多数毁坏和严重破坏	0.60~0.90	行动的人摔倒	室内物品大多数倾倒或移位	个别梁桥桥墩局部压溃或落梁，个别拱桥垮塌或濒于垮塌；多数变压器套管破坏、少数变压器移位，少数瓷柱型高压电气设备破坏；各类供水管道破坏、渗漏广泛发生，大范围停水	干硬土地上多处出现裂缝，可见基岩裂缝、错动，滑坡、塌方常见；独立砖烟囱多数倒塌	$8.5 \leqslant I_1 < 9.5$	5.77 (4.02~8.30)	5.55×10^{-1} $(3.79\times10^{-1}\sim 8.14\times10^{-1})$
	A2	少数毁坏，多数严重破坏和中等破坏	0.44~0.62							
	B	少数毁坏，多数严重破坏和中等破坏	0.48~0.69							
	C	多数严重破坏和中等破坏，少数轻微破坏	0.33~0.54							
	D	少数严重破坏，多数中等破坏和轻微破坏	0.25~0.48							

续表

地震烈度	评定指标								合成地震动的最大值	
	房屋震害			人的感受	器物反应	生命线工程震害	其他震害现象	仪器测定的地震烈度 I_1	加速度 (m/s²)	速度 (m/s)
	类型	震害程度	平均震害指数							
X(10)	A1	绝大多数毁坏	0.88~1.00	骑自行车的人会摔倒；处不稳状态的人会摔离原地，有抛起感	—	个别梁桥桥墩压溃或折断，少数落梁或桥拱垮塌，多数桥变压器移位，脱轨，套管断裂漏油，多数瓷柱型高压电气设备破坏；供水管网毁坏，全区域停水	山崩和地震断裂出现；大多数独立砖烟囱从根部破坏或倒毁	$9.5 \leqslant I_1 < 10.5$	1.19×10^1 ($8.31 \times$ ~ 1.72×10^1)	1.19 (8.15×10^{-1} ~ 1.75)
	A2	大多数毁坏	0.60~0.88							
	B	大多数毁坏	0.67~0.91							
	C	大多数严重破坏和毁坏	0.52~0.84							
	D	大多数严重破坏和毁坏	0.46~0.84							
XI(11)	A1	绝大多数毁坏	1.00	—	—	—	地震断裂延续很大；大量山崩滑坡	$10.5 \leqslant I_1 < 11.5$	2.47×10^1 (1.73×10^1 ~ 3.55×10^1)	2.57 (1.76~3.77)
	A2		0.86~1.00							
	B		0.90~1.00							
	C		0.84~1.00							
	D		0.84~1.00							
XII(12)	各类	几乎全部毁坏	1.00	—	—	—	地面剧烈变化，山河改观	$11.5 \leqslant I_1 \leqslant 12.0$	$> 3.55 \times 10^1$	>3.77

注：1. "—"表示无内容。

2. 表中给出的合成地震动的最大值为所对应的仪器测定的地震烈度中值，加速度和速度数值分别对应《中国地震烈度表》GB/T 17742—2020 附录 A 中公式（A.5）的 PGA 和公式（A.6）的 PGV；括号内为变化范围。

1.3　地震动

1.3.1　地震动的量测

地震动是指由震源释放出来的地震波引起的地面运动。这种地面运动可以用地面质点的加速度、速度或位移的时间函数来表示。地震动观测仪器主要有地震仪和强震加速度仪两种。一般来说，地震仪是地震工作者使用的，以弱地震动为主要测量对象，目的在于确定地震震源的地点和力学特性、发震时间和地震大小，从而了解震源机制、地震波所经过路线中的地球介质以及地震波的特性和传播规律。强震加速度仪是抗震工作者使用的，以强地震动为观测对象，目的在于确定强地震时测点处的地震动和结构振动反应，以便了解结构物的地震动输入特性、结构物的抗震特性，从而为抗震设计提供依据。

利用强震加速度仪观测强震时的地震动，简称为强震观测。强震记录的物理量大多选定为与地震惯性力联系密切的地震动加速度。强震观测结果可以：①提供定量的数据；②可以测量地震破坏的全过程；③能够分别研究并测量导致房屋破坏后果的各种因素。目前，国际上可用的强震记录已达数千条。下面介绍 3 个典型强震记录的概况。

1. El Centro 记录

1940 年 5 月 18 日在美国加利福尼亚州帝国谷地区发生 7.1 级强震，最大烈度为 9 度。在帝国河谷处出现长 65km 的断层，最大水平位移 4.5m。埃尔森特罗台站距震中 22km，附近烈度 7～8 度。此台站在地震中获得较好的记录（图 1.3.1），加速度波形中南北分量最大峰值加速度为 0.33g，其记录的主要周期范围为 0.25～0.60s。加速度反应谱主峰点对应的周期为 0.55s。这一记录由于加速度峰值较大，且波频范围较宽，因此多年来被工程界作为大地震的典型例子而加以广泛应用。

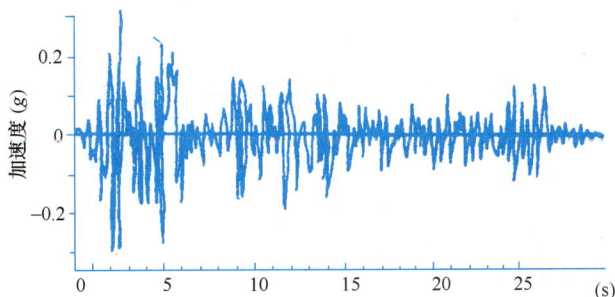

图 1.3.1　El Centro 地震记录

2. Taft 记录

1952 年 7 月 21 日在美国加利福尼亚州克恩县发生 7.7 级强震，最大烈度为 9 度。在距震中约 47km 的 Taft 台站获得了记录（图 1.3.2），附近烈度为 7 度。此台站获得的最大加速度为 0.17g，该记录主要周期范围为 0.25～0.70s，加速度反应谱峰点对应周期为 0.45s。与 El Centro 记录相比，包含有较多稍长周期的波。

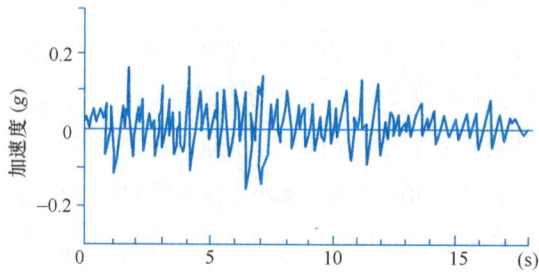

图 1.3.2　Taft 地震记录

3. 新潟记录

1964 年 6 月 16 日日本新潟发生 7.7 级地震，震中烈度约为 9 度。距震中 40km 的台站获得记录（图 1.3.3），附近烈度约为 7 度强。所记录到的最大加速度为 0.16g。台站地基为饱和砂土，覆盖层厚超过 60m。从地震记录可以看出，从地震开始后约 7s 内主要是短周期波，7～10s 是地基发生液化的时间，10s 后出现持续的、周期很长的波，为液化后建筑物的振动过程。这是世界上少有的砂土液化地基上的记录之一。

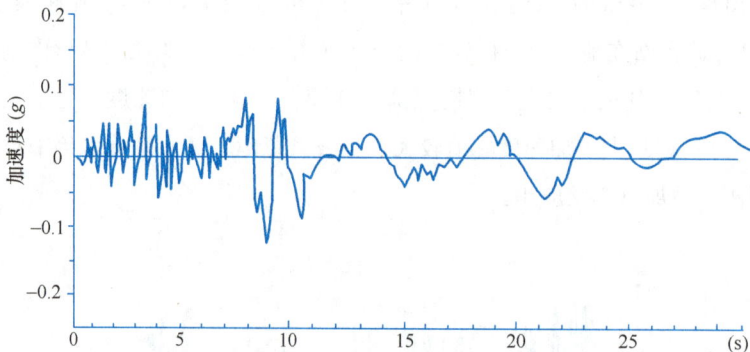

图 1.3.3　新潟地震记录

1.3.2　强地震动特性

地震动是地震与结构抗震之间的桥梁，是结构抗震设防时所必须考虑的依据。地震动是非常复杂的，具有很强的随机性，甚至同一地点，每一次地震都各不相同。但多年来地震工程研究者们根据地面运动的宏观现象和强震观测资料的分析得出，地震动的主要特性可以通过三个基本要素来描述，即地震动的幅值、频谱和持续时间。

1.3.2.1　地震动幅值特性

地震动幅值可以是地面运动的加速度、速度或位移的某种最大值或某种意义下的有效值。迄今为止，已先后提出了十几种地震动幅值的定义。通常将加速度作为描述地震动强弱的量，为此，常用的加速度幅值指标有以下两种。

1. 加速度最大值 $a_{\max}$

加速度最大值是最早提出来的，也是最直观的地震动幅值定义。这一指标在抗震工程界得到了普遍的接受与应用。它与震害有着密切联系，可作为地震烈度的参考物理指标。需要指出，这一定义存在两个重要缺点。其一，地震动加速度峰值主要反映了地震动高频成分的振幅，它取决于震源局部特性而很难全面反映震源整体特性。在大震级时，震中或断层附近的加速度最大值可能会饱和。其二，离散性极大，震级、距离和场地条件的改变，会使其变化很大。

2. 均方根加速度 a_{rms}

从随机过程的观点看，加速度过程 $a(t)$ 的最大值是一个随机量，不宜作为地震动特性的标志，而方差则是表示地震动振幅大小的统计特征。因此，定义：

$$a_{\mathrm{rms}}^2 = \frac{1}{T_{\mathrm{d}}}\int_0^{T_{\mathrm{d}}} a^2(t)\,\mathrm{d}t \tag{1.3.1}$$

式中　T_{d}——强震动阶段的持时。

当把地震动作为平稳随机过程时，a_{rms}的平方与地震动在单位持时的能量成正比。

1.3.2.2　地震动频谱特性

地震动频谱特性是指地震动对具有不同自振周期的结构的反应特性，通常可以用反应谱、功率谱和傅里叶谱来表示。反应谱是工程中最常用的形式，现已成为工程结构抗震设计的基础。功率谱和傅里叶谱在数学上具有更明确的意义，工程上也具有一定的实用价值，常用来分析地震动的频谱特性。

下面以功率谱为例说明地震动的频谱特性。图 1.3.4～图 1.3.9 是根据日本一批强震记录得到的功率谱曲线。图 1.3.4 和图 1.3.5 是同一地震、震中距近似而地基类型不同的情况。从图中可以看到，硬、软土的功率谱频率成分有很大的不同，由于软土地基的影响，图 1.3.4 的曲线中几乎不包含 5Hz 以上的频率成分；而硬土地基上的功率谱曲线(图 1.3.5)频率成分就比较丰富。图 1.3.6 和图 1.3.7 是具有相同地基状况，而震级和震中距不同的功率谱曲线。对于震级和震中距都较大的图 1.3.6，1.5Hz 及其附近的频率成分较为显著，而对于具有较小震级和震中距的图 1.3.7，则以 4Hz 及其附近的频率最为显著。图 1.3.8 和

图 1.3.9 为震级相同而震中距和地基情况都不同的情况，其中图 1.3.9 的频率含量非常丰富，这与近震硬场地有关；而图 1.3.8 则由于远震和软土地基的影响，使得高频成分受到相当的抑制，功率谱的卓越成分也比较显著。

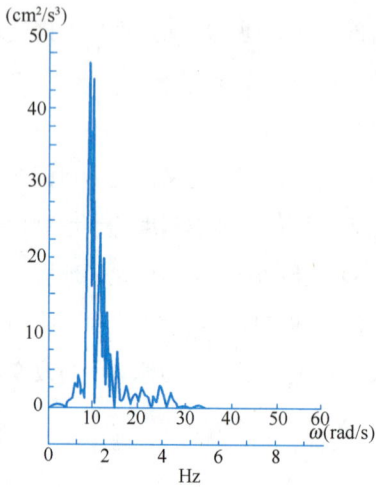

图 1.3.4 软土地基功率谱

（峰值加速度 139.38cm/s²）

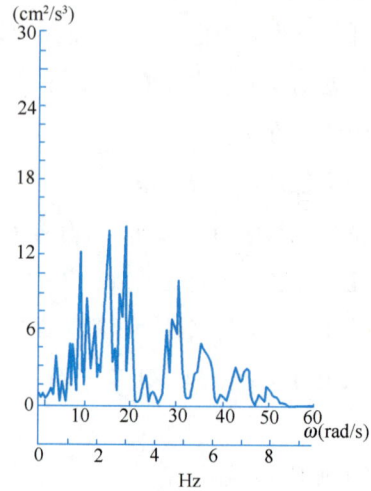

图 1.3.5 硬土地基功率谱

（峰值加速度 206.13cm/s²）

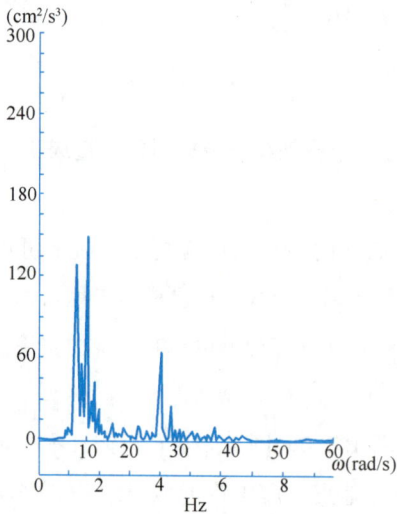

图 1.3.6 远震的功率谱

（$M=7.5$，$R=104$km，峰值加速度 186.25cm/s²）

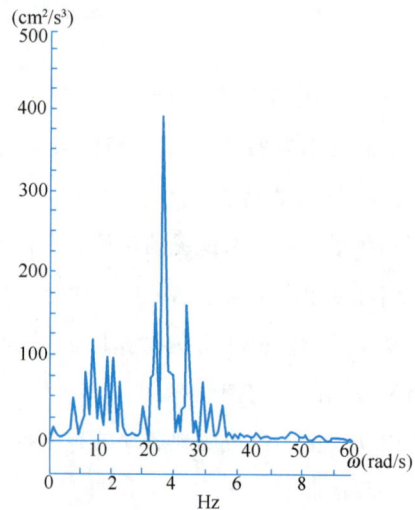

图 1.3.7 近震的功率谱

（$M=6.8$，$R=19$km，峰值加速度 360.88cm/s²）

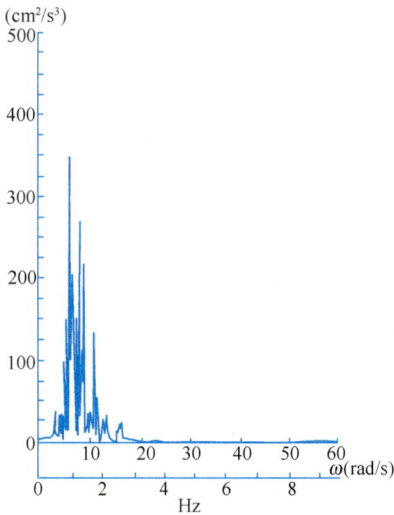

图 1.3.8　远震、软土的功率谱
（峰值加速度 181.25cm/s²）

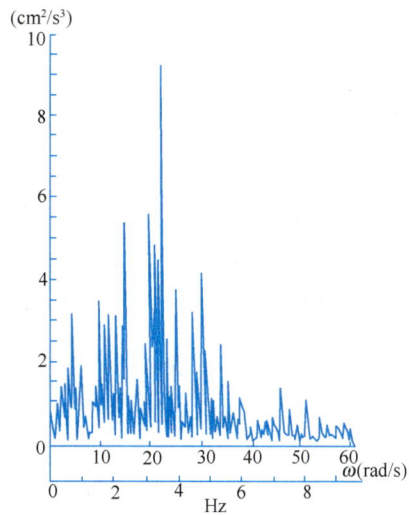

图 1.3.9　近震、硬土的功率谱
（峰值加速度 52.25cm/s²）

综上所述，震级、震中距和场地条件对地震动的频谱特性有重要影响，震级越大、震中距越远，地震动记录的长周期分量越显著。硬土地基上的地震动记录包含较丰富的频率成分，而软土基上的地震动记录卓越周期偏向长周期。另外，震源机制也对地震动的频谱特性有着重要影响。但由于震源机制的复杂性，这方面的研究工作目前尚无定论。

1.3.2.3　地震动持续时间特性

地震动持续时间对结构的破坏程度有着较大的影响。在相同的地面运动最大加速度作用下，当强震的持续时间长，则该地点的地震烈度高，结构物的破坏重；反之，当强震的持续时间短，则该地点的地震烈度低，结构物的破坏轻。例如，1940 年美国 El Centro 地震的强震持续时间为 30s，该地点的地震烈度为 8 度，结构物破坏较严重；而 1966 年的日本松代地震，其地面运动最大加速度略高于 El Centro 地震，但其强震持续时间仅为 4s，则该地的地震烈度仅为 5 度，未发现明显的结构物破坏。

实际上，地震动强震持时对结构反应的影响主要表现在结构的非线性反应阶段。从结构地震破坏的机理上分析，结构从局部破坏（非线性开始）到完全倒塌一般需要一个过程，如果在局部破裂开始时结构恰恰遭遇到一个很大强度的地震脉冲，那么结构的倒塌与一般静力试验中的现象相类似，即倒塌取决于最大变形反应，但这种情况极少遇到。大多数情况是，结构从局部破坏开始倒塌，往往要经历几次、几十次甚至是上百次的往复振动过程，塑性变形的不可恢复性需要耗散能量，因此在这一振动过程中即使结构最大变形反应没有达到静力试验条件下的最大变形，结构也可能因贮存能量能力的耗损达到某一限值而发生倒塌破坏。持续时间的重要意义同时存在于非线性体系的最大反应和能量耗散累积两种反应之中。

思考题与习题

1-1 何谓纵波、横波和面波？它们分别引起建筑物的哪些振动现象？
1-2 试说明地震震级和烈度的区别与联系。
1-3 试说明强震观测的对象、目的和用途。
1-4 试分析地震动的三大特性及其规律。

第2章

地 震 作 用

2.1 单自由度体系的地震作用

2.1.1 单自由度体系的地震反应

2.1.1.1 基本解答

结构在地震作用下引起的振动（动力响应）常称为结构的地震反应，它包括地震作用下结构的内力、变形、速度、加速度和位移等。我们首先研究单自由度弹性体系的地震反应。图 2.1.1 所示为一单质点弹性体系，它可以近似地代表单层多跨等高厂房或水塔等结构。所谓单质点弹性体系，就是将结构参与振动的全部质量集中在一点上，用无重量的弹性直杆支承在地面上。为了简单起见，我们假定地面运动和结构振动只是单方向的水平平移运动，不发生扭转。此时，单质点弹性体系可以简化为单自由度弹性体系。

1. 运动方程的建立

为了研究单自由度弹性体系的地震反应，应首先建立体系在地震作用下的运动方程。图 2.1.1 为单自由度弹性体系在随时间变化的干扰力 $P(t)$ 作用下的振动情况。取质点为隔离体（图 2.1.1b），由结构动力学知，作用在质点上的力有随时间变化的干扰力 $P(t)$、弹性恢复力 $S(t)$、阻尼力 $R(t)$ 和惯性力 $I(t)$。

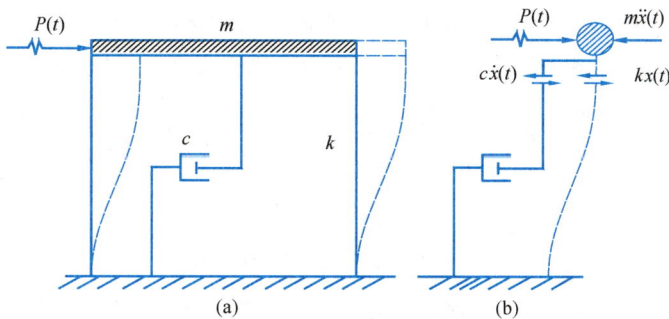

图 2.1.1 单自由度弹性体系在干扰力 $P(t)$ 下的振动

(a) 计算体系；(b) 隔离体

弹性恢复力 $S(t)$ 是使质点从振动位置恢复到原来平衡位置的一种力，其大小与质点相对于地面的位移 $x(t)$ 和体系的抗侧移刚度成正比，方向与质点的位移方向相反，即：

$$S(t) = -kx(t) \tag{2.1.1}$$

式中　k ——体系的抗侧移刚度，即质点产生单位水平位移时，在质点处所需施加的力；

　　　$x(t)$ ——质点相对于地面的水平位移。

阻尼力 $R(t)$ 是使体系振动不断衰减的力，它来自结构材料的内摩擦、结构构件连接处的摩擦、结构周围介质的阻力以及地基变形的能量耗散等。在工程计算中一般采用黏滞阻尼理论来确定阻尼力，即假设体系阻尼力的大小与质点相对于地面的速度 $\dot{x}(t)$ 成正比，力的方向与相对速度 $\dot{x}(t)$ 方向相反，即：

$$R(t) = -c\dot{x}(t) \tag{2.1.2}$$

式中　c ——阻尼系数；

　　　$\dot{x}(t)$ ——质点相对于地面的速度。

根据牛顿第二定理，惯性力 $I(t)$ 的大小等于质点的质量与质点绝对加速度 $\ddot{x}_g(t) + \ddot{x}(t)$（此处地面运动加速度 $\ddot{x}_g(t) = 0$）的乘积，其方向与绝对加速度的方向相反，即：

$$I(t) = -m[\ddot{x}_g(t) + \ddot{x}(t)] = -m\ddot{x}(t) \tag{2.1.3}$$

式中　m ——质点的质量；

　　　$\ddot{x}(t)$ ——质点相对于地面的加速度；

　　　$\ddot{x}_g(t)$ ——地面运动加速度。

根据达朗贝尔（D'Alembert）原理，质点在上述四个力作用下应处于平衡，单自由度弹性体系的运动方程可以表示为：

$$I(t) + R(t) + S(t) + P(t) = 0$$

即：

$$m\ddot{x}(t) + c\dot{x}(t) + kx(t) = P(t) \tag{2.1.4}$$

图 2.1.2 表示单自由度弹性体系在水平地震作用下的变形情况。这时，体系上并无干扰力 $P(t)$ 作用，仅有地震引起的水平地面运动 $\ddot{x}_g(t)$。则由式（2.1.4）可以推导出在水平地震作用下单自由度弹性体系的运动方程为：

$$m[\ddot{x}_g(t) + \ddot{x}(t)] + c\dot{x}(t) + kx(t) = 0 \tag{2.1.5}$$

即：

$$m\ddot{x}(t) + c\dot{x}(t) + kx(t) = -m\ddot{x}_g(t) \tag{2.1.6}$$

将式（2.1.6）与式（2.1.4）进行比较，就会发现，式（2.1.6）的右端项质点的质量与地面运动加速度的乘积 $m\ddot{x}_g(t)$ 就相当于作用在体系上的干扰力 $P(t)$。因此，计算结构的地震反应时，必须知道地震地面运动加速度 $\ddot{x}_g(t)$ 的变化规律。$\ddot{x}_g(t)$ 可由地震时地面加速度

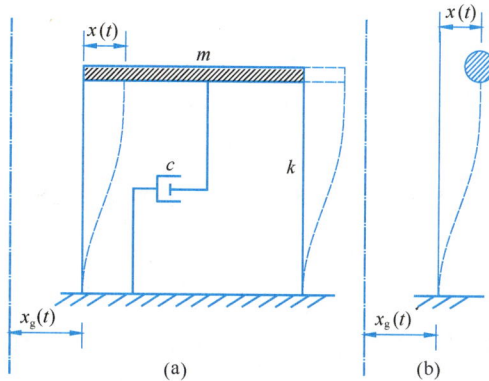

图 2.1.2　单质点弹性体系在水平地震作用下的振动

(a) 计算体系；(b) 计算简图

记录得到。

2. 运动方程的求解

欲求解单自由度弹性体系在水平地震作用下的地震反应，就必须求解式（2.1.6）。为了使式（2.1.6）进一步简化，设：

$$\omega^2 = \frac{k}{m} \tag{2.1.7a}$$

$$\zeta = \frac{c}{2\sqrt{km}} = \frac{c}{2\omega m} \tag{2.1.7b}$$

将式（2.1.7）代入式（2.1.6），整理后得到：

$$\ddot{x}(t) + 2\zeta\omega\dot{x}(t) + \omega^2 x(t) = -\ddot{x}_g(t) \tag{2.1.8}$$

式中　ζ——体系的阻尼比，一般工程结构的阻尼比在 $0.01\sim0.20$ 之间；

　　　ω——无阻尼单自由度弹性体系的圆频率，即 2πs 时间内体系的振动次数。

在结构抗震计算中，常用到结构的自振周期 T，它是体系振动一次所需要的时间，单位为"s"。自振周期 T 的倒数为体系的自振频率 f，即体系在每秒内的振动次数，自振频率 f 的单位为"1/s"或称为赫兹（Hz）。

$$T = \frac{2\pi}{\omega} = 2\pi\sqrt{\frac{m}{k}} \tag{2.1.9}$$

$$f = \frac{1}{T} = \frac{\omega}{2\pi} = \frac{1}{2\pi}\sqrt{\frac{k}{m}} \tag{2.1.10}$$

式（2.1.8）是一个常系数二阶非齐次方程，其解包含两部分：一部分是与式（2.1.8）相对应的齐次方程的通解；另一部分是式（2.1.8）的特解。前者代表体系的自由振动，后者代表体系在地震作用下的强迫振动。

1）齐次方程的通解

对应式（2.1.8）的齐次方程为：

$$\ddot{x}(t) + 2\zeta\omega\dot{x}(t) + \omega^2 x(t) = 0 \qquad (2.1.11)$$

根据微分方程理论，齐次方程式（2.1.11）的通解为：

$$x(t) = e^{-\zeta\omega t}(A\cos\omega't + B\sin\omega't) \qquad (2.1.12)$$

式中 ω'——有阻尼单自由度弹性体系的圆频率，它与无阻尼弹性体系的圆频率关系见式
（2.1.13）。

$$\omega' = \sqrt{1-\zeta^2}\,\omega \qquad (2.1.13)$$

当阻尼比 $\zeta = 0.05$ 时，$\omega' = 0.9987\omega \approx \omega$；$A$ 和 B 为常数，其值可按问题的初始条件来确定：

当 $t = 0$ 时，令 $x(0)$ 和 $\dot{x}(0)$ 分别为初始位移和初始速度：

$$x(t) = x(0), \dot{x}(t) = \dot{x}(0)$$

将 $t = 0$ 和 $x(t) = x(0)$ 代入式（2.1.12），得：

$$A = x(0)$$

再将式（2.1.12）对时间 t 求一阶导数，并将 $t = 0$ 和 $\dot{x}(t) = \dot{x}(0)$ 代入，得：

$$B = \frac{\dot{x}(0) + \zeta\omega x(0)}{\omega}$$

将所得的 A、B 值代入式（2.1.12）得：

$$x(t) = e^{-\zeta\omega t}\left[x(0)\cos\omega't + \frac{\dot{x}(0) + \zeta\omega x(0)}{\omega}\sin\omega't\right] \qquad (2.1.14)$$

上式就是方程式（2.1.11）在给定初始条件时的解答。

由于结构阻尼比很小，通常可以近似地取 $\omega' = \omega$，也就是在计算体系的自振频率时，可以不考虑阻尼的影响，从而简化了计算过程。从式（2.1.14）可以看出，只有当体系的初位

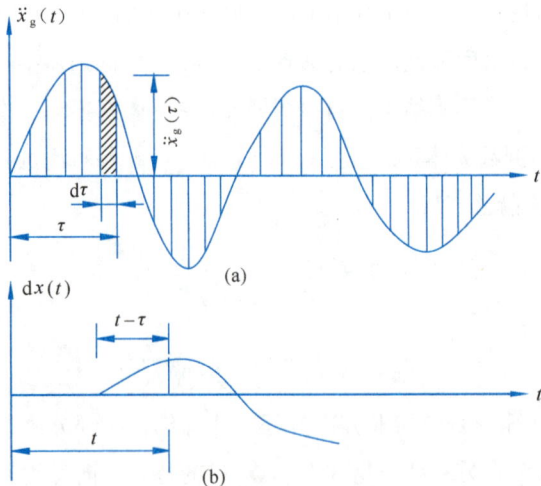

图 2.1.3 有阻尼单自由度弹性体系地震作用下运动方程解答图示

（a）地面运动加速度时程曲线；（b）微分脉冲引起的自由振动

移 $x(0)$ 或初速度 $\dot{x}(0)$ 不为零时，体系才产生振动，而且振动幅值随时间不断衰减。

2）地震作用下运动方程的特解

求解地震作用下运动微分方程 $\ddot{x}(t) + 2\zeta\omega\dot{x}(t) + \omega^2 x(t) = -\ddot{x}_g(t)$ 的特解时，可将图 2.1.3(a)所示的地面运动加速度时程曲线看作是无穷多个连续作用的微分脉冲组成。图中的阴影部分就是一个微分脉冲，它在 $t = \tau - d\tau$ 时刻开始作用在体系上，其作用时间为 $d\tau$，大小为 $-\ddot{x}_g(\tau)d\tau$。到 τ 时刻这一微分脉冲从体系上移去后，体系只产生自由振动 $dx(\tau)$，如图 2.1.3(b) 所示。只要把这无穷多个脉冲作用后产生的自由振动叠加起来即可求得运动微分方程的解 $x(t)$。

单一微分脉冲作用后体系所产生的自由振动可用式 （2.1.14) 求得，但必须首先知道，当微分脉冲作用后体系开始作自由振动时的初位移 $x(\tau)$ 和初速度 $\dot{x}(\tau)$，如图 2.1.3 (b) 所示，体系从 τ 时刻开始作自由振动。体系在微分脉冲作用前处于静止状态，其位移、速度均为零。由于微分脉冲作用时间极短，体系的位移不会发生变化，故初位移 $x(\tau)$ 应为零，而速度有变化。速度的变化可以从动量定律即冲量等于动量的增量来求得。冲量为荷载与作用时间的乘积，等于 $-m\ddot{x}_g(\tau)d\tau$，而动量的增量为 $m\dot{x}(\tau)$，据冲量定律可以求得体系做自由振动时的初速度 $\dot{x}(\tau)$ 为：

$$\dot{x}(\tau) = -\ddot{x}_g(\tau)d\tau \tag{2.1.15}$$

由式 （2.1.14) 可以求得当 $\tau - d\tau$ 时作用一个 $\ddot{x}_g(\tau)d\tau$ 微分脉冲的位移反应 $dx(t)$ 为：

$$dx(t) = e^{-\zeta\omega(t-\tau)} \frac{\ddot{x}_g(\tau)}{\omega} \sin\omega'(t-\tau)d\tau \tag{2.1.16}$$

将所有微分脉冲作用后产生的自由振动叠加，就可以得到地震作用过程中引起的有阻尼单自由度弹性体系的位移反应 $x(t)$，用积分式表达为：

$$x(t) = -\frac{1}{\omega}\int_0^t \ddot{x}_g(\tau)\, e^{-\zeta\omega(t-\tau)} \sin\omega'(t-\tau)d\tau \tag{2.1.17}$$

式 （2.1.17) 是非齐次线性微分方程式 （2.1.8) 的特解，通常称为杜哈梅 (Duhamel) 积分，它与齐次方程的通解式 （2.1.14) 之和构成了运动方程式 （2.1.8) 的全解：

$$x(t) = e^{-\zeta\omega t}\left[x(0)\cos\omega't + \frac{\dot{x}(0) + \zeta\omega x(0)}{\omega}\sin\omega't\right] - \frac{1}{\omega}\int_0^t \ddot{x}_g(\tau)\, e^{-\zeta\omega(t-\tau)} \sin\omega'(t-\tau)d\tau$$

$$\tag{2.1.18}$$

由于地震发生前体系处于静止状态，体系的初位移 $x(0)$ 和初速度 $\dot{x}(0)$ 均等于零，也就是式 （2.1.18) 的第一项为零。所以，常用式 （2.1.17) 来计算单自由度弹性体系在水平地震作用下相对于地面的位移反应 $x(t)$。

将式 （2.1.17) 对时间求导数，可以求得单自由度弹性体系在地震作用下相对于地面的速度反应 $\dot{x}(t)$ 为：

$$\dot{x}(t) = \frac{\mathrm{d}x(t)}{\mathrm{d}t} = -\int_0^t \ddot{x}_g(\tau)\, e^{-\zeta\omega(t-\tau)}\cos\omega'(t-\tau)\mathrm{d}\tau + \frac{\zeta\omega}{\omega'}\int_0^t \ddot{x}_g(\tau)\, e^{-\zeta\omega(t-\tau)}\sin\omega'(t-\tau)\mathrm{d}\tau$$

$$(2.1.19)$$

将式（2.2.17）和式（2.1.19）回代到体系的运动方程式（2.1.8），可求得单自由度弹性体系的绝对加速度为：

$$\ddot{x}(t) + \ddot{x}_g(t) = -2\zeta\omega\dot{x}(t) - \omega^2 x(t) = 2\zeta\omega\int_0^t \ddot{x}_g(\tau)e^{-\zeta\omega(t-\tau)}\cos\omega'(t-\tau)\mathrm{d}\tau$$

$$-\frac{2\,\zeta^2\omega^2}{\omega'}\int_0^t \ddot{x}_g(\tau)e^{-\zeta\omega(t-\tau)}\sin\omega'(t-\tau)\mathrm{d}\tau + \frac{\omega^2}{\omega'}\int_0^t \ddot{x}_g(\tau)e^{-\zeta\omega(t-\tau)}\sin\omega'(t-\tau)\mathrm{d}\tau$$

$$(2.1.20)$$

由式（2.1.17）、式（2.1.19）、式（2.1.20）求解计算体系的地震反应，需对上述各式进行积分。由于地面运动加速度时程曲线 $\ddot{x}_g(t)$ 是随机过程，不能用确定的函数来表达，上述积分只能用数值积分来完成。目前，常用的方法是把加速度时程曲线 $\ddot{x}_g(t)$ 划分为 Δt 的时段而对运动方程进行逐步积分来求出地震反应。

2.1.1.2　逐步积分法

单自由度体系在地震作用下的运动方程为：

$$m\ddot{x}(t) + c\dot{x}(t) + kx(t) = -m\ddot{x}_g(t) \qquad (2.1.21)$$

式中　m、c、k——分别为结构体系的质量、阻尼和刚度；

$\ddot{x}(t)$、$\dot{x}(t)$、$x(t)$——分别为体系的加速度、速度和位移。

在求解结构体系的瞬态反应时，还应给出初始条件：

$$\begin{cases} \dot{x}(0) = \dot{x}_0 \\ x(0) = x_0 \end{cases} \qquad (2.1.22)$$

式中　$\dot{x}_0$、x_0——常数，它们表示初始时刻体系的速度和位移，对于结构地震反应问题，一般为零初始条件。

式（2.1.21）和式（2.1.22）构成典型的微分方程组的初值问题。式（2.1.21）为二阶常微分方程组，目前人们已经发展了一系列有效的时域逐步积分法求解。逐步积分法的基本原理是将地震动持续时间分割成许多微小的时段，相隔时间步长 Δt，然后在每个时间间隔 Δt 内把结构体系当成线性体系来计算，逐步求出体系在各个时刻的反应。这类方法的实质是基于以下两点：①将本来在任何时刻都应满足动力平衡方程的位移 $x(t)$，代之以仅在有限个离散时刻 t_0、t_1、t_2……满足这一方程的位移 $x(t)$，从而获得有限个时刻上的近似动力平衡方程；②在时间间隔 $\Delta t = t_{i+1} - t_i$ 内，以假设的位移、速度和加速度的变化规律来代替实际未知的情况，所以真实解与近似解之间总有某种程度的差异，误差决定于积分每一步所产生的截断误差和舍入误差以及这些误差在以后各步计算中的传播情况。前者决定了解的收敛性，后者则与算法本身的数值稳定性有关。

常见的直接积分法有中心差分法、线性加速度法、威尔逊 θ 法、纽马克 β 法和 Houbolt 方法等。本节主要介绍最常用的两种方法：线性加速度法和威尔逊 θ 法。

1. 线性加速度法

假设在时间步长 Δt 内，质点的运动加速度是线性变化的（图 2.1.4），即：

$$\ddot{x}(\tau) = \ddot{x}_i + \frac{\ddot{x}_{i+1} - \ddot{x}_i}{\Delta t}\tau \tag{2.1.23}$$

式中　$\ddot{x}_i$ ——时间步长 Δt 开始时的质点加速度；

$\ddot{x}_{i+1}$ ——时间步长 Δt 结束时的质点加速度；

$\ddot{x}(\tau)$ ——时间步长内，任意时刻 τ 时的质点加速度。

将上式对 τ 积分，得：

$$\dot{x}(\tau) = \dot{x}_i + \ddot{x}_i\tau + \frac{\ddot{x}_{i+1} - \ddot{x}_i}{\Delta t} \cdot \frac{\tau^2}{2} \tag{2.1.23a}$$

再对 τ 积分一次，得：

$$x(\tau) = x_i + \dot{x}_i\tau + \ddot{x}_i\frac{\tau^2}{2} + \frac{\ddot{x}_{i+1} - \ddot{x}_i}{\Delta t}\frac{\tau^3}{6} \tag{2.1.23b}$$

式中　$\dot{x}_i$ ——时间步长 Δt 开始时的质点速度；

x_i ——时间步长 Δt 开始时的质点位移。

在式（2.1.23a）、（2.1.23b）中，令 $\tau = \Delta t$，即得：

$$\dot{x}_{i+1} = \dot{x}_i + \frac{1}{2}\ddot{x}_i\Delta t + \frac{1}{2}\ddot{x}_{i+1}\Delta t \tag{2.1.24}$$

$$x_{i+1} = x_i + \dot{x}_i\Delta t + \frac{1}{3}\ddot{x}_i\Delta t^2 + \frac{1}{6}\ddot{x}_{i+1}\Delta t^2 \tag{2.1.25}$$

有了 $\dot{x}_{i+1}$ 和 x_{i+1}，则 $\ddot{x}_{i+1}$ 可由振动方程式（2.1.21）求出，为：

$$\ddot{x}_{i+1} = -\left(\frac{c_{i+1}}{m}\dot{x}_{i+1} + \frac{k_{i+1}}{m}x_{i+1} + \ddot{x}_{g,i+1}\right) \tag{2.1.26}$$

图 2.1.4　质点的运动加速度与时间的关系曲线（1）

式中　x_{i+1}、$\dot{x}_{i+1}$ ——时间步长 Δt 结束时的质点位移和速度；

k_{i+1}、c_{i+1} ——按 i 结束时刻取值的刚度和阻尼，都是已知值；

$\ddot{x}_{g,i+1}$ ——同样情况，也是已知值。

在式（2.1.24）、式（2.1.25）和式（2.1.26）中，x_i、$\dot{x}_i$ 和 $\ddot{x}_i$ 为前一时间步长已经求出的位移、速度和加速度，即本时间步长的起始值；x_{i+1}、$\dot{x}_{i+1}$ 和 $\ddot{x}_{i+1}$ 是待求的本时间步长结束时的位移、速度和加速度。三组方程式解三组未知量，就可以求解。

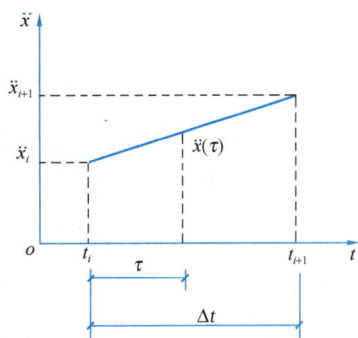

实际计算时，可以采用迭代法求解。具体步骤如下：

（1）先选定 $\ddot{x}_{i+1}$。如图 2.1.5 所示，可在 t_{i-1} 及 t_i 时段的延长线上取：

$$\frac{\ddot{x}_{i+1} - \ddot{x}_i}{\Delta t} = \frac{\ddot{x}_i - \ddot{x}_{i-1}}{\Delta t}$$

由此得初值：

$$\ddot{x}_{i+1} = 2\ddot{x}_i - \ddot{x}_{i-1}$$

（2）将选定的 $\ddot{x}_{i+1}$ 代入式（2.1.24）和式（2.1.25），求出 $\dot{x}_{i+1}$ 和 x_{i+1}。

（3）将 $\dot{x}_{i+1}$ 和 x_{i+1} 代入式（2.1.26），求出 $\ddot{x}_{i+1}$。

如果求出的 $\ddot{x}_{i+1}$ 与选定值接近并小于某一允许误差，可以认为已求得满意的结果。否则，将（3）步求得的 $\ddot{x}_{i+1}$ 作为下一轮的选定值，重复（2）、（3）两步骤直到满意为止。一般情况下只要几次循环即可求得足够精确的数值。

当体系自振周期较短而计算步长较大时，线性加速度法有可能出现计算过程发散的情况，即计算的反应数值越来越大，直至溢出。此时，时间步长 Δt 必须取得很小才能保证计算不发散。因此，线性加速度法是一种条件收敛的算法。

2. Wilson-θ 法

为了得到无条件稳定的线性加速度法，威尔逊（Wilson）提出了一个简单而有效的方法。方法的要点是：将 Δt 延伸到 $\theta \Delta t$，用线性加速度法求出对应于 $\theta \Delta t$ 的结果，然后再线性内插（即除以 θ），得到对应于 Δt 的结果（图 2.1.6）。

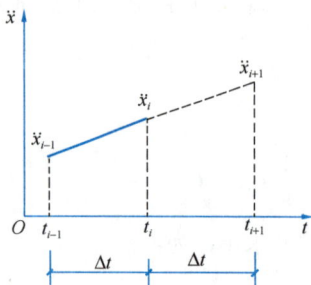

图 2.1.5　质点的运动加速度与
时间的关系曲线（2）

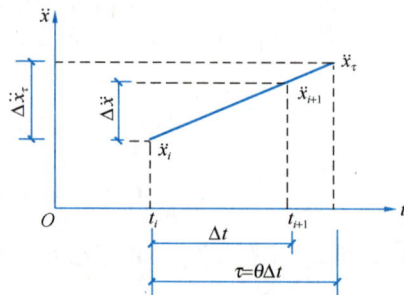

图 2.1.6　θ 的物理意义

因假定加速度反应 $\ddot{x}$ 为如图 2.1.6 所描述的线性变化，则 $\dddot{x}$ 为常数，更高阶微分均为 0。可得：

$$\dddot{x}_i = \frac{\ddot{x}_{i+1} - \ddot{x}_i}{\Delta t} \tag{2.1.27}$$

由泰勒（Taylor）公式展开 x_{i+1} 和 $\dot{x}_{i+1}$：

$$x_{i+1} = x_i + \dot{x}_i \Delta t + \ddot{x}_i \frac{\Delta t^2}{2} + \dddot{x}_i \frac{\Delta t^3}{6} \tag{2.1.28}$$

$$\dot{x}_{i+1} = \dot{x}_i + \ddot{x}_i \Delta t + \dddot{x}_i \frac{\Delta t^2}{2} \tag{2.1.29}$$

将式（2.1.27）分别代入式（2.1.28）和式（2.1.29），可得：

$$x_{i+1} = x_i + \dot{x}_i \Delta t + \ddot{x}_i \frac{\Delta t^2}{3} + \ddot{x}_{i+1} \frac{\Delta t^3}{6} \tag{2.1.30}$$

$$\dot{x}_{i+1} = \dot{x}_i + \ddot{x}_i \frac{\Delta t}{2} + \ddot{x}_{i+1} \frac{\Delta t}{2} \tag{2.1.31}$$

令 $\tau = \theta \Delta t$，以 τ 代替 Δt，则式（2.1.30）和式（2.1.31）改写为：

$$x_\tau = x_i + \tau \dot{x}_i + \frac{\tau^2}{3} \ddot{x}_i + \frac{\tau^2}{6} \ddot{x}_\tau \tag{2.1.32}$$

$$\dot{x}_\tau = \dot{x}_i + \ddot{x}_i \frac{\tau}{2} + \frac{\tau}{2} \ddot{x}_\tau \tag{2.1.33}$$

则 $\ddot{x}_\tau$ 可由振动方程式（2.1.21）求出，为：

$$\ddot{x}_\tau = -\left(\frac{c_\tau}{m} \dot{x}_\tau + \frac{k_\tau}{m} x_\tau + \ddot{x}_{g,\tau} \right) \tag{2.1.34}$$

将式（2.1.32）及式（2.1.33）代入式（2.1.34），可得：

$$\ddot{x}_\tau = -A_1^{-1}(A_2 x_i + A_3 \dot{x}_i + A_4 \ddot{x}_i + \ddot{x}_{g,\tau}) \tag{2.1.35}$$

式中 $A_1 = \frac{\tau}{2} \frac{(c_\tau + \frac{\tau}{3} k_\tau)}{m} + 1$；$A_2 = \frac{k_\tau}{m}$；$A_3 = \frac{(c_\tau + \tau k_\tau)}{m}$；$A_4 = \frac{\tau}{6} \frac{(3c_\tau + 2\tau k_\tau)}{m}$。

然后，用内插法求出在 $i+1$ 时的加速度：

$$\ddot{x}_{i+1} = \ddot{x}_i + \frac{1}{\theta}(\ddot{x}_\tau - \ddot{x}_i) \tag{2.1.36}$$

将式（2.1.35）代入式（2.1.36）即可求出 $i+1$ 时候的 $\ddot{x}_{i+1}$，再由式（2.1.30）、式（2.1.31）即可求出 x_{i+1}、$\dot{x}_{i+1}$。

本方法的计算步骤综合如下：

（1）确定结构的刚度 k，质量 m 和阻尼 c。

（2）选择时间步长 Δt 和计算积分常数 $A_1 \sim A_4$。

（3）根据初始值（前一时间步长的末端值），由式（2.1.35）计算 $\ddot{x}_\tau$。

（4）由式（2.1.36）、式（2.1.31）、式（2.1.30）计算 $\ddot{x}_{i+1}$、$\dot{x}_{i+1}$、x_{i+1}。

重复上述步骤可求得整个反应过程。

本方法当 $\theta \geqslant 1.37$ 时是无条件稳定（并没有给出严格的数学上证明）。当 θ 取得大时，虽然从计算方法上讲是无条件稳定的，但误差增大。故一般只取 θ 略大于 1.37，即取 $\theta = 1.37 \sim 1.4$。

2.1.2 地震反应谱

2.1.2.1 反应谱的概念

单自由度体系在地震作用下的位移反应为：

$$x(t) = -\frac{1}{\omega} \int_0^t \ddot{x}_g(\tau) \, e^{-\zeta\omega(t-\tau)} \sin\omega'(t-\tau) \mathrm{d}\tau \qquad (2.1.37)$$

式中 $\omega' = \omega \sqrt{1-\zeta^2}$ 为有阻尼单自由度弹性体系的圆频率。工程结构的阻尼比 ζ 很小，如果 $\zeta < 0.2$，则 $0.96 < \omega'/\omega < 1$。通常可以近似地取 $\omega' = \omega$。

式（2.1.37）的最大绝对值记为最大位移反应 S_d，即：

$$S_d = |x(t)|_{max} = \frac{1}{\omega} \left| \int_0^t \ddot{x}_g(\tau) \, e^{-\zeta\omega(t-\tau)} \sin\omega(t-\tau) \mathrm{d}\tau \right|_{max} \qquad (2.1.38)$$

式（2.1.37）对时间 t 微分一次，得到速度：

$$\dot{x}(t) = \int_0^t \ddot{x}_g(\tau) \, e^{-\zeta\omega(t-\tau)} \left[\zeta\sin\omega(t-\tau) - \cos\omega(t-\tau) \right] \mathrm{d}\tau \qquad (2.1.39)$$

利用 ζ 很小的条件，将式（2.1.39）进行简化，并用 $\sin\omega(t-\tau)$ 取代 $\cos\omega(t-\tau)$，这样处理不影响两式的最大值，只是相位相差 $\pi/2$。体系的最大速度反应 S_v 为：

$$S_v = |\dot{x}(t)|_{max} = \left| \int_0^t \ddot{x}_g(\tau) \, e^{-\zeta\omega(t-\tau)} \sin\omega(t-\tau) \mathrm{d}\tau \right|_{max} \qquad (2.1.40)$$

将式（2.1.37）和式（2.1.39）代回到体系的运动方程式（2.1.8），并利用 ζ 很小的条件，可求得单自由度弹性体系的绝对加速度为：

$$x(t) + \ddot{x}_g(t) = \omega \int_0^t \ddot{x}_g(\tau) \, e^{-\zeta\omega(t-\tau)} \sin\omega(t-\tau) \mathrm{d}\tau \qquad (2.1.41)$$

体系的最大绝对加速度反应 S_a 为：

$$S_a = |x(t) + \ddot{x}_g(t)|_{max} = \omega \left| \int_0^t \ddot{x}_g(\tau) \, e^{-\zeta\omega(t-\tau)} \sin\omega(t-\tau) \mathrm{d}\tau \right|_{max} \qquad (2.1.42)$$

由式（2.1.38）、式（2.1.40）和式（2.1.42）可知，最大位移反应 S_d、最大速度反应 S_v 和最大绝对加速度反应 S_a 三者之间存在如下近似关系：

$$S_v \approx \omega S_d, \ S_a \approx \omega S_v \approx \omega^2 S_d \qquad (2.1.43)$$

地震作用下，单自由度弹性体系的最大相对位移反应 S_d、最大相对速度反应 S_v 和最大绝对加速度反应 S_a 分别如式（2.1.38）、式（2.1.40）和式（2.1.42）所示。因此，对某地的某次地震，如果我们有了地面运动加速度记录 $\ddot{x}_g(t)$，则代入式（2.1.38）、式（2.1.40）和式（2.1.42），积分后可求得结构的最大地震反应 S_d、S_v 和 S_a。但应注意，S_d、S_v 和 S_a 都是结构自振频率 ω（即结构自振周期 T）和阻尼比 ζ 的函数。当阻尼比 ζ 给定时，只是自振周期 T 的函数。根据某次地震对各种不同的 T 值分别求出不同的 $S_d(T)$、$S_v(T)$ 和 $S_a(T)$，就可以给出以结构自振周期 T 为横坐标，结构最大地震反应（S_d、S_v 和 S_a）为纵坐标的关系曲线。这种关系曲线分别称为相对位移反应谱、相对速度反应谱和绝对加速度反应谱，简称为位移反应谱、速度反应谱和加速度反应谱。有时，在速度反应谱和加速度反应谱前冠以"拟"字，即拟速度反应谱和拟加速度反应谱，表示这两种反应谱都是经过近似处理后得到的。因此，地震反应谱就是单自由度弹性体系在给定的地震作用下，某个最大反应量（如 S_d、S_v 和 S_a 等）与体系自振周期 T 的关系曲线。地震反应谱的概念可用图 2.1.7 简单地予以说明。

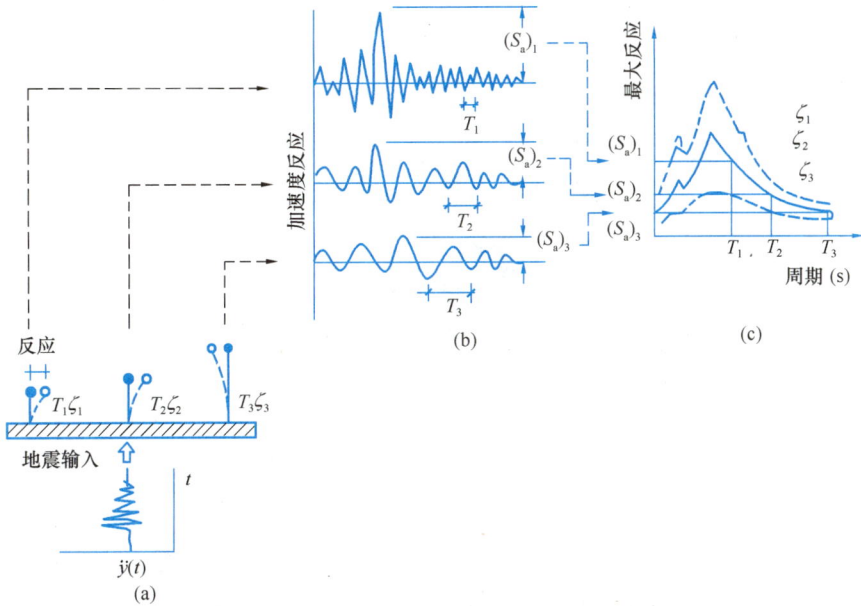

图 2.1.7　地震反应谱形成过程的简图
（a）单质点系；（b）反应波形；（c）反应谱

图 2.1.8 是根据美国 El Centro 1940 年 7.1 级地震 N-S 方向的加速度记录分别作出的相对位移反应谱（图 2.1.8a）、相对速度反应谱（图 2.1.8b）和绝对加速度反应谱（图 2.1.8c）。图中，ζ 代表阻尼比，对于不同的阻尼比 ζ 有着不同的反应谱曲线。需要指出，图 2.1.8(c) 中纵坐标为动力系数 β（最大绝对加速度反应与地面运动最大加速度的比值）。由于地面运动最大加速度对于给定的地震是个常数，所以 β 谱曲线的形式与绝对加速度反应谱曲线的形状完全一致。

由式（2.1.38）、式（2.1.40）和式（2.1.42）可知，位移反应谱 $S_d(T)$、速度反应谱 $S_v(T)$ 和加速度反应谱 $S_a(T)$ 三者之间存在如下关系：

$$S_v(T) \approx \omega S_d(T), \ S_a(T) \approx \omega S_v(T) \tag{2.1.44}$$

由此可见，只要知道地震记录的某一反应谱，就可以利用以上关系方便地求出另两个反应谱。

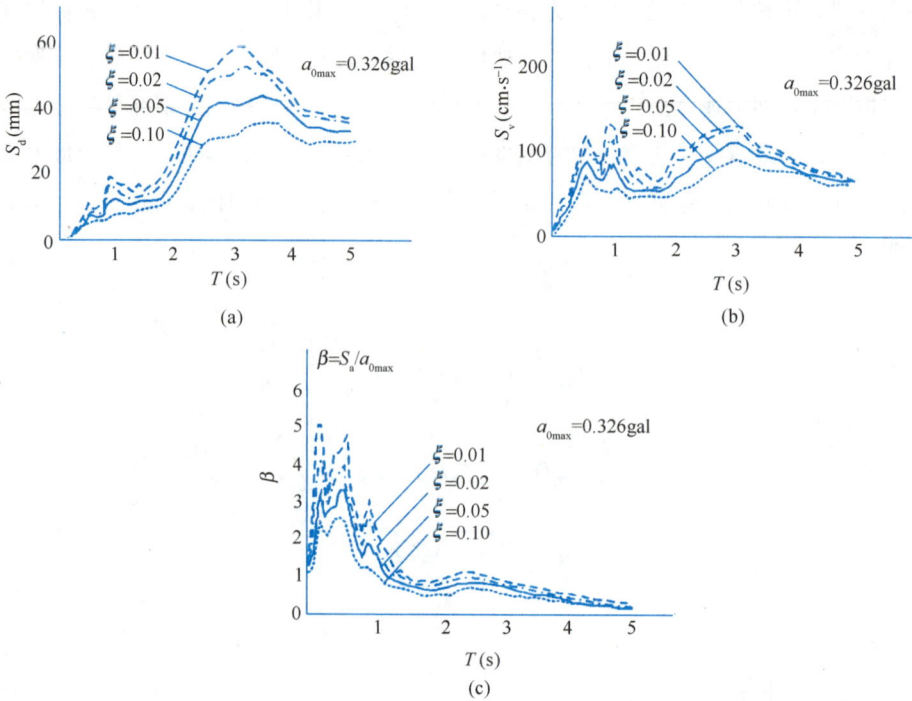

图 2.1.8　El Centro 1940 N-S 的三类反应谱

(a) 相对位移反应谱；(b) 相对速度反应谱；(c) 绝对加速度反应谱

式（2.1.38）、式（2.1.40）和式（2.1.42）所示三类反应谱的计算公式中都含有 $\ddot{x}_g(t)$，因此反应谱是随地面运动规律的不同而变化的。从历史地震记录分析可知，同一地点不同次地震所测得的地面运动是不同的，同一次地震引起不同地点的地面运动也是不同的。因此，由于地震发生的随机性和地面运动的不确定性，从工程抗震设计的角度考虑，不可能预知建设场地将来可能发生什么样的地震。因此，要根据实际的地震反应谱进行结构抗震设计是不可能的。

但是，由分析许多地震记录所得到的反应谱可知，虽然每个地震加速度记录都不相同，可是所获得的反应谱却有共同的特征。这就有可能以大量地震加速度记录所算得的反应谱为样本，得到统计意义下的平均反应谱，以它作为抗震设计的依据。这个平均反应谱也称为标准反应谱。1959 年，美国地震工程专家 Housner 将在美国西部获得的 4 个强震记录［埃尔森特罗（1930、1934）、奥林匹亚（1949）、德翰查波（1952）］的 8 个分量的反应谱，进行简单地平均后给出了平均速度反应谱和平均加速度反应谱，如图 2.1.9 所示，短周期段用虚线表示。这是因为加速度仪所记录的地面运动在短周期部分失真较大，导致反应谱在此段有较大的误差。平均反应谱除了 Housner 提出的简单的加算平均方法外，另外一种研究途径是研究不同因素对谱形状的影响程度，并分别加以平均，比较有代表性的工作是美国学者

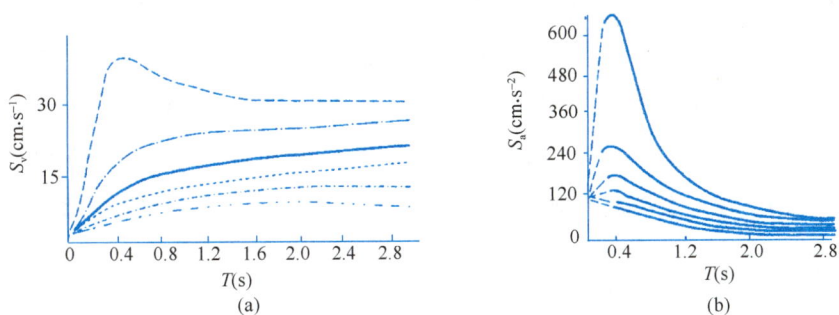

图 2.1.9　Housner 平均反应谱

(a) 平均速度反应谱；(b) 平均加速度反应谱

Seed 进行的。他将在美国西部获得的 23 个地震的 104 条记录，分为四种类型场地分别加以平均，建立了不同场地土条件下的平均加速度反应谱，如图 2.1.10 所示。

2.1.2.2　反应谱特征及其影响因素

由不同的强震记录所作出的反应谱形状是不同的，即使是同一地震在不同地方的记录，反应谱形状也不一样。综观目前所获得的强震记录反应谱，则可发现其形状大致有如下一些特征：

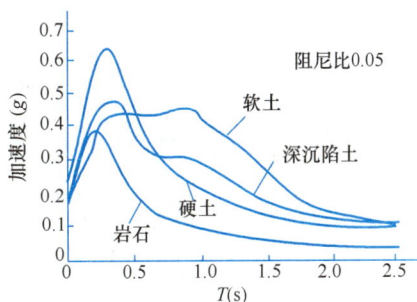

图 2.1.10　不同场地土条件的平均反应谱

（1）地震反应谱是多峰点的曲线，其外形不像在正弦形外力作用下的共振曲线那样简单，这是由于地震地面运动的不规则性所造成的。当阻尼比等于零时，反应谱的谱值最大，峰点突出，但较小的阻尼比（例如 $\zeta=0.02$）就能使反应谱的峰点削平很多。

（2）加速度反应谱在短周期部分上下跳动较大，但当周期稍长时，就显出随周期增大而衰减的趋势。多数情况下，它大致与周期成反比例递降。对于有阻尼加速度，反应谱一般只有一个主峰。

（3）速度反应谱随周期变化是多峰点的，当周期大于某一定值后，曲线的形状呈现与周期轴大致平行的趋势。

（4）位移反应谱的形状与加速度谱曲线相反，有随周期增大而增高的趋势。

上述三种地震反应谱的一般趋势大致可用图 2.1.11 来概括表示。该图所给出的结果可表述为：当结构自振周期 T 增长时，速度谱几乎与 T 轴平行，加速度谱与 T 轴反比例衰减，位移谱则成比例增加。因此，结构的最大地震反应，对于高频结构主要取决于地面运动最大加速度；对于中频结构主要取决于地面运动最大速度；对于低频结构主要取决于地面运动最大位移。

以上特点是从许多地震反应谱中所看到的共同趋势。事实上，这种形状上的特征是随着地震记录不同而变化的，它取决于震源机制、震源位置到观测地点的传播途径、场地条件等。一般来说，震级大、断层错位的冲击时间长、震中距离远、地基土松软、厚度大的地方加速度反应谱的主要峰点偏于较长的周期；相反，震级较小、断层错位的冲击时间短、震中距离近、地基土坚硬、厚度薄的地方加速度反应谱的主要峰点则一般偏于较短的周期。图 2.1.12 所示为 McGuire 的研究成果，由图可知，地震动长周期成分随着震级和震中距的加大而增加。

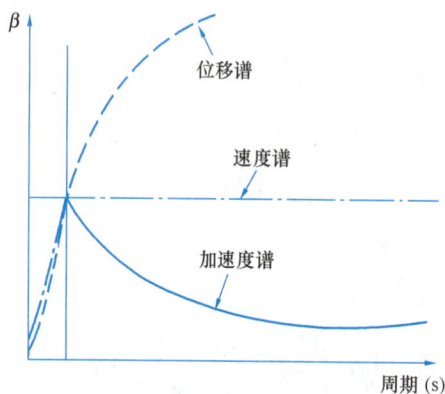

图 2.1.11　地震反应谱的一般趋势

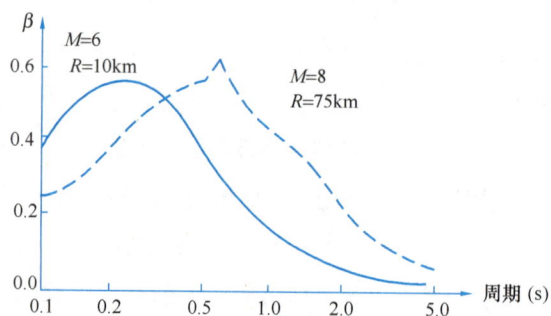

图 2.1.12　震级和震中距对地震反应谱形状的影响

场地土对谱形状的影响早就被世界大多数地震国家所研究并公认。比较有代表性的例子是图 2.1.13 所示的例子，该图是同一地震，相同震中距下的反应谱，它们都具有较远的震中距。图中谱形状的差别显然是场地土条件影响造成的。图中场地土从 A~F 相应由"硬"到"软"。可以看出，在岩石场地 A 上的记录，反应谱峰值的横坐标出现在 0.3s 处，随着土的软弱程度增加，谱的峰值也向着长周期方向移动。这种变化如表 2.1.1 所示。

反应谱峰值处的周期　　　　　　　　　　　　　　　　　　　　　表 2.1.1

场地	A	B	C	D	E	F
周期（s）	0.3	0.5	0.6	0.8	1.3	2.5

2.1.3　地震作用与作用效应

式（2.1.38）给出了地面运动 $\ddot{x}_g(t)$ 作用下单自由度弹性体系的最大位移反应，在此基础上可以进一步求解结构的地震作用效应（内力和变形等），但计算过程较为繁琐。实际工程中，习惯于用地震作用计算结构的地震作用效应，即把地震作用作为一个荷载施加于结构上，然后像处理静力问题一样计算结构的地震内力和变形。

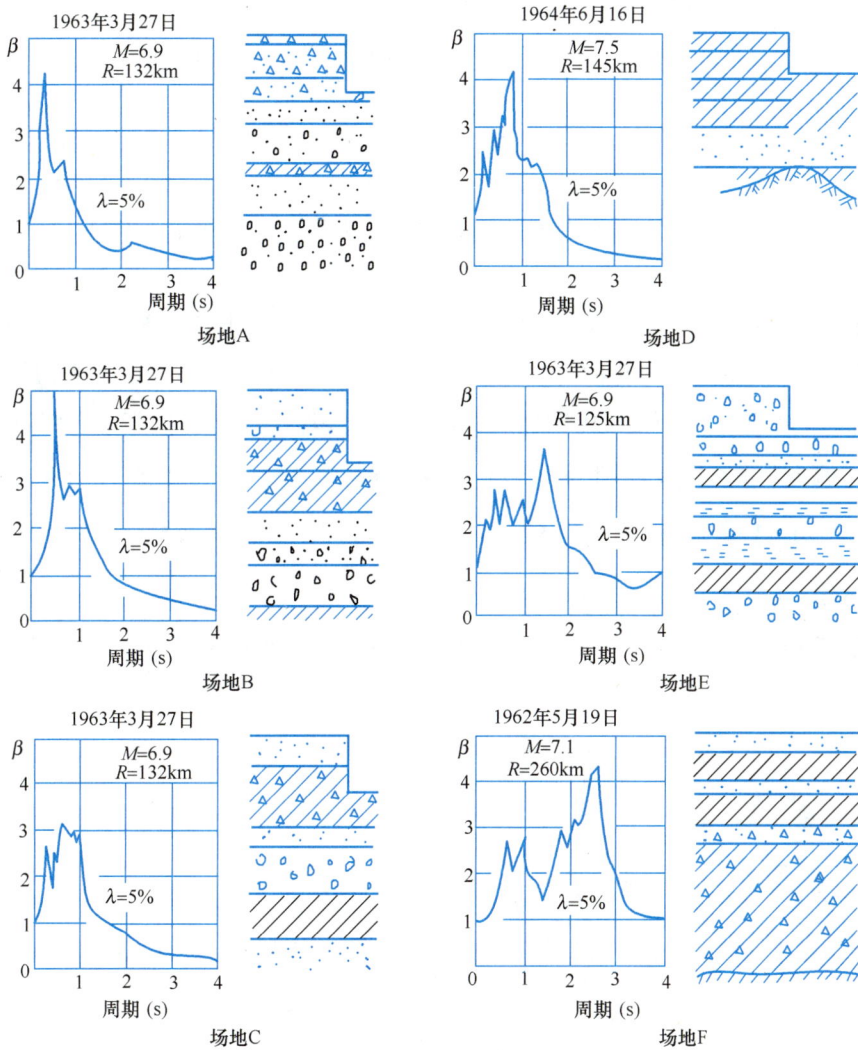

图 2.1.13　不同场地土反应谱特征

对于单自由度弹性体系，通常把惯性力看作一种反映地震对结构体系影响的等效力，即地震作用为：

$$F(t) = -m[\ddot{x}(t) + \ddot{x}_g(t)] \tag{2.1.45}$$

由上式可见，地震作用是时间 t 的函数，它的大小和方向随时间 t 而变化。在结构抗震设计中，对结构进行抗震计算，并不需要求出每一时刻的地震作用数值，而只求出地震作用的最大绝对值。所以，结构在地震持续过程中经受的最大地震作用为：

$$F = m\,|x(t) + \ddot{x}_g(t)|_{\max} = mS_a \tag{2.1.46}$$

同时，作用于单自由度体系的最大剪力 V 为：

$$V = k\,|x(t)|_{\max} = kS_d \tag{2.1.47}$$

由于最大加速度反应和最大位移反应之间的关系是：

$$S_a = \omega^2 S_d = \frac{k}{m} S_d \tag{2.1.48}$$

将上式代入式（2.1.46），可得：

$$F = m S_a = k S_d \tag{2.1.49}$$

这就意味着，单自由度体系由最大绝对加速度算得的地震作用 F 等于其底部最大剪力 V。

上述关系对于多自由度体系只是个近似。然而，这给结构抗震计算带来了极大的简化——结构所受的水平地震作用可以转换为等效的侧向力；相应地，结构在地震作用下的作用效应分析也就转换为等效侧向力下的作用效应分析。因而，只要解决了等效侧向力（$F = m S_a$）的计算，则地震作用下结构的内力和变形计算就可以采用静力学的方法来解决。

【例题 2.1.1】推导地面运动加速度 $\ddot{x}_g(t) = A\sin\frac{2\pi}{T_0}t$ 时，单自由度弹性体系（圆频率为 ω、周期为 T、阻尼比为 ζ）的位移反应谱 S_d 和加速度反应谱 S_a 的计算公式。

【解】根据结构动力学知识，单自由度弹性体系在简谐荷载 $F\sin\theta t$ 作用下的运动方程为：

$$\ddot{x}(t) + 2\zeta\omega\dot{x}(t) + \omega^2 x(t) = \frac{F}{m}\sin\theta t$$

其最大位移反应为：

$$|x(t)|_{\max} = \frac{F}{m\omega^2}\left[\left(1 - \frac{\theta^2}{\omega^2}\right)^2 + 4\zeta^2\frac{\theta^2}{\omega^2}\right]^{-\frac{1}{2}}$$

由题意，单自由度弹性体系在地面运动加速度 $\ddot{x}_g(t)$ 下的运动方程为：

$$\ddot{x}(t) + 2\zeta\omega\dot{x}(t) + \omega^2 x(t) = -\ddot{x}_g(t) = -A\sin\frac{2\pi}{T_0}t$$

因此，最大位移反应即位移反应谱 S_d 的计算公式可以写为：

$$S_d = |x(t)|_{\max} = \frac{A}{\omega^2}\left[\left(1 - \frac{T^2}{T_0^2}\right)^2 + 4\zeta^2\frac{T^2}{T_0^2}\right]^{-\frac{1}{2}}$$

加速度反应谱 S_a 的计算公式为：

$$S_a = \omega^2 S_d = A\left[\left(1 - \frac{T^2}{T_0^2}\right)^2 + 4\zeta^2\frac{T^2}{T_0^2}\right]^{-\frac{1}{2}}$$

由上式可以看出，如果阻尼比 ζ 是一定的，则加速度反应谱 S_a 由地面运动加速度峰值 A（幅值特性）和动力系数 $\beta = \left[\left(1 - \frac{T^2}{T_0^2}\right)^2 + 4\zeta^2\frac{T^2}{T_0^2}\right]^{-\frac{1}{2}}$（频谱特性）共同决定。图 2.1.14 给出了地面运动加速度峰值 A 为 $0.70\mathrm{m/s^2}$、卓越周期 T_0 分别为 0.5s 和 1.5s、结构阻尼比 ζ 为 0.05 时的加速度反应谱 $S_a(T)$。

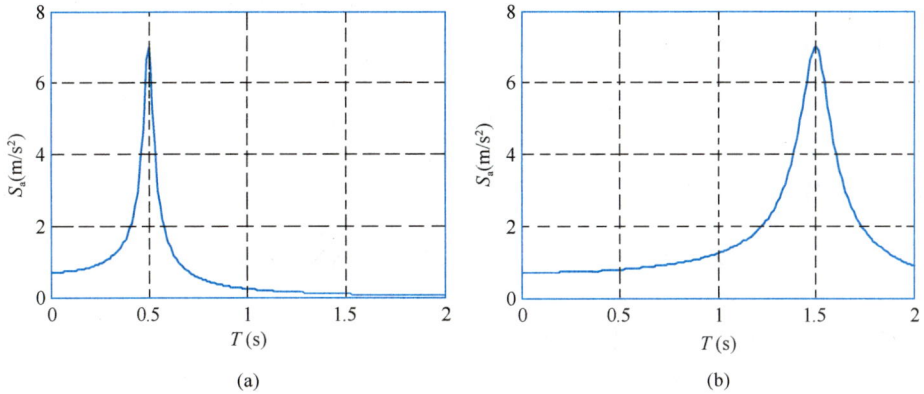

图 2.1.14　加速度反应谱 $S_a(T)$

（a）卓越周期 $T_0=0.5\text{s}$；（b）卓越周期 $T_0=1.5\text{s}$

【例题 2.1.2】 一单层单跨框架如图 2.1.15 所示。假设屋盖平面内刚度为无穷大，集中于屋盖处的重力荷载 $G=1143.88\text{kN}$，框架柱 $EI_c=1.5\times10^5\text{kN}\cdot\text{m}^2$，框架高度 $h=5\text{m}$，跨度 $l=9\text{m}$，结构阻尼比 $\zeta=0.05$。求在地面运动加速度 $\ddot{x}_g(t)=0.7\sin\dfrac{2\pi}{T_0}t$（卓越周期 T_0 分别为 0.5s 和 1.5s）时的水平地震作用、柱两截面处（柱底和屋盖）的弯矩值以及柱的基底剪力。

【解】 由于结构的质量集中于屋盖处，水平振动时可以简化为单自由度体系。

1）求解结构体系的自振周期

由于屋盖在平面内刚度为无穷大，框架的侧移刚度 k 和质量 m 分别为：

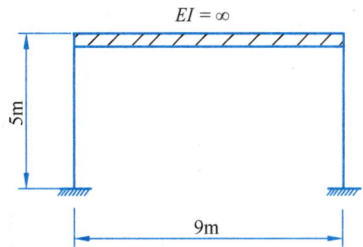

图 2.1.15　【例题 2.1.2】图

$$k=2\times\frac{12EI_c}{h^3}=2\times\frac{12\times1.5\times10^5}{5^3}=28\ 800\text{kN/m}$$

$$m=\frac{G}{g}=\frac{1143.88\times10^3}{9.8}=116.722\times10^3\text{kg}$$

体系的自振周期为：

$$T=2\pi\sqrt{\frac{m}{k}}=2\pi\sqrt{\frac{116.722\times10^3}{28\ 800\times10^3}}=0.400\text{s}$$

2）求解水平地震作用

由【例题 2.1.1】可知，$S_a=0.7\times\left[(1-\dfrac{0.4^2}{0.5^2})^2+4\times0.05^2\times\dfrac{0.4^2}{0.5^2}\right]^{-\frac{1}{2}}=1.898$

$\text{m/s}^2(0.753)$

因此，水平地震作用为：

$$F = mS_a = 116.722 \times 10^3 \times 1.898 = 221.5\text{kN}(87.9)$$

3）求内力柱的基底剪力为：

$$V = \frac{F}{2} = 110.8\text{kN}(44.0)$$

柱两截面处（柱底和屋盖）的弯矩为：

$$M = V \times \frac{h}{2} = 110.8 \times 2.5 = 277\text{kN} \cdot \text{m}(110)$$

注：括号里的数值对应卓越周期为 1.5s。

2.2 多自由度体系的地震作用

2.2.1 多自由度体系的地震反应

2.2.1.1 地震作用下结构的运动方程

在实际建筑结构中，除了少数结构可以简化为单自由度体系外，大量的多层工业与民用建筑、多跨不等高单层工业厂房等都应简化为多自由度体系来分析。如图 2.2.1(a) 所示，通常将楼面的使用荷载以及上下两相邻层（i 和 $i+1$ 层）之间的结构自重（即图中的阴影部分）集中于第 i 层的楼面标高处，形成一个多自由度体系，如图 2.2.1(b) 所示。首先建立多自由度弹性体系在地震作用下的运动方程。

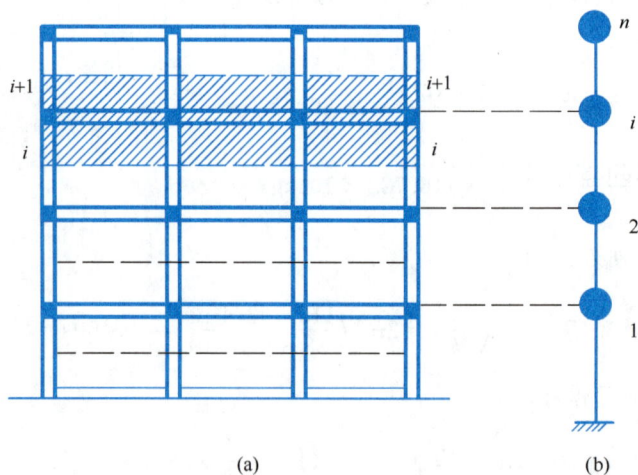

图 2.2.1 多自由度体系示意图

(a) 多层房屋；(b) 多自由度弹性体系

图 2.2.2(a) 为多自由度弹性体系在水平地震作用下的位移情况，图中 $x_g(t)$ 为地震时地面运动的水平位移，$x_i(t)$ 表示质点 i 相对于基础的位移。由于没有外荷载作用在体系上，即 $P_i(t) = 0$。这时，作用在图 2.2.2(b) 中质点 i 上的力有：

惯性力：

$$I_i(t) = -m_i[\ddot{x}_i(t) + \ddot{x}_g(t)] \tag{2.2.1a}$$

弹性恢复力：

$$S_i(t) = -[k_{i1}x_1(t) + k_{i2}x_2(t) + \cdots + k_{ii}x_i(t) + \cdots + k_{in}x_n(t)]$$

$$= -\sum_{k=1}^{n} k_{ik}x_k(t) \tag{2.2.1b}$$

阻尼力：

$$R_i(t) = -[c_{i1}\dot{x}_1(t) + c_{i2}\dot{x}_2(t) + \cdots + c_{ii}\dot{x}_i(t) + \cdots + c_{in}\dot{x}_n(t)]$$

$$= -\sum_{k=1}^{n} c_{ik}\dot{x}_k(t) \tag{2.2.1c}$$

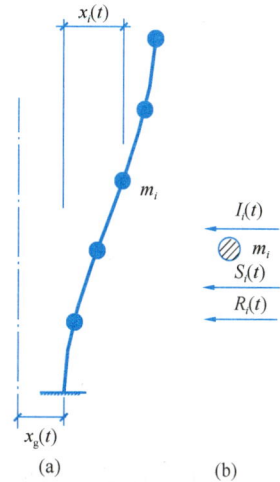

图 2.2.2 多自由度弹性体系位移
(a) 地震作用下多自由度弹性体系的位移；(b) 质点 i 上的作用力

式中 $I_i(t)$、$S_i(t)$、$R_i(t)$ ——分别为作用于质点 i 上的惯性力、弹性恢复力和阻尼力；

k_{ik} ——质点 k 处产生单位侧移，而其他质点保持不动时，在质点 i 处引起的弹性反力；

c_{ik} ——质点 k 处产生单位速度，而其他质点保持不动时，在质点 i 处产生的阻尼力；

m_i ——集中在 i 质点上的集中质量；

$x_i(t)$、$\dot{x}_i(t)$、$\ddot{x}_i(t)$ ——分别为质点 i 在 t 时刻相对于基础的位移、速度和加速度。

根据达朗贝尔原理，作用在质点 i 上的惯性力、阻尼力和弹性恢复力应保持平衡，即：

$$I_i(t) + S_i(t) + R_i(t) = 0 \tag{2.2.2}$$

将式（2.2.1）代入式（2.2.2），则有：

$$m_i\ddot{x}_i(t) + \sum_{k=1}^{n} c_{ik}\dot{x}_k(t) + \sum_{k=1}^{n} k_{ik}x_k(t) = -m_i\ddot{x}_g(t) \tag{2.2.3}$$

对于一个 n 质点的弹性体系，可以写出 n 个类似于式（2.2.3）的方程，将 n 个方程组成一个微分方程组，其矩阵表达式为：

$$\boldsymbol{M}\ddot{\boldsymbol{x}}(t) + \boldsymbol{C}\dot{\boldsymbol{x}}(t) + \boldsymbol{K}\boldsymbol{x}(t) = -\boldsymbol{M}\boldsymbol{I}\ddot{x}_g(t) \tag{2.2.4}$$

式中 $\boldsymbol{M}$——$n \times n$ 阶质量矩阵，为一对角矩阵；

$\boldsymbol{K}$ —— $n \times n$ 阶刚度矩阵。

$$
\boldsymbol{M} = \begin{bmatrix} m_1 & & & & & 0 \\ & m_2 & & & & \\ & & \ddots & & & \\ & & & m_i & & \\ & & & & \ddots & \\ 0 & & & & & m_n \end{bmatrix} \tag{2.2.5}
$$

$$
\boldsymbol{K} = \begin{bmatrix} k_{11} & k_{12} & \cdots & k_{1i} & \cdots & k_{1n} \\ k_{21} & k_{22} & \cdots & k_{2i} & \cdots & k_{2n} \\ \vdots & \vdots & & \vdots & & \vdots \\ k_{i1} & k_{i2} & \cdots & k_{ii} & \cdots & k_{in} \\ \vdots & \vdots & & \vdots & & \vdots \\ k_{n1} & k_{n2} & \cdots & k_{ni} & \cdots & k_{nn} \end{bmatrix} \tag{2.2.6}
$$

对于只考虑层间剪切变形的层间剪切型结构，刚度矩阵 $\boldsymbol{K}$ 为三对角矩阵，除主对角线和两个副对角线外，其他元素全为零，具体表达式如下：

$$
\boldsymbol{K} = \begin{bmatrix} k_1 + k_2 & -k_2 & & \\ -k_2 & k_2 + k_3 & & \\ & & \ddots & \\ & -k_{n-1} & k_{n-1} + k_n & -k_n \\ & & -k_n & k_n \end{bmatrix} \tag{2.2.7}
$$

$\boldsymbol{C}$ 为阻尼矩阵，通常取为质量矩阵和刚度矩阵的线性组合，即：

$$
\boldsymbol{C} = \alpha \boldsymbol{M} + \beta \boldsymbol{K} \tag{2.2.8}
$$

式中　α、β——两个常数，称为瑞利阻尼系数，按式（2.2.9）计算。

$$
\left. \begin{aligned} \alpha &= \frac{2\omega_i \omega_j (\zeta_i \omega_j - \zeta_j \omega_i)}{\omega_j^2 - \omega_i^2} \\ \beta &= \frac{2(\zeta_j \omega_j - \zeta_i \omega_i)}{\omega_j^2 - \omega_i^2} \end{aligned} \right\} \tag{2.2.9}
$$

式中　ω_i、ω_j——分别为多质点体系第 i、j 阶振型的自振圆频率；

　　　ζ_i、ζ_j——分别为体系第 i、j 阶振型的阻尼比，可由试验确定。

$x(t)$、$\dot{x}(t)$、$\ddot{x}(t)$ 分别为体系各质点相对于基础的位移、速度和加速度的列向量；

$$
\left. \begin{aligned} x(t) &= \begin{bmatrix} x_1(t) & x_2(t) & \cdots & x_i(t) & \cdots & x_n(t) \end{bmatrix}^{\mathrm{T}} \\ \dot{x}(t) &= \begin{bmatrix} \dot{x}_1(t) & \dot{x}_2(t) & \cdots & \dot{x}_i(t) & \cdots & \dot{x}_n(t) \end{bmatrix}^{\mathrm{T}} \\ \ddot{x}(t) &= \begin{bmatrix} \ddot{x}_1(t) & \ddot{x}_2(t) & \cdots & \ddot{x}_i(t) & \cdots & \ddot{x}_n(t) \end{bmatrix}^{\mathrm{T}} \end{aligned} \right\} \tag{2.2.10}
$$

$I = (1,1)^{\mathrm{T}}$。

注意到方程式（2.2.4）中，除质量矩阵是对角矩阵，不存在耦联外，刚度矩阵和阻尼矩阵都不是对角矩阵。刚度矩阵对角线以外的项表示，作用在给定侧移的某一质点上的弹性恢复力不仅取决于这一点的侧移，而且还取决于其他各质点的位移，因而存在着刚度耦联，这样给微分方程组的求解带来不少困难。为此，需要运用振型分解和振型正交性原理来解耦，以使方程组的求解大大简化，这就首先需要通过求解体系的自由振动方程得到多自由度体系的各阶振型及其对应的自振周期。

【例题 2.2.1】 图 2.2.3(a) 所示两层框架结构，结构阻尼比 $\zeta = 0.05$，其横梁为无限刚性。设质量集中在楼层上，第一、二层的质量为 $m_1 = m_2 = m = 1 \times 10^5 \, \mathrm{kg}$。层间侧移刚度分别为 $k_1 = k_2 = k = 3 \times 10^7 \, \mathrm{N/m}$，即层间产生单位相对侧移时所需施加的力，如图 2.2.3(b) 所示。试列出该结构在水平地震作用下的运动方程。

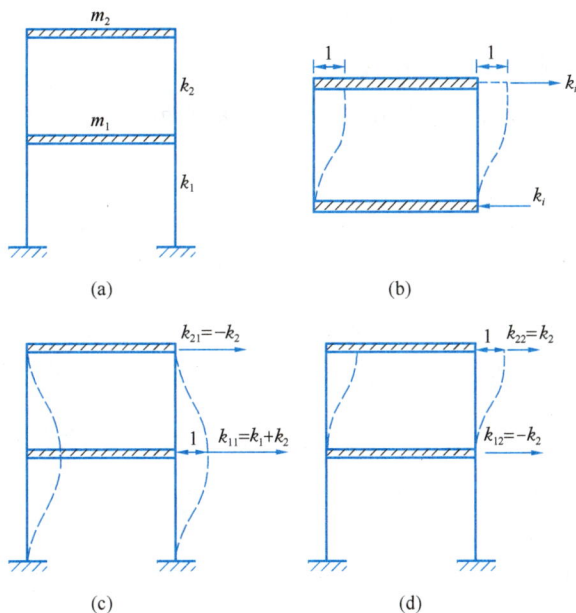

图 2.2.3　两层框架结构

【解】 1）结构的质量矩阵

$$\boldsymbol{M} = \begin{bmatrix} m_1 & \\ & m_2 \end{bmatrix} = \begin{bmatrix} 1 \times 10^5 & \\ & 1 \times 10^5 \end{bmatrix} (\mathrm{kg})$$

2）结构的刚度矩阵

$$\boldsymbol{K} = \begin{bmatrix} k_{11} & k_{12} \\ k_{21} & k_{22} \end{bmatrix} = \begin{bmatrix} k_1 + k_2 & -k_2 \\ -k_2 & k_2 \end{bmatrix} = \begin{bmatrix} 2k & -k \\ -k & k \end{bmatrix} = \begin{bmatrix} 6 \times 10^7 & -3 \times 10^7 \\ -3 \times 10^7 & 3 \times 10^7 \end{bmatrix} (\mathrm{N/m})$$

3) 结构的阻尼矩阵

两层框架结构的自振圆频率第 1 阶振型 $\omega_1 = 10.704\text{rad/s}$，第 2 阶振型 $\omega_2 = 28.025\text{rad/s}$。由结构阻尼比 $\zeta = 0.05$ 以及式（2.2.9）求得瑞利阻尼系数 α 和 β 分别为：

$$\begin{cases} \alpha = \dfrac{2\omega_i\omega_j(\zeta_i\omega_j - \zeta_j\omega_i)}{\omega_j^2 - \omega_i^2} = \dfrac{2 \times 10.704 \times 28.025 \times (0.05 \times 28.025 - 0.05 \times 10.704)}{28.025^2 - 10.704^2} = 0.774 \\[4mm] \beta = \dfrac{2(\zeta_j\omega_j - \zeta_i\omega_i)}{\omega_j^2 - \omega_i^2} = \dfrac{2 \times (0.05 \times 28.025 - 0.05 \times 10.704)}{28.025^2 - 10.704^2} = 0.0026 \end{cases}$$

阻尼矩阵为：

$$C = \alpha M + \beta K$$

$$= 0.774 \times \begin{bmatrix} 1 \times 10^5 & \\ & 1 \times 10^5 \end{bmatrix} + 0.0026 \times \begin{bmatrix} 6 \times 10^7 & -3 \times 10^7 \\ -3 \times 10^7 & 3 \times 10^7 \end{bmatrix}$$

$$= \begin{bmatrix} 2.334 \times 10^5 & -0.780 \times 10^5 \\ -0.780 \times 10^5 & 1.554 \times 10^5 \end{bmatrix} (\text{N} \cdot \text{s/m})$$

因此，两层框架结构在水平地震作用下的运动方程为：

$$\begin{bmatrix} 1 \times 10^5 & \\ & 1 \times 10^5 \end{bmatrix} \begin{Bmatrix} \ddot{x}_1(t) \\ \ddot{x}_2(t) \end{Bmatrix} + \begin{bmatrix} 2.334 \times 10^5 & -0.780 \times 10^5 \\ -0.780 \times 10^5 & 1.554 \times 10^5 \end{bmatrix} \begin{Bmatrix} \dot{x}_1(t) \\ \dot{x}_2(t) \end{Bmatrix}$$

$$+ \begin{bmatrix} 6 \times 10^7 & -3 \times 10^7 \\ -3 \times 10^7 & 3 \times 10^7 \end{bmatrix} \begin{Bmatrix} x_1(t) \\ x_2(t) \end{Bmatrix} = -\begin{Bmatrix} 1 \times 10^5 \\ 1 \times 10^5 \end{Bmatrix} \times \ddot{x}_g(t)$$

式中　$x_1(t)$、$x_2(t)$——分别是框架第 1 层和第 2 层相对于基础的位移。

2.2.1.2　多自由度体系的动力特性

1. 自由振动方程及其解

多自由度无阻尼体系的自由振动方程为：

$$\boldsymbol{M}\ddot{\boldsymbol{x}}(t) + \boldsymbol{K}\boldsymbol{x}(t) = 0 \tag{2.2.11}$$

设解为如下形式（即各质点按同一圆频率作简谐振动）：

$$\boldsymbol{x}(t) = \boldsymbol{X}\sin(\omega t + \alpha) \tag{2.2.11a}$$

式中　X——位移幅值向量。

$$\boldsymbol{X} = \begin{Bmatrix} X_1 \\ X_2 \\ \vdots \\ X_n \end{Bmatrix} \tag{2.2.11b}$$

将式（2.2.11a）代入式（2.2.11），即得振型方程为：

$$(\boldsymbol{K}-\omega^2\boldsymbol{M})\boldsymbol{X}=0 \tag{2.2.12}$$

上式是位移幅值 $\boldsymbol{X}$ 的齐次方程。为了得到 $\boldsymbol{X}$ 的非零解，应使系数行列式为零，即：

$$|\boldsymbol{K}-\omega^2\boldsymbol{M}|=0 \tag{2.2.13}$$

式（2.2.13）称为体系的圆频率方程或特征方程。将行列式展开并求解，可得到体系的 n 个自振圆频率 $\omega_1,\omega_2,\cdots,\omega_n$（$n$ 是体系的自由度数）。把全部自振圆频率按照由小到大的顺序排列而成的向量称为圆频率向量 $\boldsymbol{\omega}$，其中最小的圆频率称为基本圆频率或第一圆频率。

令 $\boldsymbol{X}_i$ 表示与第 i 阶圆频率 ω_i 相应的主振型向量：

$$\boldsymbol{X}_i^{\mathrm{T}}=(X_{i1} \quad X_{i2} \quad \cdots \quad X_{in})$$

将 ω_i 和 $\boldsymbol{X}_i$ 代入式（2.2.12），得：

$$(\boldsymbol{K}-\omega_i^2\boldsymbol{M})\boldsymbol{X}_i=0 \tag{2.2.14}$$

令 $i=1,2,\cdots,n$，可得出 n 个向量方程，由此可求出 n 个主振型向量 $\boldsymbol{X}_1,\boldsymbol{X}_2,\cdots,\boldsymbol{X}_n$。

由于特征方程式（2.2.14）的齐次性质，振型向量 $\boldsymbol{X}_i$ 的幅值是任意的，只有振型的比例形状是唯一的。因此，振型定义为结构位移形状保持不变的振动形式。为了对不同自振圆频率的振型进行形状上的比较，需要将其化为无量纲形式，这种转化过程称为振型的归一化。振型归一化的方法可以采用下述三种方法之一：

（1）特定坐标的归一化方法：指定振型向量中某一坐标值为 1，其他元素值按比例确定；

（2）最大位移值的归一化方法：将振型向量中各元素分别除以其中的最大值；

（3）正交归一化方法：规定主振型 $\boldsymbol{X}_i$ 满足 $X_i^{\mathrm{T}}\boldsymbol{M}\boldsymbol{X}_i=1$。

现在讨论一个两质点体系，体系的振型方程为：

$$\begin{bmatrix} k_{11}-m_1\omega^2 & k_{12} \\ k_{21} & k_{22}-m_2\omega^2 \end{bmatrix}\begin{Bmatrix} X_1 \\ X_2 \end{Bmatrix}=0 \tag{2.2.15}$$

它的系数行列式等于零，展开后得到一个以 ω^2 为未知数的一元二次方程：

$$(\omega^2)^2-\left(\frac{k_{11}}{m_1}+\frac{k_{22}}{m_2}\right)\omega^2+\frac{k_{11}k_{22}-k_{12}k_{21}}{m_1m_2}=0$$

可解出 ω^2 的两个根为：

$$\omega^2=\frac{1}{2}\left(\frac{k_{11}}{m_1}+\frac{k_{22}}{m_2}\right)\pm\sqrt{\left[\frac{1}{2}\left(\frac{k_{11}}{m_1}+\frac{k_{22}}{m_2}\right)\right]^2-\frac{k_{11}k_{22}-k_{12}k_{21}}{m_1m_2}} \tag{2.2.16}$$

可以证明，这两个根都是正的。其中最小圆频率 ω_1 称为第一频率或基本频率，另一个 ω_2 为第二振型频率。

由于式（2.2.15）为齐次方程组，两个方程是线性相关的，所以将 ω_1 值回代式（2.2.15），只能求得比值 X_1/X_2，这个比值所确定的振动形式是与第一频率 ω_1 相对应的振型，称为第一振型或基本振型。

$$\frac{X_{11}}{X_{12}} = \frac{-k_{12}}{k_{11} - \omega_1^2 m_1} \tag{2.2.17}$$

式中 X_{11}、X_{12}——分别为第一振型质点 1 和质点 2 的相对振幅值。

同样，将 ω_2 代入式（2.2.15），可以求得第二振型第一质点振幅与第二质点振幅的比值为：

$$\frac{X_{21}}{X_{22}} = \frac{-k_{12}}{k_{11} - \omega_2^2 m_1} \tag{2.2.18}$$

式中 X_{21}、X_{22}——分别为第二振型质点 1 和质点 2 的相对振幅值。

对于每个主振型，质点 1 和质点 2 都是按同一频率 ω_i 和同一相位角 α_i 作简谐振动，并同时达到各自的最大幅值；在整个振动过程中，两个质点的振幅比值 X_{i1}/X_{i2} 是一个常数。

2. 主振型的正交性

多自由度弹性体系作自由振动时，各振型对应的频率各不相同，任意两个不同的振型之间存在着正交性。利用振型的正交性原理可以大大简化多自由度弹性体系运动微分方程组的求解。

设 ω_n 和 ω_m 为两个不同的自振圆频率，相应的两个主振型向量分别为 $\boldsymbol{X}_n$ 和 $\boldsymbol{X}_m$，并满足特征方程式（2.2.14）：

$$\boldsymbol{K}\boldsymbol{X}_n = \omega_n^2 \boldsymbol{M}\boldsymbol{X}_n \tag{2.2.19}$$

$$\boldsymbol{K}\boldsymbol{X}_m = \omega_m^2 \boldsymbol{M}\boldsymbol{X}_m \tag{2.2.20}$$

将式（2.2.19）两边乘以 $\boldsymbol{X}_m^{\mathrm{T}}$，式（2.2.20）两边乘以 $\boldsymbol{X}_n^{\mathrm{T}}$，即有：

$$\boldsymbol{X}_m^{\mathrm{T}}\boldsymbol{K}\boldsymbol{X}_n = \omega_n^2 \boldsymbol{X}_m^{\mathrm{T}}\boldsymbol{M}\boldsymbol{X}_n \tag{2.2.21}$$

$$\boldsymbol{X}_n^{\mathrm{T}}\boldsymbol{K}\boldsymbol{X}_m = \omega_m^2 \boldsymbol{X}_n^{\mathrm{T}}\boldsymbol{M}\boldsymbol{X}_m \tag{2.2.22}$$

注意到上式两端皆为一标量，转置后其值不变，而 $\boldsymbol{K}$ 和 $\boldsymbol{M}$ 均为对称矩阵，故转置后等于自身。对式（2.2.22）两端做转置运算后有：

$$\boldsymbol{X}_m^{\mathrm{T}}\boldsymbol{K}\boldsymbol{X}_n = \omega_m^2 \boldsymbol{X}_m^{\mathrm{T}}\boldsymbol{M}\boldsymbol{X}_n \tag{2.2.23}$$

式（2.2.23）减式（2.2.21）得：

$$(\omega_m^2 - \omega_n^2) \boldsymbol{X}_m^{\mathrm{T}}\boldsymbol{M}\boldsymbol{X}_n = 0 \tag{2.2.24}$$

若 $m \neq n$，则有：

$$\boldsymbol{X}_m^{\mathrm{T}}\boldsymbol{M}\boldsymbol{X}_n = 0 \quad (m \neq n) \tag{2.2.25}$$

上式即为振型关于质量矩阵的正交性的矩阵表达式。振型关于质量矩阵正交性的物理意义是：某一振型在振动过程中所引起的惯性力不在其他振型上做功，这说明某一个振型的动能不会转移到其他振型上去，也就是体系按某一振型作自由振动时不会激起该体系其他振型的振动。

将式（2.2.25）代入式（2.2.21），则有：

$$\boldsymbol{X}_m^{\mathrm{T}}\boldsymbol{K}\,\boldsymbol{X}_n = 0 \quad (m \neq n) \tag{2.2.26}$$

上式即为振型关于刚度矩阵的正交性的矩阵表达式。振型关于刚度矩阵正交性的物理意义是：某一振型在振动过程中所引起的弹性恢复力不在其他振型上做功，这说明体系按某一振型振动时，它的势能不会转移到其他振型上去。

3. 主振型矩阵

在具有 n 个自由度的体系中，可将 n 个彼此正交的主振型向量组成一个方阵：

$$X = (\boldsymbol{X}_1 \quad \boldsymbol{X}_2 \quad \cdots \quad \boldsymbol{X}_n) = \begin{bmatrix} \boldsymbol{X}_{11} & \boldsymbol{X}_{21} & \cdots & \boldsymbol{X}_{n1} \\ \boldsymbol{X}_{12} & \boldsymbol{X}_{22} & \cdots & \boldsymbol{X}_{n2} \\ \vdots & \vdots & \ddots & \vdots \\ \boldsymbol{X}_{1n} & \boldsymbol{X}_{2n} & \cdots & \boldsymbol{X}_{nn} \end{bmatrix} \tag{2.2.27}$$

这个方阵称为主振型矩阵。

根据主振型向量的两个正交关系，可以导出关于主振型矩阵 $\boldsymbol{X}$ 的两个性质，即 $\boldsymbol{X}^{\mathrm{T}}\boldsymbol{M}\boldsymbol{X}$ 和 $\boldsymbol{X}^{\mathrm{T}}\boldsymbol{K}\boldsymbol{X}$ 都应是对角矩阵，即：

$$\boldsymbol{X}^{\mathrm{T}}\boldsymbol{M}\boldsymbol{X} = \begin{bmatrix} M_1 & 0 & \cdots & 0 & \cdots & 0 \\ 0 & M_2 & \cdots & 0 & \cdots & 0 \\ \vdots & \vdots & \ddots & \vdots & \vdots & \vdots \\ 0 & 0 & \cdots & M_i & \cdots & 0 \\ \vdots & \vdots & \vdots & \vdots & \ddots & \vdots \\ 0 & 0 & \cdots & 0 & \cdots & M_n \end{bmatrix} = \boldsymbol{M}^* \tag{2.2.28}$$

$$\boldsymbol{X}^{\mathrm{T}}\boldsymbol{K}\boldsymbol{X} = \begin{bmatrix} K_1 & 0 & \cdots & 0 & \cdots & 0 \\ 0 & K_2 & \cdots & 0 & \cdots & 0 \\ \vdots & \vdots & \ddots & \vdots & \vdots & \vdots \\ 0 & 0 & \cdots & K_i & \cdots & 0 \\ \vdots & \vdots & \vdots & \vdots & \ddots & \vdots \\ 0 & 0 & \cdots & 0 & \cdots & K_n \end{bmatrix} = \boldsymbol{K}^* \tag{2.2.29}$$

式中　　$\boldsymbol{M}^*$、$\boldsymbol{K}^*$ ——分别为广义质量矩阵和广义刚度矩阵；

M_i、K_i ——分别为第 i 个主振型相应的广义质量和广义刚度，按式(2.2.30)计算。

$$M_i = \boldsymbol{X}_i^{\mathrm{T}}\boldsymbol{M}\,\boldsymbol{X}_i\,; \; K_i = \boldsymbol{X}_i^{\mathrm{T}}\boldsymbol{K}\,\boldsymbol{X}_i \tag{2.2.30}$$

由式（2.2.30）可以进一步得到：

$$\boldsymbol{X}_i^{\mathrm{T}}\boldsymbol{K}\,\boldsymbol{X}_i = \omega_i^2\,\boldsymbol{X}_i^{\mathrm{T}}\boldsymbol{M}\,\boldsymbol{X}_i$$

即：

$$\omega_i = \sqrt{\frac{K_i}{M_i}} \tag{2.2.31}$$

这就是根据广义刚度 K_i 和广义质量 M_i 来求圆频率 ω_i 的公式。这个公式是单自由度体系求圆频率公式的推广。

【例题 2.2.2】 求解【例题 2.2.1】中两层框架结构的自振周期和振型，并验算振型关于质量矩阵和刚度矩阵的正交性。

【解】 1）两层框架结构的质量矩阵和刚度矩阵

$$\boldsymbol{M} = \begin{bmatrix} m_1 & \\ & m_2 \end{bmatrix} = \begin{bmatrix} 1 \times 10^5 & \\ & 1 \times 10^5 \end{bmatrix} (\text{kg}) ;$$

$$\boldsymbol{K} = \begin{bmatrix} k_{11} & k_{12} \\ k_{21} & k_{22} \end{bmatrix} = \begin{bmatrix} 6 \times 10^7 & -3 \times 10^7 \\ -3 \times 10^7 & 3 \times 10^7 \end{bmatrix} (\text{N/m})$$

2）将结构的质量和刚度系数代入式（2.2.16）

第 1 阶振型的圆频率和周期：$\omega_1 = 10.704\text{rad/s}$，$T_1 = 2\pi/\omega_1 = 0.587\text{s}$；

第 2 阶振型的圆频率和周期：$\omega_2 = 28.025\text{rad/s}$，$T_2 = 2\pi/\omega_2 = 0.224\text{s}$。

3）将 ω_1 和 ω_2 的值分别代入式（2.2.17）和式（2.2.18）

第 1 阶振型：$\dfrac{X_{11}}{X_{12}} = \dfrac{-k_{12}}{k_{11} - \omega_1^2 m_2} = \dfrac{0.618}{1}$，即 $\boldsymbol{X}_1 = \begin{Bmatrix} 0.618 \\ 1 \end{Bmatrix}$；

第 2 阶振型：$\dfrac{X_{21}}{X_{22}} = \dfrac{-k_{12}}{k_{11} - \omega_2^2 m_1} = \dfrac{-1.618}{1}$，即 $\boldsymbol{X}_2 = \begin{Bmatrix} -1.618 \\ 1 \end{Bmatrix}$。

4）验算振型关于质量矩阵和刚度矩阵的正交性

$$\boldsymbol{X}_1^{\mathrm{T}} \boldsymbol{M} \boldsymbol{X}_2 = \{0.618 \quad 1\} \begin{bmatrix} 1 \times 10^5 & \\ & 1 \times 10^5 \end{bmatrix} \begin{Bmatrix} -1.618 \\ 1 \end{Bmatrix} = 0$$

$$\boldsymbol{X}_1^{\mathrm{T}} \boldsymbol{K} \boldsymbol{X}_2 = \{0.618 \quad 1\} \begin{bmatrix} 6 \times 10^7 & -3 \times 10^7 \\ -3 \times 10^7 & 3 \times 10^7 \end{bmatrix} \begin{Bmatrix} -1.618 \\ 1 \end{Bmatrix} = 0$$

2.2.1.3 多自由度体系的地震反应

1. 振型分解法

n 个自由度的结构在地震作用下的运动方程为：

$$\boldsymbol{M}\ddot{\boldsymbol{x}}(t) + \boldsymbol{C}\dot{\boldsymbol{x}}(t) + \boldsymbol{K}\boldsymbol{x}(t) = -\boldsymbol{M}\boldsymbol{I}\ddot{x}_{\mathrm{g}}(t) \tag{2.2.32}$$

式中　　$\boldsymbol{M}$、$\boldsymbol{C}$、$\boldsymbol{K}$——分别为结构体系的质量、阻尼和刚度矩阵；

$\ddot{\boldsymbol{x}}(t)$、$\dot{\boldsymbol{x}}(t)$、$\boldsymbol{x}(t)$——分别为体系的加速度、速度和位移向量；

$\ddot{x}_{\mathrm{g}}(t)$——地面运动加速度。

在通常情况下，矩阵 $\boldsymbol{M}$、$\boldsymbol{C}$ 和 $\boldsymbol{K}$ 并不都是对角矩阵，因此，方程组是耦合的。当 n 较大时，求解联立方程的工作非常繁重。为了使方程组由耦合变为不耦合，可以采用正则坐标变换，即将多自由度体系的相对位移向量 $\boldsymbol{x}(t)$ 用振型向量表示：

$$x(t) = Xq(t) \tag{2.2.33}$$

式中，旧坐标 x 是几何坐标，新坐标 q 是正则坐标，两种坐标之间的转换矩阵就是主振型矩阵 X。

式（2.2.33）也可写成：

$$x(t) = X_1 q_1(t) + X_2 q_2(t) + \cdots + X_n q_n(t) = \sum_{j=1}^{n} X_j q_j(t) \tag{2.2.34}$$

式中　$q_j(t)$——表示振型幅值变化的广义坐标，反映了在时间 t 第 j 振型对体系总体运动贡献的大小；

　　　X_j——体系的第 j 振型向量。

上式表明，在多自由度体系中，任意一个位移向量 x 都可写成主振型的线性组合。因此，正则坐标 q 就是把实际位移 x 按主振型分解时的系数。

将式（2.2.33）代入式（2.2.32），再前乘以 X^{T}，即得：

$$X^{\mathrm{T}}MX\ddot{q} + X^{\mathrm{T}}CX\dot{q} + X^{\mathrm{T}}KXq = -X^{\mathrm{T}}MI\ddot{x}_g(t) \tag{2.2.35}$$

利用式（2.2.28）和式（2.2.29）定义的广义质量矩阵 M^* 和广义刚度矩阵 K^*，并定义广义阻尼矩阵 C^* 为 $C^* = X^{\mathrm{T}}CX$，则式（2.2.35）可写成：

$$M^* \ddot{q} + C^* \dot{q} + K^* q = -X^{\mathrm{T}}MI\ddot{x}_g(t) \tag{2.2.36}$$

假定广义阻尼矩阵 C^* 亦为对角矩阵，则方程组（2.2.36）已经成为解耦形式，即其中包含 n 个独立方程：

$$M_j \ddot{q}_j(t) + C_j \dot{q}_j(t) + K_j q_j(t) = -X_j^{\mathrm{T}}MI\ddot{x}_g(t) \quad (j = 1, 2, \cdots, n) \tag{2.2.37}$$

式中　C_j——广义阻尼。

$$C_j = 2\zeta_j \omega_j M_j \tag{2.2.38}$$

将式（2.2.37）两边除以 M_j，再考虑到式（2.2.31）和式（2.2.38），故得：

$$\ddot{q}_j(t) + 2\zeta_j \omega_j \dot{q}_j(t) + \omega_j^2 q_j(t) = -\frac{X_j^{\mathrm{T}}MI}{X_j^{\mathrm{T}}M X_j}\ddot{x}_g(t) = -\gamma_j \ddot{x}_g(t) \quad (j = 1, 2, \cdots, n)$$

$$\tag{2.2.39}$$

式中　ω_j、ζ_j——分别为结构体系的第 j 阶自振圆频率和振型阻尼比；

　　　γ_j——第 j 阶振型的振型参与系数，可以认为 γ_j 是对地震作用 $\ddot{x}_g(t)$ 的一种分解，反映了第 j 阶振型地震反应在体系总体反应中所占比例的大小。

$$\gamma_j = \frac{X_j^{\mathrm{T}}MI}{X_j^{\mathrm{T}}M X_j} \tag{2.2.40}$$

式（2.2.39）就是关于正则坐标 $q_j(t)$ 的运动方程。为把式（2.2.39）转化成单自由度体系在地震作用下的标准运动方程，做下面变量代换：

$$q_j(t) = \gamma_j \delta_j(t) \quad (j = 1, 2, \cdots, n) \tag{2.2.41}$$

将式（2.2.41）代入式（2.2.39），得到用广义坐标 $\delta_j(t)$ 表示的运动方程：

$$\ddot{\delta}_j(t) + 2\zeta_j \omega_j \dot{\delta}_j(t) + \omega_j^2 \delta_j(t) = -\ddot{x}_g(t) \quad (j = 1, 2, \cdots, n) \tag{2.2.42}$$

式（2.2.42）即是自振圆频率为 ω_j、阻尼比为 ζ_j 的单自由度体系在地震动 $\ddot{x}_g(t)$ 作用下的标准运动方程，其解答可采用杜哈梅积分或逐步积分法得到。

将式（2.2.41）代入振型叠加公式（2.2.34），得到用 $\delta_j(t)$ 表示的体系的相对位移：

$$\boldsymbol{x}(t) = \sum_{j=1}^{n} \gamma_j \boldsymbol{X}_j \delta_j(t) \tag{2.2.43}$$

从上述推导可知，原来的运动方程组（2.2.32）是彼此耦合的 n 个联立方程，现在的运动方程式（2.2.39）或式（2.2.42）是彼此独立的 n 个一元方程。正则坐标 $q_j(t)$ 或广义坐标 $\delta_j(t)$ 求出后，再代回式（2.2.34）或式（2.2.43），即得出结构位移地震反应 $\boldsymbol{x}(t)$。从式（2.2.34）来看，这是将各个主振型分量加以叠加，从而得出质点的总位移，所以这个方法又叫主振型叠加法。

图 2.2.4 给出了多自由度体系采用振型分解法求解结构位移地震反应的基本步骤。

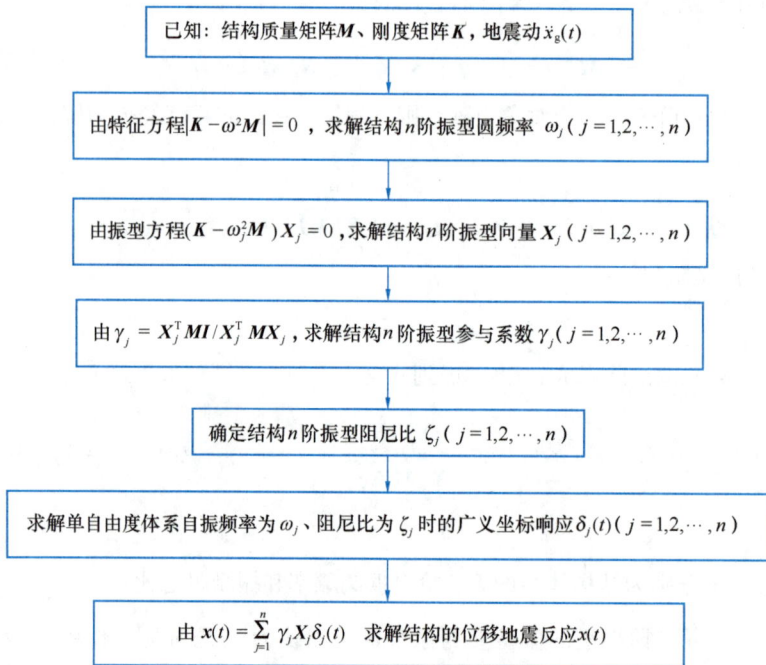

图 2.2.4 多自由度体系振型分解法的基本步骤

【**例题 2.2.3**】求解【例题 2.2.1】中两层框架结构在地面运动加速度 $\ddot{x}_g(t) = 0.7\sin\dfrac{2\pi}{T_0}t$（卓越周期 T_0 为 0.5s）作用下的最大位移反应。

【解】1）求解结构动力特性

由【例题 2.2.1】和【例题 2.2.2】可知，结构的质量矩阵和刚度矩阵分别为：

$$\boldsymbol{M} = \begin{bmatrix} m_1 & \\ & m_2 \end{bmatrix} = \begin{bmatrix} 1 \times 10^5 & \\ & 1 \times 10^5 \end{bmatrix}(\text{kg})；$$

$$\boldsymbol{K} = \begin{bmatrix} k_{11} & k_{12} \\ k_{21} & k_{22} \end{bmatrix} = \begin{bmatrix} 6 \times 10^7 & -3 \times 10^7 \\ -3 \times 10^7 & 3 \times 10^7 \end{bmatrix}(\text{N/m})$$

结构的动力特性为：

第 1 阶振型：$\omega_1 = 10.704\text{rad/s}$，$T_1 = 0.587\text{s}$，$\boldsymbol{X}_1 = \left\{ \begin{matrix} 0.618 \\ 1 \end{matrix} \right\}$；

第 2 阶振型：$\omega_2 = 28.025\text{rad/s}$，$T_2 = 0.224\text{s}$，$\boldsymbol{X}_2 = \left\{ \begin{matrix} -1.618 \\ 1 \end{matrix} \right\}$。

2）求解振型参与系数

第 1 阶振型：$\gamma_1 = \dfrac{\boldsymbol{X}_1^{\text{T}}\boldsymbol{MI}}{\boldsymbol{X}_1^{\text{T}}\boldsymbol{MX}_1} = \dfrac{\{0.618 \quad 1\}\begin{bmatrix} 1 \times 10^5 & \\ & 1 \times 10^5 \end{bmatrix}\left\{ \begin{matrix} 1 \\ 1 \end{matrix} \right\}}{\{0.618 \quad 1\}\begin{bmatrix} 1 \times 10^5 & \\ & 1 \times 10^5 \end{bmatrix}\left\{ \begin{matrix} 0.618 \\ 1 \end{matrix} \right\}} = 1.171$；

第 2 阶振型：$\gamma_2 = \dfrac{\boldsymbol{X}_2^{\text{T}}\boldsymbol{MI}}{\boldsymbol{X}_2^{\text{T}}\boldsymbol{MX}_2} = \dfrac{\{-1.618 \quad 1\}\begin{bmatrix} 1 \times 10^5 & \\ & 1 \times 10^5 \end{bmatrix}\left\{ \begin{matrix} 1 \\ 1 \end{matrix} \right\}}{\{-1.618 \quad 1\}\begin{bmatrix} 1 \times 10^5 & \\ & 1 \times 10^5 \end{bmatrix}\left\{ \begin{matrix} -1.618 \\ 1 \end{matrix} \right\}} = -0.171$。

3）求解单自由度体系的广义坐标响应

两层框架结构采用振型分解法可以得到两个广义单自由度体系的标准运动方程（结构阻尼比为 0.05）：

第 1 阶振型：$\ddot{\delta}_1(t) + 2\zeta_1\omega_1\dot{\delta}_1(t) + \omega_1^2\delta_1(t) = -0.7\sin\dfrac{2\pi}{T_0}t$

其解为：

$$\delta_1(t) = \dfrac{0.7}{\omega_1^2}\left[\left(1 - \dfrac{T_1^2}{T_0^2}\right)^2 + 4\zeta_1^2\dfrac{T_1^2}{T_0^2} \right]^{-\frac{1}{2}}\sin\left(\dfrac{2\pi}{T_0}t - \alpha_1\right) = 0.015\sin(4\pi t - \alpha_1)（\alpha_1\ \text{为相位}）$$

第 2 阶振型：$\ddot{\delta}_2(t) + 2\zeta_2\omega_2\dot{\delta}_2(t) + \omega_2^2\delta_2(t) = -0.7\sin\dfrac{2\pi}{T_0}t$

其解为：

$$\delta_2(t) = \dfrac{0.7}{\omega_2^2}\left[\left(1 - \dfrac{T_2^2}{T_0^2}\right)^2 + 4\zeta_2^2\dfrac{T_2^2}{T_0^2} \right]^{-\frac{1}{2}}\sin\left(\dfrac{2\pi}{T_0}t - \alpha_2\right) = 0.001\sin(4\pi t - \alpha_2)（\alpha_2\ \text{为相位}）$$

4）求解结构的位移地震反应

$$\begin{Bmatrix} x_1(t) \\ x_2(t) \end{Bmatrix} = \gamma_1 \boldsymbol{X}_1 \delta_1(t) + \gamma_2 \boldsymbol{X}_2 \delta_2(t)$$

$$= 1.171 \times \begin{Bmatrix} 0.618 \\ 1 \end{Bmatrix} \times \delta_1(t) - 0.171 \times \begin{Bmatrix} -1.618 \\ 1 \end{Bmatrix} \times \delta_2(t)$$

$$= \begin{Bmatrix} 0.0108\sin(4\pi t - \alpha_1) + 0.0003\sin(4\pi t - \alpha_2) \\ 0.0176\sin(4\pi t - \alpha_1) - 0.0002\sin(4\pi t - \alpha_2) \end{Bmatrix}$$

因此，结构的最大位移反应为：

$$\begin{Bmatrix} |x_1(t)|_{\max} \\ |x_2(t)|_{\max} \end{Bmatrix} = \begin{Bmatrix} \sqrt{0.0108^2 + 0.0003^2} \\ \sqrt{0.0176^2 + 0.0002^2} \end{Bmatrix} = \begin{Bmatrix} 0.0108 \\ 0.0176 \end{Bmatrix}(\text{m})$$

由上述结果可知，结构的位移地震反应是两阶振型位移反应的叠加。由于各个振型位移反应的相位不同，因此，应该采用一定的法则将每个振型的最大位移反应进行组合从而求得结构的最大位移反应（本例中采用了平方和开平方法），这就是振型分解反应谱法的基本思想，具体讨论见本章 2.2.2 节。

2. 逐步积分法

多自由度体系的逐步积分法与单自由度体系类似。本章 2.1.2 节给出了动力增量方程的数值积分方法。对于多自由度体系，动力方程用增量的形式表示，应用比较方便，下面我们就讨论增量方程的积分方法。假设在足够小的时间的区间 $[t_i, t_{i+1}]$ 内，认为结构的刚度矩阵 $\boldsymbol{K}$ 和阻尼矩阵 $\boldsymbol{C}$ 在此时间间隔内为常量，即 $\boldsymbol{K}(t + \Delta t) = \boldsymbol{K}(t)$，$\boldsymbol{C}(t + \Delta t) = \boldsymbol{C}(t)$。由此先列出 t 和 $t + \Delta t$ 时刻的振动方程，将两时刻的公式相减可得：

$$\boldsymbol{M}\Delta\ddot{\boldsymbol{x}} + \boldsymbol{C}\Delta\dot{\boldsymbol{x}} + \boldsymbol{K}\Delta\boldsymbol{x} = -\boldsymbol{MI}\Delta\ddot{x}_{\mathrm{g}} \tag{2.2.44}$$

式中，$\Delta\ddot{\boldsymbol{x}} = \ddot{\boldsymbol{x}}(t + \Delta t) - \ddot{\boldsymbol{x}}(t) = \ddot{\boldsymbol{x}}_{i+1} - \ddot{\boldsymbol{x}}_i$；$\Delta\dot{\boldsymbol{x}} = \dot{\boldsymbol{x}}(t + \Delta t) - \dot{\boldsymbol{x}}(t) = \dot{\boldsymbol{x}}_{i+1} - \dot{\boldsymbol{x}}_i$；$\Delta\boldsymbol{x} = \boldsymbol{x}(t + \Delta t) - \boldsymbol{x}(t) = \boldsymbol{x}_{i+1} - \boldsymbol{x}_i$；$\Delta\ddot{x}_{\mathrm{g}} = \ddot{x}_{\mathrm{g}}(t + \Delta t) - \ddot{x}_{\mathrm{g}}(t) = \ddot{x}_{\mathrm{g},i+1} - \ddot{x}_{\mathrm{g},i}$。

1）线性加速度法

本方法仍是线性加速度法，但用求增量的形式，也就是先求出时间步长 Δt 内的增量 $\Delta\boldsymbol{x}$、$\Delta\dot{\boldsymbol{x}}$ 和 $\Delta\ddot{\boldsymbol{x}}$；然后与该时间步长的初始值相加，即得其对应的末端值。

由式（2.2.44）中关系及式（2.1.24）、式（2.1.25），可得：

$$\Delta\dot{\boldsymbol{x}} = \ddot{\boldsymbol{x}}_i\Delta t + \frac{1}{2}\Delta\ddot{\boldsymbol{x}}\Delta t \tag{2.2.45}$$

$$\Delta\boldsymbol{x} = \dot{\boldsymbol{x}}_i\Delta t + \frac{1}{2}\ddot{\boldsymbol{x}}_i\Delta t^2 + \frac{1}{6}\Delta\ddot{\boldsymbol{x}}\Delta t^2 \tag{2.2.46}$$

为方便起见，以 $\Delta\boldsymbol{x}$ 为基本变量，由式（2.2.46）求出：

$$\Delta\ddot{\boldsymbol{x}} = \frac{6}{\Delta t^2}\left[\Delta\boldsymbol{x} - \dot{\boldsymbol{x}}_i\Delta t - \frac{1}{2}\ddot{\boldsymbol{x}}_i\Delta t^2\right] \tag{2.2.47}$$

将式（2.2.47）代入式（2.2.45），可得：

$$\Delta \dot{x} = \frac{3}{\Delta t}\left[\Delta x - \dot{x}_i \Delta t - \frac{1}{6}\ddot{x}_i \Delta t^2\right] \tag{2.2.48}$$

将式（2.2.47）、式（2.2.48）代入式（2.2.44），可得：

$$\widetilde{K}\Delta x = \Delta \widetilde{P} \tag{2.2.49}$$

$$\widetilde{K} = K + \frac{6}{\Delta t^2}M + \frac{3}{\Delta t}C \tag{2.2.50a}$$

$$\Delta \widetilde{P} = \left(-I\Delta \ddot{x}_g + \frac{6}{\Delta t}\dot{x}_i + 3\ddot{x}_i\right)M + \left(3\dot{x}_i + \frac{1}{2}\ddot{x}_i \Delta t\right)C \tag{2.2.50b}$$

式（2.2.49）在形式上与静力法方程类似，即位移增量向量 Δx 前乘拟静力刚度矩阵 $\widetilde{K}$ 等于拟静力荷载增量向量 $\Delta \widetilde{P}$，故本方法称为拟静力法。特别注意到，拟静力刚度不仅与 K 有关，而且与质量和阻尼有关，这一点在结构动力反应分析中具有很重要的意义。

由式（2.2.49）求出 Δx 后，即可由式（2.2.48）求出 $\Delta \dot{x}$，然后再由下式计算位移向量和速度向量：

$$x_{i+1} = x_i + \Delta x; \quad \dot{x}_{i+1} = \dot{x}_i + \Delta \dot{x} \tag{2.2.51}$$

这里需要指出，本法也同前述方法一样，不由式（2.2.47）计算 $\Delta \ddot{x}$，而直接由振动方程式（2.2.4）计算 $\ddot{x}_{i+1}$，即：

$$\ddot{x}_{i+1} = -\left(M^{-1}C_{i+1}\dot{x}_{i+1} + M^{-1}K_{i+1}x_{i+1} + \ddot{x}_{g,i+1}\right) \tag{2.2.52}$$

其所以不由式（2.2.47）计算 $\Delta \ddot{x}$，而直接由运动方程计算 $\ddot{x}_{i+1}$，目的是使每一个时间步长通过满足一次振动方程而消除误差积累。上述方法是有条件稳定的方法，一般应取 $\Delta t \leqslant 0.02s$。当 Δt 较大时，可能得到发散的结果。

2）威尔逊 θ 法

仍用上段求增量的形式表示，推导过程也类似。

求时间 $\tau = \theta \Delta t$ 后，位移增量的拟静力方程为：

$$\widetilde{K}_\tau \Delta x_\tau = \Delta \widetilde{P}_\tau \tag{2.2.53}$$

$$\widetilde{K}_\tau = K + \frac{6}{\tau^2}M + \frac{3}{\tau}C \tag{2.2.54a}$$

$$\Delta \widetilde{P}_\tau = \left(-I\Delta \ddot{x}_{g,\tau} + \frac{6}{\tau}\dot{x}_i + 3\ddot{x}_i\right)M + \left(3\dot{x}_i + \frac{1}{2}\ddot{x}_i \tau\right)C \tag{2.2.54b}$$

式（2.2.53）、式（2.2.54）与拟静力法中的式（2.2.49）、式（2.2.50）是相似的，仅仅是时间间隔由 Δt 变为 $\tau = \theta \Delta t$。

由式（2.2.53）求出 Δx_τ 后，可以按下式求 $\ddot{x}_\tau$：

$$\Delta \ddot{x}_\tau = \frac{6}{\tau^2}\left[\Delta x_\tau - \dot{x}_i \tau - \frac{1}{2}\ddot{x}_i \tau^2\right] \tag{2.2.55}$$

上式是将式（2.2.47）中的 Δt 换为 τ 得到的。

有了 $\Delta \ddot{x}_\tau$ 后，再用内插求 Δt 时的 $\Delta \ddot{x}$，即将上式的结果除以 θ，得：

$$\Delta \ddot{x} = \frac{1}{\theta} \Delta \ddot{x}_\tau = \frac{6}{\theta \tau^2} \left[\Delta x_\tau - \dot{x}_i \tau - \frac{1}{2} \ddot{x}_i \tau^2 \right] \tag{2.2.56}$$

有了 $\Delta \ddot{x}$ 后，其余步骤同上段。

本方法的计算步骤可归纳如下：

（1）根据初始值（前一时间步长的末端值），由式（2.2.53）计算 Δx_τ。

（2）由式（2.2.56）计算 $\Delta \ddot{x}$。

（3）由式（2.2.45）和式（2.2.46）计算 $\Delta \dot{x}$ 和 Δx。

（4）由式（2.2.51）和式（2.2.52）计算 x_{i+1}、$\dot{x}_{i+1}$、$\ddot{x}_{i+1}$。

重复上述步骤可求得整个反应的过程。

2.2.2 振型分解反应谱法

采用振型分解反应谱法求解多自由度弹性体系地震反应的基本概念是：假定结构是线弹性的多自由度体系，利用振型分解和振型正交性原理，将求解 n 个自由度弹性体系的最大地震反应，分解为求解 n 个独立的等效单自由度体系的最大地震反应，从而求得对应于每一个振型的地震作用效应，再按照一定的法则将每个振型的作用效应组合成总的地震作用效应。因此，振型分解反应谱理论的基本假定是：

（1）结构的地震反应是线弹性的，可以采用叠加原理进行振型组合；

（2）结构的基础是刚性的，所有支承处地震动完全相同；

（3）结构物最不利地震反应为其最大地震反应；

（4）地震动随机过程是平稳随机过程。

以上假设中，第（1）、（2）项实际上是振型叠加法的基本要求，第（3）项是需要采用反应谱分析法的前提，而第（4）项是振型分解反应谱理论的自身要求。

n 个自由度的结构在一维地震动作用下的运动方程为：

$$M\ddot{x}(t) + C\dot{x}(t) + Kx(t) = -MI\ddot{x}_g(t) \tag{2.2.57}$$

式中　M、C、K——分别为结构体系的质量、阻尼和刚度矩阵；

$\ddot{x}(t)$、$\dot{x}(t)$、$x(t)$——分别为体系的加速度、速度和位移向量；

$\ddot{x}_g(t)$——地面运动加速度。

由本章 2.2.2.3 节可知，采用振型分解法将多自由度体系的相对位移向量 $x(t)$ 用广义坐标 $\delta_j(t)$ 表示为：

$$x(t) = \sum_{j=1}^{n} \gamma_j X_j \delta_j(t) \tag{2.2.58}$$

式中　γ_j ——第 j 阶振型的振型参与系数；

　　　X_j ——体系的第 j 振型向量。

$\delta_j(t)$ 是自振圆频率为 ω_j、阻尼比为 ζ_j 的单自由度体系在地震动 $\ddot{x}_g(t)$ 作用下标准运动方程的位移解答。

根据动力学原理，地震作用等于体系质量与绝对加速度的乘积的负值，即：

$$f(t) = -M[\ddot{x}(t) + I\ddot{x}_g(t)] \tag{2.2.59}$$

将式 (2.2.58) 代入上式，并利用关系式：

$$\sum_{j=1}^{n} \gamma_j X_j = I$$

可得：

$$f(t) = -\sum_{j=1}^{n} MX_j \gamma_j (\ddot{\delta}_j(t) + \ddot{x}_g(t)) \tag{2.2.60}$$

记 $f_j(t)$ 为相应于第 j 阶振型的地震作用，则可将上式写为：

$$f(t) = -\sum_{j=1}^{n} f_j(t) \tag{2.2.61}$$

而：

$$f_j(t) = MX_j \gamma_j (\ddot{\delta}_j(t) + \ddot{x}_g(t)) \tag{2.2.62}$$

取 $f_j(t)$ 的最大值为 F_j，则：

$$F_j = MX_j \gamma_j |\ddot{\delta}_j(t) + \ddot{x}_g(t)|_{\max} \quad (j=1,2,\cdots,n) \tag{2.2.63}$$

而 $|\ddot{\delta}_j(t) + \ddot{x}_g(t)|_{\max}$ 即等于地震动绝对加速度反应谱 $S_a(\omega_j,\zeta_j)$，最大振型地震作用为：

$$F_j = MX_j \gamma_j S_a(\omega_j,\zeta_j) \quad (j=1,2,\cdots,n) \tag{2.2.64}$$

类似于单自由度体系，将每个振型的最大地震作用作为一个荷载施加于结构上，然后像处理静力问题一样计算每个振型反应的最大值 S_j（内力和变形）。由于各振型的最大反应值 S_j 不会同时发生，这样就出现了如何将 S_j 进行组合，以确定合理的地震作用效应问题。当地震动是平稳随机过程时，随机振动理论指出，结构动力反应最大值 S 与各振型反应最大值 S_j 的关系可用如下振型组合公式近似描述：

$$S = \sqrt{\sum_{i=1}^{N} \sum_{j=1}^{N} \rho_{ij} S_i S_j} \tag{2.2.65}$$

式中　S —— S 的任一分量；

　　S_i、S_j ——振型反应 S_i、S_j 中相应于 S 的分量；

　　ρ_{ij} ——振型互相关系数（或称为耦联系数），可按式 (2.2.66) 近似计算。

$$\rho_{ij} = \frac{8\zeta_i\zeta_j(1+\lambda_T)\lambda_T^{1.5}}{(1-\lambda_T^2)^2 + 4\zeta_i\zeta_j(1+\lambda_T)^2\lambda_T} \tag{2.2.66}$$

式中　λ_T ——第 j 阶振型与第 i 阶振型的自振周期比。

通常，若体系自振频率满足下列关系式：

$$\omega_i < \frac{0.2}{0.2+\zeta_i+\zeta_j}\omega_j \quad (i<j) \tag{2.2.67}$$

则可以认为体系自振频率相隔较远，此时，可取 $\rho_{ij}=0$（$i\neq j$），而振型自相关系数等于 1。于是，振型组合式（2.2.65）变为：

$$S = \sqrt{\sum_{j=1}^{N} S_j^2} \tag{2.2.68}$$

式（2.2.65）与式（2.2.68）构成了按振型分解反应谱法计算结构最大地震内力或变形的基本公式。其中式（2.2.65）称为完全二次型组合法（CQC 法），用于振型密集结构，例如考虑平移-扭转耦联振动的线性结构体系。式（2.2.68）称为平方和开平方组合法（SRSS 法），用于主要振型的周期均不相近的场合，例如串联多自由度体系。

需要指出，对于地震作用，不存在类似于式（2.2.65）和式（2.2.68）那样的振型组合公式。这是因为对于一般情况，总的地震作用最大值与各振型地震作用最大值之间不存在这种类似关系。因此，应特别强调，振型分解反应谱法是针对结构体系的反应进行组合的，而不应对地震作用进行组合。应用上述地震作用求地震作用效应时，要先针对每一振型求地震作用 $\boldsymbol{F}_j$，再按静力法计算相应的地震反应 $\boldsymbol{S}_j$（内力或位移），最后进行振型组合，求出结构体系总体的最大地震反应。

图 2.2.5 给出了多自由度体系采用振型分解反应谱法求解结构最大地震反应的基本

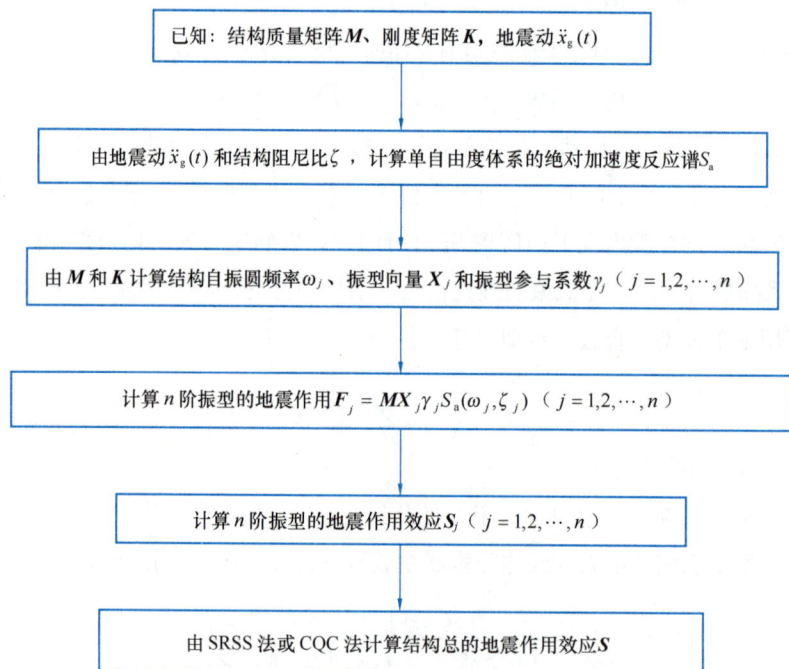

图 2.2.5　多自由度体系振型分解反应谱法的基本步骤

步骤。

【例题 2.2.4】采用振型分解反应谱法求解【例题 2.2.1】中两层框架结构在地面运动加

速度 $\ddot{x}_{\mathrm{g}}(t) = 0.7\sin\frac{2\pi}{T_0}t$（卓越周期 T_0 为 0.5s）作用下的最大层间剪力和最大层间变形。

【解】1）由【例题 2.1.1】，地震动 $\ddot{x}_{\mathrm{g}}(t) = 0.7\sin\frac{2\pi}{T_0}t$ 的加速度反应谱 S_{a} 的计算公式

$$S_{\mathrm{a}} = 0.7\left[\left(1-\frac{T^2}{T_0^2}\right)^2 + 4\zeta^2\frac{T^2}{T_0^2}\right]^{-\frac{1}{2}} \quad (T_0 = 0.5\mathrm{s},\ \zeta = 0.05)$$

2）由【例题 2.2.1】~【例题 2.2.3】，结构的质量矩阵、刚度矩阵

$$\boldsymbol{M} = \begin{bmatrix} m_1 & \\ & m_2 \end{bmatrix} = \begin{bmatrix} 1\times10^5 & \\ & 1\times10^5 \end{bmatrix}(\mathrm{kg});$$

$$\boldsymbol{K} = \begin{bmatrix} k_{11} & k_{12} \\ k_{21} & k_{22} \end{bmatrix} = \begin{bmatrix} 6\times10^7 & -3\times10^7 \\ -3\times10^7 & 3\times10^7 \end{bmatrix}(\mathrm{N/m})$$

结构的动力特性和振型参与系数分别为：

第 1 阶振型：$\omega_1 = 10.704\mathrm{rad/s}$，$T_1 = 0.587\mathrm{s}$，$\boldsymbol{X}_1 = \left\{\begin{array}{c} 0.618 \\ 1 \end{array}\right\}$，$\gamma_1 = 1.171$；

第 2 阶振型：$\omega_2 = 28.025\mathrm{rad/s}$，$T_2 = 0.224\mathrm{s}$，$\boldsymbol{X}_2 = \left\{\begin{array}{c} -1.618 \\ 1 \end{array}\right\}$，$\gamma_2 = -0.171$。

3）计算每个振型的地震作用

第 1 振型：$S_{\mathrm{a}}(\omega_1,\zeta_1) = 0.7\times\left[\left(1-\frac{0.587^2}{0.5^2}\right)^2 + 4\times0.05^2\times\frac{0.587^2}{0.5^2}\right]^{-\frac{1}{2}} = 1.767\ \mathrm{m/s^2}$

$$\boldsymbol{F}_1 = \left\{\begin{array}{c} F_{11} \\ F_{12} \end{array}\right\} = \boldsymbol{M}\boldsymbol{X}_1\gamma_1 S_{\mathrm{a}}(\omega_1,\zeta_1) = \left\{\begin{array}{c} m_1 X_{11} \\ m_2 X_{12} \end{array}\right\}\gamma_1 S_{\mathrm{a}}(\omega_1,\zeta_1)$$

$$= \left\{\begin{array}{c} 10^5\times0.618\times1.171\times1.767 \\ 10^5\times1\times1.171\times1.767 \end{array}\right\} = \left\{\begin{array}{c} 1.279\times10^5 \\ 2.069\times10^5 \end{array}\right\}(\mathrm{N})$$

第 2 振型：$S_{\mathrm{a}}(\omega_2,\zeta_2) = 0.7\times\left[\left(1-\frac{0.224^2}{0.5^2}\right)^2 + 4\times0.05^2\times\frac{0.224^2}{0.5^2}\right]^{-\frac{1}{2}} = 0.874\mathrm{m/s^2}$

$$\boldsymbol{F}_2 = \left\{\begin{array}{c} F_{21} \\ F_{22} \end{array}\right\} = \boldsymbol{M}\boldsymbol{X}_2\gamma_2 S_{\mathrm{a}}(\omega_2,\zeta_2) = \left\{\begin{array}{c} m_1 X_{21} \\ m_2 X_{22} \end{array}\right\}\gamma_2 S_{\mathrm{a}}(\omega_2,\zeta_2)$$

$$= \left\{\begin{array}{c} 10^5\times(-1.618)\times(-0.171)\times0.874 \\ 10^5\times1\times(-0.171)\times0.874 \end{array}\right\} = \left\{\begin{array}{c} 0.242\times10^5 \\ -0.149\times10^5 \end{array}\right\}(\mathrm{N})$$

4）计算最大层间剪力

各振型的最大层间剪力为：

$$\boldsymbol{V}_1 = \begin{Bmatrix} V_{11} \\ V_{12} \end{Bmatrix} = \begin{Bmatrix} F_{11} + F_{12} \\ F_{12} \end{Bmatrix} = \begin{Bmatrix} 3.348 \times 10^5 \\ 2.069 \times 10^5 \end{Bmatrix} (\text{N});$$

$$\boldsymbol{V}_2 = \begin{Bmatrix} V_{21} \\ V_{22} \end{Bmatrix} = \begin{Bmatrix} F_{21} + F_{22} \\ F_{22} \end{Bmatrix} = \begin{Bmatrix} 0.093 \times 10^5 \\ -0.149 \times 10^5 \end{Bmatrix} (\text{N})$$

结构的最大层间剪力为：

$$\boldsymbol{V} = \begin{Bmatrix} \sqrt{V_{11}^2 + V_{21}^2} \\ \sqrt{V_{12}^2 + V_{22}^2} \end{Bmatrix} = \begin{Bmatrix} \sqrt{3.348^2 + 0.093^2} \times 10^5 \\ \sqrt{2.069^2 + 0.149^2} \times 10^5 \end{Bmatrix} = \begin{Bmatrix} 3.349 \times 10^5 \\ 2.074 \times 10^5 \end{Bmatrix} (\text{N})$$

5）计算最大层间变形

各振型的最大层间变形为：

$$\boldsymbol{\Delta}_1 = \begin{Bmatrix} \Delta_{11} \\ \Delta_{12} \end{Bmatrix} = \begin{Bmatrix} \dfrac{V_{11}}{k} \\ \dfrac{V_{12}}{k} \end{Bmatrix} = \begin{Bmatrix} 0.0112 \\ 0.0069 \end{Bmatrix} (\text{m});$$

$$\boldsymbol{\Delta}_2 = \begin{Bmatrix} \Delta_{21} \\ \Delta_{22} \end{Bmatrix} = \begin{Bmatrix} \dfrac{V_{21}}{k} \\ \dfrac{V_{22}}{k} \end{Bmatrix} = \begin{Bmatrix} 0.0003 \\ -0.0005 \end{Bmatrix} (\text{m})$$

结构的最大层间变形为：

$$\boldsymbol{\Delta} = \begin{Bmatrix} \sqrt{\Delta_{11}^2 + \Delta_{21}^2} \\ \sqrt{\Delta_{12}^2 + \Delta_{22}^2} \end{Bmatrix} = \begin{Bmatrix} \sqrt{0.0112^2 + 0.0003^2} \\ \sqrt{0.0069^2 + (-0.0005)^2} \end{Bmatrix} = \begin{Bmatrix} 0.0112 \\ 0.0069 \end{Bmatrix} (\text{m})$$

思考题与习题

2-1　何谓反应谱？试说明地震反应谱的特征及其影响因素。

2-2　何谓地震作用？为什么可以根据地震作用计算结构的地震反应？

2-3　试建立竖向串联多自由度体系在水平地面运动下的运动方程，写出每一矩阵和向量的表达式，并说明其含义。

2-4　写出振型关于质量矩阵、刚度矩阵和阻尼矩阵正交性的表达式，并说明其在振型分解法中的应用。

2-5　振型分解反应谱理论的基本假定有哪些？

2-6　何谓地震作用效应的平方和开方法（SRSS 法）和完全二次型组合法（CQC 法），写出表达式，说明其基本假定和适用范围。

2-7　两层框架结构（图 2.2.3a），结构阻尼比 $\zeta = 0.05$，其横梁为无限刚性。设质量集中在楼层上，第一、二层的质量分别为 $m_1 = 2 \times 10^4 \text{kg}$ 和 $m_2 = 1 \times 10^5 \text{kg}$。层间侧移刚度分别为 $k_1 = 6 \times 10^6 \text{N/m}$ 和 $k_2 = 3 \times 10^7 \text{N/m}$。试采用振型分解反应谱法求解地面运动加速度 $\ddot{x}_g(t) = 0.7\sin\dfrac{2\pi}{T_0}t$（卓越周期 T_0 为 0.5s）作用下的最大层间剪力和最大层间变形。

第3章
结构抗震计算

3.1 结构抗震计算原则

3.1.1 建筑抗震设防分类和设防标准

根据建筑物使用功能的重要性，按其地震破坏产生的后果，《建筑抗震设计规范》GB 50011—2010（2016 年版）（以下简称《抗震规范》）将建筑分为四个抗震设防类别：

（1）甲类建筑：应属于重大建筑工程和地震时可能发生严重次生灾害的建筑，如遇地震破坏，会导致严重后果（如产生放射性物质的污染、大爆炸）的建筑等。

（2）乙类建筑：应属于地震时使用功能不能中断或需要尽快恢复的建筑，如城市生命线工程的建筑和地震时救灾需要的建筑等。

（3）丙类建筑：应属于除甲、乙和丁类以外的一般建筑，如大量的一般工业与民用建筑等。

（4）丁类建筑：应属于次要建筑，如遇地震破坏，不易造成人员伤亡和较大经济损失的建筑等。

国家标准《建筑工程抗震设防分类标准》GB 50223—2008 规定，各抗震设防类别建筑的抗震设防标准，应符合下列要求：

（1）甲类建筑：地震作用应高于本地区抗震设防烈度的要求，其值应按批准的地震安全性评价结果确定；抗震措施，当抗震设防烈度为 6～8 度时，应符合本地区抗震设防烈度提高 1 度的要求，当为 9 度时，应符合比 9 度抗震设防更高的要求。

（2）乙类建筑：地震作用应符合本地区抗震设防烈度的要求；抗震措施，一般情况下，当抗震设防烈度为 6～8 度时，应符合比本地区抗震设防烈度提高 1 度的要求，当为 9 度时应符合比 9 度抗震设防更高的要求；地基基础的抗震措施，应符合有关的规定。对较小的乙类建筑，当其结构改用抗震性能较好的材料且符合《抗震规范》对结构体系的要求时，应允许仍按本地区抗震设防烈度的要求采取抗震措施。

（3）丙类建筑：地震作用和抗震措施均应符合本地区抗震设防烈度的要求。

（4）丁类建筑：一般情况下，地震作用仍应符合本地区抗震设防烈度的要求；抗震措施应允许比本地区抗震设防烈度的要求适当降低，但抗震设防烈度为 6 度时不应降低。

抗震设防烈度为 6 度时，除规范有具体规定外，对乙、丙、丁类建筑可不进行地震作用计算。此外，建筑场地为 I 类时，甲、乙类的建筑应允许仍按本地区抗震设防烈度的要求采取抗震构造措施；对丙类的建筑应允许按本地区抗震设防烈度降一度的要求采取抗震构造措施，但抗震设防烈度为 6 度时仍应按本地区抗震设防烈度的要求采取抗震构造措施。建筑场地为 III、IV 类时，对设计基本地震加速度为 0.15g 和 0.30g 的地区，宜分别按抗震设防烈度 8 度（0.20g）和 9 度（0.40g）的要求采取抗震构造措施。

抗震措施是指除地震作用计算和抗力计算以外的抗震设计内容，包括抗震构造措施；抗震构造措施是指根据抗震概念设计原则，一般不需计算而对结构和非结构各部分必须采取的各种细部要求。

3.1.2　三水准抗震设防目标

抗震设防是指对建筑物进行抗震设计和采取抗震构造措施，以达到抗震的效果。抗震设防的依据是抗震设防烈度。我国《抗震规范》中提出，一般情况下建筑物抗震设防目标如下：

（1）当遭受低于本地区抗震设防烈度（基本烈度）的多遇地震影响时，主体结构不受损坏或不需进行修理仍可继续使用。

（2）当遭受相当于本地区抗震设防烈度的地震影响时，结构的损坏经一般性修理仍可继续使用。

（3）当遭受高于本地区抗震设防烈度的预估的罕遇地震影响时，不致倒塌或发生危及生命的严重破坏。

当建筑物有使用功能上或其他的专门要求时，可按高于上述一般情况的设防目标进行抗震性能设计。为达到上述三点抗震设防目标，可以用三个地震烈度水准来考虑，即多遇烈度、基本烈度和罕遇烈度。遵照现行规范设计的建筑物，在遭遇到多遇烈度（即小震）时，基本处于弹性阶段，一般不会损坏；在罕遇地震作用下，建筑物将产生严重破坏，但不至于倒塌。即建筑物抗震设防的目标就是要做到"小震不坏、中震可修、大震不倒"。

多遇地震是指发生机会较多的地震，因此，多遇地震烈度应是烈度概率密度曲线上峰值所对应的烈度，即众值烈度（或称小震烈度）时的地震。大量数据分析表明，我国地震烈度的概率分布符合极值 III 型，当设计基准期为 50 年时，则 50 年内众值烈度的超越概率为63.2%，即 50 年内发生超过多遇地震烈度的地震大约有 63.2%，这就是第一水准的烈度。50 年超越概率约 10% 的烈度大体相当于现行地震区划图规定的基本烈度，将它定义为第二水准的烈度。对于罕遇地震烈度，其 50 年期限内相应的超越概率为 2%～3%，这个烈度又可称为大震烈度，作为第三水准的烈度。由烈度概率分布分析可知，基本烈度与众值烈度相差约为 1.55 度，而基本烈度与罕遇烈度相差约为 1 度，如图 3.1.1 所示。例如，当基本烈度为 8 度时，其众值烈度（多遇烈度）为 6.45 度左右，罕遇烈度为 9 度左右。

3.1.3 两阶段抗震设计方法

我国《抗震规范》提出了两阶段设计方法以实现上述 3 个烈度水准的抗震设防要求。第一阶段设计是在方案布置符合抗震原则的前提下，按与基本烈度相对应的

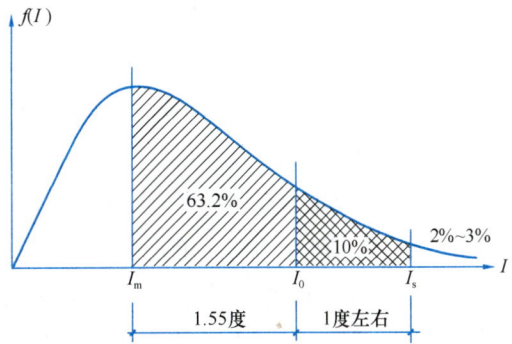

图 3.1.1 三种烈度的超越概率示意图

I_m—多遇地震烈度；I_0—基本烈度；I_s—罕遇地震烈度

众值烈度（相当于小震）的地震动参数，用弹性反应谱法求得结构在弹性状态下的地震作用标准值和相应的地震作用效应，然后与其他荷载效应按一定的组合系数进行组合，对结构构件截面进行承载力验算，对较高的建筑物还要进行变形验算，以控制侧向变形不要过大。这样，既满足了第一水准下具有必要的承载力可靠度，又满足第二水准损坏可修的设防要求，再通过概念设计和构造措施来满足第三水准的设计要求。对大多数结构，可只进行第一阶段设计。对少部分结构，如有特殊要求的建筑和地震时易倒塌的结构以及有明显薄弱层的不规则结构，除进行第一阶段设计外，还要进行第二阶段设计，即在罕遇地震烈度作用下，验算结构薄弱层的弹塑性层间变形，并采取相应的构造措施，以满足第三水准大震不倒的设防要求。

3.1.4 结构抗震计算的一般规定

结构抗震计算可分为地震作用计算和结构抗震验算两部分。在进行结构抗震设计的过程中，结构方案确定后，首先要计算的是地震作用，然后计算结构和构件的地震作用效应（包括弯矩、剪力、轴向力和位移），再将地震作用效应与其他荷载效应进行组合，验算结构和构件的承载力与变形，以满足"小震不坏、中震可修、大震不倒"的设计要求。

地震作用的计算以弹性反应谱理论为基础；结构的内力分析以线弹性理论为主；结构构件的截面抗震验算仍需采用各种静力设计规范的方法和基本指标。大震作用下的变形验算是为了保证建筑物"大震不倒"，即进行结构薄弱层（部位）的弹塑性变形验算，使之不超过允许的变形限值以防止倒塌。

3.1.4.1 各类建筑结构的地震作用

各类建筑结构的地震作用，应按下列原则考虑：

（1）一般情况下，应至少在建筑结构的两个主轴方向分别计算水平地震作用并进行抗震

验算，各方向的水平地震作用应由该方向抗侧力构件承担，如该构件带有翼缘，尚应包括翼缘作用。

（2）有斜交抗侧力构件的结构，当相交角度大于15°时，应分别计算各抗侧力构件方向的水平地震作用。

（3）质量和刚度分布明显不对称的结构，应计入双向水平地震作用下的扭转影响；其他情况，应允许采用调整地震作用效应的方法计入扭转影响。

（4）8度和9度时的大跨度结构（如跨度大于24m的屋架等）、长悬臂结构（如1.5m以上的悬挑阳台等），9度时的高层建筑，应计算竖向地震作用。

3.1.4.2 各类建筑结构的抗震计算

底部剪力法和振型分解反应谱法是结构抗震计算的基本方法，而时程分析法作为补充计算方法，仅对特别不规则、特别重要和较高的高层建筑才要求采用。

根据建筑类别、设防烈度以及结构的规则程度和复杂性，《抗震规范》为各类建筑结构的抗震计算，规定以下三种方法：

（1）高度不超过40m，以剪切变形为主且质量和刚度沿高度分布比较均匀的结构，以及近似于单质点体系的结构，宜采用底部剪力法等简化方法。

（2）除第（1）条外的建筑结构，宜采用振型分解反应谱法。

（3）特别不规则的建筑（表3.1.1和表3.1.2）、甲类建筑和表3.1.3所列高度范围的高层建筑，应采用时程分析法进行多遇地震下的补充计算；当取三组时程曲线时，计算结果宜取时程法的包络值和振型分解反应谱法的较大值；当取七组时程曲线时，计算结果可取时程法的平均值和振型分解反应谱法的较大值。

平面不规则的主要类型   表 3.1.1

不规则类型	定义
A. 扭转不规则	在具有偶然偏心的规定水平力作用下，楼层两端抗侧力构件弹性水平位移（或层间位移）的最大值与平均值的比值大于1.2
B. 凹凸不规则	结构平面凹进的尺寸，大于相应投影方向总尺寸的30%
C. 楼板局部不连续	楼板的尺寸和平面刚度急剧变化，例如有效楼板宽度小于该层楼板典型宽度的50%，或开洞面积大于该层楼面面积的30%，以及较大的楼层错层

注：对于扭转不规则计算，需注意以下几点：

　　1. 刚性楼盖，按国外的规定，指楼盖周边两端位移不超过平均位移2倍的情况，并不是刚度无限大；因此，计算扭转位移比时楼盖刚度按实际情况确定而不限于刚度无限大假定；

　　2. 给定的水平力，一般采用振型组合后的楼层地震剪力换算的水平作用力，并考虑偶然偏心；

　　3. 偶然偏心大小的取值，应考虑具体的平面形状和抗侧力构件的布置，可不笼统采用该方向最大尺寸的5%。

竖向不规则的主要类型 　　　　　　　　表 3.1.2

不规则类型	定义
A. 侧向刚度不规则 （有柔软层）	该层侧向刚度小于相邻上一层的 70%，或小于其上相邻三个楼层侧向刚度平均值的 80%；除顶层或出屋面小建筑外，局部收进的水平向尺寸大于相邻下一层的 25%
B. 竖向抗侧力构件不连续	竖向抗侧力构件（柱、抗震墙、抗震支撑）的内力由水平转换构件（梁、桁架等）向下传递
C. 楼层承载力突变 （有薄弱层）	抗侧力结构的层间受剪承载力小于相邻上一楼层的 80%

注：1. 对于侧向刚度的不规则，建议采用多种方法，包括楼层标高处单位位移所需要的水平力，结构层间位移角的变化等进行综合分析，不能仅简单依靠某个方法和某个参考数值决定；

　　2. 特别不规则建筑，是指多项均超过表 3.1.1 和表 3.1.2 中不规则指标或某一项超过规定指标较多，具有较明显的抗震薄弱环节，将会引起不良后果者。

采用时程分析法的房屋高度范围 　　　　　　　　表 3.1.3

烈度、场地类别	房屋高度范围（m）
8 度 Ⅰ、Ⅱ 类场地和 7 度	>100
8 度 Ⅲ、Ⅳ 类场地	>80
9 度	>60

此外，不规则的建筑结构，应按下列要求进行水平地震作用计算和内力调整，并应对薄弱部位采取有效的抗震构造措施：

1）平面不规则而竖向规则的建筑结构，应采用空间结构计算模型，并应符合下列要求：

（1）扭转不规则时，应计及扭转影响，且在具有偶然偏心的规则水平力作用下楼层两端抗侧力构件弹性水平位移或层间位移的最大值与平均值的比值不宜大于 1.5，当最大层间位移远小于规范限值时，可适当放宽。

（2）凹凸不规则或楼板局部不连续时，应采用符合楼板平面内实际刚度变化的计算模型；高烈度或不规则程度较大时，宜计入楼板局部变形的影响。

（3）平面不对称且凹凸不规则或局部不连续，可根据实际情况分块计算扭转位移比，扭转较大的部位应考虑局部的内力增大系数。

2）平面规则而竖向不规则的建筑结构，应采用空间计算模型，刚度小的楼层的地震剪力应乘以不小于 1.15 的增大系数，其薄弱层应按本规范有关规定进行弹塑性变形分析，并应符合下列要求：

（1）竖向抗侧力构件不连续时，该构件传递给水平转换构件的地震内力应根据烈度高低和水平转换构件的类型、受力情况、几何尺寸等，乘以 1.25～2.0 的增大系数。

（2）楼层承载力突变时，薄弱层抗侧力结构的受剪承载力不应小于相邻上一楼层的 65%。

3）平面不规则且竖向不规则的建筑结构，应根据不规则类型的数量和程度，有针对性地采取不低于上述 1）、2）款要求的各项抗震措施。特别不规则时，应经专门研究，采取更有效的加强措施或对薄弱部位采用相应的抗震性能设计方法。

3.1.4.3 结构的重力荷载代表值

在计算结构的水平地震作用标准值和竖向地震作用标准值时，都要用到集中在质点处的重力荷载代表值 G。《抗震规范》规定，结构的重力荷载代表值应取结构和构配件自重标准值加上各可变荷载组合值，即：

$$G = G_k + \sum_{i=1}^{n} \Psi_{Qi} Q_{ik} \tag{3.1.1}$$

式中　　Q_{ik} ——第 i 个可变荷载标准值；

Ψ_{Qi} ——第 i 个可变荷载的组合值系数，见表 3.1.4。

组合值系数　　　　　　　　　　　　　　　　　表 3.1.4

可变荷载种类		组合值系数
雪荷载		0.5
屋面积灰荷载		0.5
屋面活荷载		不计入
按实际情况计算的楼面活荷载		1.0
按等效均布荷载计算的楼面活荷载	藏书库、档案馆	0.8
	其他民用建筑	0.5
吊车悬吊物重力	硬钩吊车	0.3
	软钩吊车	不计入

注：硬钩吊车的吊重较大时，组合值系数应按实际情况采用。

《抗震规范》基于地震时荷载遇合的可变荷载组合值系数列于表 3.1.4 中。由于民用建筑楼面活荷载按等效均布荷载考虑时变化较大，考虑其地震时遇合的概率，取组合值系数为 0.5。考虑到藏书馆等活荷载在地震时遇合的概率较大，故按等效楼面均布荷载计算活荷载时，其组合值系数取为 0.8。如果楼面活荷载按实际情况考虑，应按最不利情况取值，此时组合值系数取 1.0。

【例题 3.1.1】某 5 层砖房屋各项荷载如表 3.1.5 所列，楼、屋盖层面积每层均为 200m^2，试计算各楼层的重力荷载代表值，总重力荷载代表值。

第5层 (屋盖)	屋盖恒载 $3640N/m^2$	雪荷载 $300N/m^2$	女儿墙重量 120kN	山墙 230kN	横墙 640kN	外纵墙 590kN	内纵墙 230kN	隔墙 50kN
第2~4层	楼盖恒载 $3640N/m^2$	楼面活载 $1800N/m^2$	阳台栏板 44kN	山墙 220kN	横墙 620kN	外纵墙 560kN	内纵墙 240kN	隔墙 48kN
第1层	楼盖恒载 $3640N/m^2$	楼面活载 $1800N/m^2$		山墙 260kN	横墙 1020kN	外纵墙 660kN	内纵墙 370kN	隔墙 42kN

某5层砖房屋各项荷载　　表3.1.5

【解】雪荷载的组合值系数为 0.5，楼面活荷载组合值系数为 0.5，并把第 5 层的半层墙重等重力集中于顶层，故各层重力荷载代表值为：

$G_5 = (3.64 + 0.5 \times 0.3) \times 200 + 120 + 0.5 \times (230 + 640 + 590 + 230 + 50) = 1748kN$

$G_4 = (3.64 + 0.5 \times 1.8) \times 200 + 44 + 0.5 \times 1740 + 0.5 \times (220 + 620 + 560 + 240 + 48)$
$\quad = 2666kN$

$G_3 = (3.64 + 0.5 \times 1.8) \times 200 + 44 + 1688 = 2640kN$

$G_2 = (3.64 + 0.5 \times 1.8) \times 200 + 44 + 0.5 \times 1688 + 0.5 \times (260 + 1020 + 660 + 370 + 42)$
$\quad = 2972kN$

$G_1 = (3.64 + 0.5 \times 1.8) \times 200 + 0.5 \times 2352 = 2084kN$

总重力荷载代表值为：

$G = 1748 + 2666 + 2640 + 2972 + 2084 = 12\ 110kN$

3.2　设计地震动

3.2.1　地震影响

建筑所在地区遭受的地震影响，是结构地震作用计算的依据。如前所述，底部剪力法和振型分解反应谱法是结构抗震计算的基本方法，而计算中采用的地震反应谱则是重要的地面运动参数。抗震设计用的地震反应谱取决于抗震设防烈度、场区的地震动地质环境（震源分布、地震震级、震中距离和传播途径等）和场地条件，前者决定了反应谱的幅值，而后两者则决定了反应谱的频谱特性（反应谱的相对形状）。为了简化抗震设计，《抗震规范》分别采用抗震设防烈度和设计特征周期来表征地震反应谱的幅值特性和频谱特性。

3.2.1.1　抗震设防烈度

抗震设防烈度是一个地区作为抗震设防依据的地震烈度，一般情况下，可采用中国地震动参数区划图的地震基本烈度（或与《抗震规范》设计基本地震加速度值对应的烈度值）。

对已编制抗震设防区划的城市，可按批准的抗震设防烈度和设计地震动参数进行抗震设防。抗震设防烈度与设计基本地震加速度取值的对应关系应符合表 3.2.1 的规定。设计基本加速度是指，50 年设计基准期超越概率 10% 的地震加速度的设计取值。《抗震规范》规定，抗震设防烈度为 6 度及以上地区的建筑，必须进行抗震设计。

抗震设防烈度和设计基本地震加速度值的对应关系　　　　　　　表 3.2.1

抗震设防烈度	6 度	7 度	8 度	9 度
设计基本加速度值	0.05g	0.10(0.15)g	0.20(0.30)g	0.40g

注：g 为重力加速度。

3.2.1.2 设计特征周期

《抗震规范》采用建筑的设计特征周期来表征地震反应谱的相对形状。地震反应谱的相对形状与许多因素有关，如震源特性、震级大小和震中距离、传播途径和方位以及场地条件等。在这些因素中，震级大小和震中距离以及场地条件是相对易于考虑的因素，这两个因素在《抗震规范》中分别采用所在地的设计地震分组和场地类别分别予以反映。

1. 设计地震分组

近年来地震经验表明，在宏观烈度相似的情况下，处在大震级远震中距下的柔性建筑，其震害要比中、小震级近震中距的情况重得多；理论分析也发现，震中距不同时反应谱频谱特性并不相同。抗震设计时，对同样场地条件、同样烈度的地震，按震源机制、震级大小和震中距远近区别对待是必要的。

《抗震规范》用设计地震分组来体现震级和震中距的影响，建筑工程的设计地震分为三组。在相同的抗震设防烈度和设计基本地震加速度值的地区可有三个设计地震分组，第一组表示近震中距，而第二、三组表示较远震中距的影响。

2. 场地类别

1）建筑场地的地震影响

不同场地上建筑物的震害差异是很明显的，且因地震大小、工程地质条件而不同。对过去建筑物震害现象进行总结，会发现以下规律性的特点：在软弱地基上，柔性结构最容易遭到破坏，刚性结构表现较好；在坚硬地基上，柔性结构表现较好，而刚性结构表现不一，有的表现较差，有的又表现较好，常常出现矛盾现象。在坚硬地基上，建筑物的破坏通常是因结构破坏所产生，在软弱地基上，则有时是由于结构破坏而有时是由于地基破坏所产生。就地面建筑物总的破坏现象来说，在软弱地基上的破坏比坚硬地基上的破坏要严重。

不同覆盖层厚度上的建筑物，其震害表现明显不同。例如，1967 年委内瑞拉地震中，加拉加斯高层建筑的破坏主要集中在市内冲积层最厚的地方，具有非常明显的地区性。在覆盖层为中等厚度的一般地基上，中等高度一般房屋的破坏，比高层建筑的破坏严重，而在基岩上各类房屋的破坏普遍较轻。在我国 1975 年辽宁海城地震和 1976 年唐山地震中也出现过类似的现象，即位于深厚覆盖土层上建筑物的震害较重，而浅层土上建筑物的震害则相对较轻。

2）场地土层的固有周期与场地的地震效应

为了阐明上述不同场地土对建筑物所造成的震害，必须先研究场地土层的固有周期即自振周期，进而研究不同场地的地震效应。

（1）场地土层的固有周期

通过对常见场地地质剖面理论分析表明，多层土的固有周期具有下列特点：硬夹层的存在使多层土的基本周期略为减小，而且随着夹层越靠近基底，减小越明显；软夹层的存在使多层土的基本周期增大，其增大的程度与夹层位置有关，夹层越靠近基底，基本周期增大得越多，最多可增大 1/3 左右；硬表层厚度的变化对固有周期的影响与硬夹层的影响相同，可使固有周期有所减小；土层的固有周期与覆盖层厚度有良好的相关性，土层的固有周期随覆盖层厚度增加而增加。

进一步研究表明，场地土层的基本振型固有周期 T 可按下列简化公式进行计算：

对于单一土层时：

$$T = \frac{4d_{ov}}{v_s} \tag{3.2.1}$$

式中　d_{ov}——覆盖层厚度，即从基岩算起至地面的厚度。

对于多层土时：

$$T = \sum_{i=1}^{n} \frac{4h_i}{v_{si}} \tag{3.2.2}$$

式中　v_{si}、h_i——第 i 层土的剪切波速和土层厚度；

　　　　n——场地覆盖层中的土层总数。

从上式可见，因硬夹层土剪切波速快些，使土层固有周期减小；而软夹层土剪切波速慢些，使土层固有周期加长。还可看出，场地土层的基本振型固有周期就是剪切波穿行覆盖层 4 次所需的时间。

（2）场地的地震效应

场地土对于从基岩传来的入射波具有放大作用。从震源传来的地震波是由许多频率不同的分量组成的，而地震波具有场地土层固有周期的谐波分量放大最多，使该波引起表土层的振动最为激烈。也可以说，地震动卓越周期与该地点土层的固有周期一致时，产生共振现象，使地表面的振幅大大增加。另外，场地土对于从基岩传来的入射波中与场地土层固有周期不同的谐波分量又具有滤波作用，因此，土质条件对于改变地震波的频率特征（或称周期特性）具有重要作用。当由基岩入射来的大小和周期不同的波群进入表土层时，土层会使一些具有与土层固有周期相一致的某些频率波群放大并通过，而将另一些与土层固有周期不一

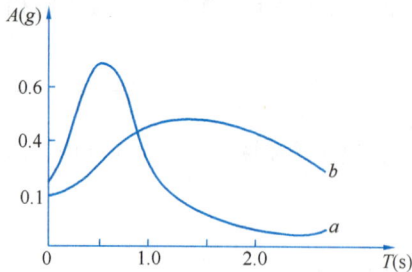

图 3.2.1　硬软场地的加速度反应谱
a—坚硬场地；b—软弱场地
A—质点加速度；g—重力加速度；
T—建筑物自振周期

致的频率波群缩小或滤掉。

由于表层土的滤波作用，使坚硬场地土振动以短周期为主，而软弱场地土则以长周期为主。又由于表层土的放大作用，使坚硬场地土地震动加速度幅值在短周期内局部增大，而坚硬场地的加速度反应谱曲线的特征是短周期范围呈锐峰型，长周期范围内幅值急剧降低（图 3.2.1）。同理，由于软弱场地土地震动加速度幅值在长周期范围内局部增大，使软弱场地的加速度反应谱曲线特征是长周期范围内呈微凸的缓丘型（图 3.2.1）。当地震波中占优势的波动分量的周期与建筑物自振周期相接近时，建筑物将由于共振效应而受到非常大的地震作用，导致建筑物出现震害。上述建筑场地上建筑物的共振效应相应于反应谱曲线的峰值区域。由此可以较好地说明，在坚硬场地上自振周期短的刚性建筑物震害一般较重，而软弱场地上长周期柔弱性建筑物的震害较重。

此外，已有的强震观测资料表明，建筑的地震反应并不是单脉冲型的，而是往复振动的过程。因此，在地震作用下建筑物开裂或损坏而使其刚度逐步下降，自振周期增大。如果在地震过程中，建筑物的自振周期由 0.5s 增至 1s，由反应谱曲线可知，坚硬场地上的建筑物所受到的地震作用将大大减小，结构原有的损伤不再加重，建筑物只受到一次性破坏。与此相反，在上述过程中，软弱场地上的建筑物所受到的地震作用将有所增加，使建筑物的损伤进一步加重。所以，一般地讲，软土地基上的建筑物震害重于硬土地基上的建筑物震害。

3）建筑场地类别的划分

建筑场地类别是场地条件的表征，根据上述场地的地震影响、场地土层的固有周期与场地地震效应的研究，《抗震规范》对建筑场地采用了等效剪切波速 V_{se} 和覆盖层厚度作为评定指标的两参数分类方法。建筑的场地类别共分为 4 类，并按表 3.2.2 来确定，其中Ⅰ类分为Ⅰ$_0$、Ⅰ$_1$两个亚类。《抗震规范》还规定，当有可靠的剪切波速和覆盖层厚度且其值处于表所列场地类别的分界线附近时，为解决场地类别突变而带来的计算误差，应允许按插值方法确定地震作用计算所用的设计特征周期。

各类建筑场地的覆盖层厚度（m）　　　　　　　表 3.2.2

等效剪切波速	场地类别				
(m/s)	Ⅰ$_0$	Ⅰ$_1$	Ⅱ	Ⅲ	Ⅳ
$V_{se} > 800$	0	—	—	—	—
$800 \geqslant V_{se} > 500$	—	0	—	—	—

续表

等效剪切波速	场地类别				
(m/s)	I$_0$	I$_1$	II	III	IV
$500 \geqslant V_{se} > 250$	—	<5	$\geqslant 5$	—	—
$250 \geqslant V_{se} > 150$	—	<3	3~50	>50	—
$V_{se} \leqslant 150$	—	<3	3~15	15~80	>80

计算深度范围内土层的等效剪切波速 V_{se}，应按下列公式计算：

$$V_{se} = \frac{d_0}{t} \qquad (3.2.3)$$

$$t = \sum_{i=1}^{n} (d_i / v_{si}) \qquad (3.2.4)$$

式中　V_{se}——土层的等效剪切波速（m/s）；

　　　d_0——计算深度（m），取覆盖层厚度和 20m 两者的较小者；

　　　t——剪切波在地面至计算深度之间的传播时间；

　　　d_i——计算深度范围内第 i 土层的厚度（m）；

　　　v_{si}——计算深度范围内第 i 土层的剪切波速（m/s）；

　　　n——计算深度范围内土层的分层数。

式（3.2.4）中的各土层剪切波速，应根据《抗震规范》的要求进行实地测量。但对于丁类建筑及层数不超过 10 层且高度不超过 24m 的丙类建筑，当无实测剪切波速时，可根据岩土名称，按表 3.2.3 划分土的类型，再利用当地经验在表 3.2.3 的剪切波速范围内估计各土层的剪切波速。

土的类型划分和剪切波速范围　　　　　　　　　　　　　　　表 3.2.3

土的类型	岩土名称和性状	土层剪切波速范围（m/s）
岩石	坚硬、较硬且完整的岩石	$v_s > 800$
坚硬土或软质岩石	破碎和较破碎的岩石或软和较软的岩石，密实的碎石土	$800 \geqslant v_s > 500$
中硬土	中密、稍密的碎石土，密实、中密的砾，粗、中砂，$f_{ak} > 150$ 的黏性土和粉土，坚硬黄土	$500 \geqslant v_s > 250$
中软土	稍密的砾、粗、中砂，除松散的细、粉砂，$f_{ak} \leqslant 150$ 的黏性土和粉土，$f_{ak} > 130$ 的填土，可塑黄土	$250 \geqslant v_s > 150$
软弱土	淤泥和淤泥质土，松散的砂，新近沉积的黏性土和粉土，$f_{ak} \leqslant 130$ 的填土，流塑黄土	$v_s \leqslant 150$

注：f_{ak} 为由荷载实验等方法得到的地基承载力特征值（kPa）；v_s 为岩土剪切波速。

这里，建筑场地覆盖层厚度的确定，应符合下列要求：

（1）一般情况下，应按地面至剪切波速大于 500m/s 且其下卧各岩土的剪切波速均不小于 500m/s 的土层顶面的距离确定。

（2）当地面 5m 以下存在剪切波速大于其上部各土层剪切波速 2.5 倍的土层，且该层及其下卧岩土的剪切波速均不小于 400m/s 时，可按地面至该土层顶面的距离确定。

（3）剪切波速大于 500m/s 的孤石、透镜体，应视同周围土层。

（4）土层中的火山岩硬夹层，应视为刚体，其厚度应从覆盖土层中扣除。

3.2.2 设计反应谱

地震作用下，单自由度弹性体系所受到的最大地震作用 F 为：

$$F = m \left| \ddot{x}(t) + \ddot{x}_g(t) \right|_{\max} = m S_a \qquad (3.2.5)$$

将式（3.2.5）进一步改写为：

$$F = m S_a = mg \frac{S_a}{\left| \ddot{x}_g(t) \right|_{\max}} \cdot \frac{\left| \ddot{x}_g(t) \right|_{\max}}{g} = G\beta k = \alpha G \qquad (3.2.6)$$

式中　G——集中于质点处的重力荷载代表值；

　　　g——重力加速度；

　　　β——动力系数，它是单自由度弹性体系的最大绝对加速度反应与地面运动最大加速度的比值；

　　　k——地震系数，它是地面运动最大加速度与重力加速度的比值；

　　　α——地震影响系数，它是动力系数与地震系数的乘积。

《抗震规范》采用式（3.2.6）的最后一个等式 $F = \alpha G$，即用 $\alpha = \beta k$ 来反映综合的地震影响，作出了标准的 α-T 曲线，称为地震影响系数曲线，即抗震设计反应谱。可以看出，抗震设计中的反应谱包含地震动强度（地面运动峰值加速度，对应地震系数 k）和频谱特性（对应动力系数 β）的影响。前者影响谱坐标的绝对值，后者影响谱形状。强震地面运动的谱特性决定于许多因素，例如震源机制，传播途径特征，地震波的反射、散射和聚焦以及局部地震和土质条件等。下面分别讨论抗震设计反应谱中如何确定地震系数 k 和动力系数 β。

1. 地震系数 k

地震系数是地面运动最大加速度与重力加速度的比值，它反映该地区基本烈度的大小。基本烈度越高，地震系数 k 值越大，而与结构性能无关。地震系数 k 与基本烈度的关系如表 3.2.4 所示。可以看出，当基本烈度确定后，地震系数 k 为常数，地震影响系数 α 仅随动力系数 β 值而变化。

地震系数 k 与基本烈度的关系　　　　　　表 3.2.4

基本烈度	6	7	8	9
地震系数 k	0.05	0.10	0.20	0.40

表 3.2.4 中的地震系数 k 值是对应于基本烈度的，是属于三个水准设防要求中的第二个

水准。为了把三个水准设防和两阶段设计的设计原则具体化、规范化，除规定对应于基本烈度的地震系数 k 外，还需确定低于本地区设防烈度的多遇地震和高于本地区设防烈度的罕遇地震的 k 值。根据统计资料，多遇地震烈度即众值烈度比基本烈度低 1.55 度，相当于地震作用值乘以 0.35。把众值烈度作为第一阶段设计中用作截面抗震验算的设计指标，这不仅具有明确的地震发生概率的定义，而且，这时结构的实际反应还处于结构的弹性范围内，可以用多系数截面抗震验算的公式把多遇地震的地震效应和其他荷载效应（包括重力荷载和风荷载的效应）组合后进行验算。对地震作用乘以 0.35，也就是对表 3.2.4 的 k 值乘以 0.35。所以，用于第一阶段设计中的地震系数可按表 3.2.5 采用。

对应多遇地震和罕遇地震烈度的地震系数 k 值　　　　　　　　　　表 3.2.5

地震影响	6 度	7 度	8 度	9 度
多遇地震	0.02	0.04(0.05)	0.07(0.11)	0.14
罕遇地震	0.12	0.22(0.32)	0.40(0.53)	0.62

注：括号中数值分别用于设计基本地震加速度为 $0.15g$ 和 $0.30g$ 的地区。

由于地震的随机性，发生高于本地区基本烈度地震的可能性是存在的。因此，定量地进行罕遇地震作用下倒塌的抗震验算是必要的。如何定义预估罕遇地震的作用是必须解决的问题。地震统计资料表明：罕遇地震烈度比基本烈度高出的数值在不同的基本烈度地区是不同的，基本烈度为 7 度、8 度、9 度地区的罕遇地震的地面最大加速度与多遇地震的地面最大加速度的平均比值分别为 6.8、4.5、3.6，也就是说第二阶段设计与第一阶段设计的地震作用的比例大体上取 4～6 倍，这个比值随基本烈度的提高而有所降低。为此，《抗震规范》规定计算罕遇地震作用的标准值时，地震系数 k 值可按表 3.2.5 采用。

2. 动力系数 β

动力系数 β 为单自由度弹性体系的最大加速度反应与地面运动最大加速度的比值，它是无量纲的，主要反映结构的动力效应。将 $\omega = 2\pi/T$ 代入式 (2.1.42)，并由式 (3.2.2) 得：

$$\beta = \frac{S_a}{|\ddot{x}_g(t)|_{\max}} = \frac{2\pi}{T|\ddot{x}_g(t)|_{\max}} \left| \int_0^t \ddot{x}_g(\tau) \, e^{-\zeta\frac{2\pi}{T}(t-\tau)} \sin\frac{2\pi}{T}(t-\tau)\mathrm{d}\tau \right|_{\max} \quad (3.2.3)$$

与最大绝对加速度反应 S_a 一样，对于一个给定的地面加速度记录 $\ddot{x}_g(t)$ 和结构阻尼比 ζ，用式 (3.2.3) 可以计算出对应不同的结构自振周期 T 的动力系数 β 值。用动力系数 β 作为纵坐标，以体系的自振周期 T 作为横坐标，可以绘制出 $\beta\text{-}T$ 曲线，称为动力系数反应谱曲线或 β 谱曲线。对比式 (3.2.3) 与式 (2.1.38) 可以发现，由于地面运动最大加速度对于给定的地震是个常数，所以 β 谱曲线的形式与加速度反应谱曲线的形状完全一致。同样，水平地震影响系数的 $\alpha\text{-}T$ 曲线也与 $S_a\text{-}T$ 曲线的形状完全相同。这是因为 $\alpha = k\beta$，对于给定的地震（或设防烈度），地震系数 k 为常数。

地震是随机的，即使在同一地点、相同的地震烈度，前后两次地震记录到的地面运动加速度时程曲线 $\ddot{x}_g(t)$ 也差别很大。不同的加速度时程曲线 $\ddot{x}_g(t)$ 可以算得不同的 β 谱曲线，虽然它们之间有着某些共同特性，但毕竟存在着许多差别。在进行工程结构设计时，也无法预知该建筑物将会遭遇到怎样的地震。因此，仅用某一次地震加速度时程曲线 $\ddot{x}_g(t)$ 所得到的动力系数 β 谱曲线来计算地震作用是不恰当的。为此，《抗震规范》取同样场地条件下的许多加速度记录，并取阻尼比为 0.05，得到相应于该阻尼比的加速度反应谱，除以每一条加速度记录的最大加速度，进行统计分析取综合平均并结合经验判断给予平滑化得到"标准反应谱"（即动力系数 β 谱）。《抗震规范》中将动力系数谱的最大值 β_{max} 取为 2.25。所以，水平地震影响系数最大值 $\alpha_{max} = 2.25k$。

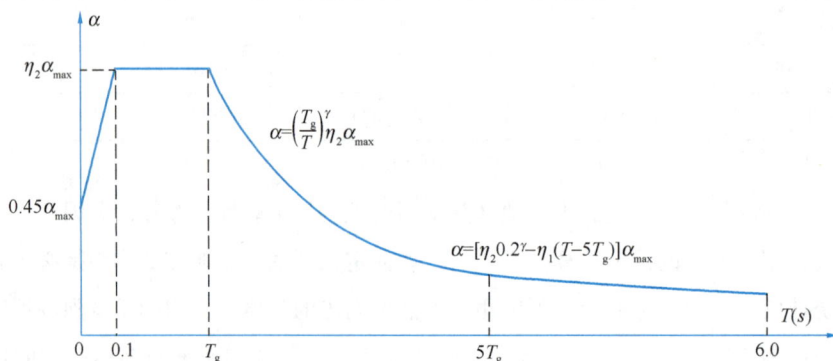

α—地震影响系数；α_{max}—地震影响系数最大值；η_1—直线下降段的下降斜率调整系数；γ—衰减指数；T_g—特征周期；η_2—阻尼调整系数；T—结构自振周期

图 3.2.2　地震影响系数曲线

根据上述确定的地震系数 k 和动力系数 β，可以计算地震影响系数 $\alpha = \beta k$。我国《抗震规范》规定的地震影响系数曲线如图 3.2.2 所示。图中的特征周期 T_g 应根据场地类别和设计地震分组按表 3.2.6 采用，计算 8、9 度罕遇地震作用时，特征周期应增加 0.05s。水平地震影响系数的最大值 α_{max} 按表 3.2.7 采用。

特征周期 T_g（单位：s）　　　　　　　　　　　　　表 3.2.6

设计地震分组	场地类别				
	I_0	I_1	II	III	IV
第一组	0.20	0.25	0.35	0.45	0.65
第二组	0.25	0.30	0.40	0.55	0.75
第三组	0.30	0.35	0.45	0.65	0.90

水平地震影响系数的最大值 $\alpha_{\max}$

表 3.2.7

地震影响	6 度	7 度	8 度	9 度
多遇地震	0.04	0.08 (0.12)	0.16 (0.24)	0.32
罕遇地震	0.28	0.50 (0.72)	0.90 (1.20)	1.40

注：括号中数值分别用于设计基本地震加速度为 0.15g 和 0.30g 的地区。

地震影响系数曲线（图 3.2.2）的阻尼调整和形状参数应符合下列要求：

1）除有专门规定外，建筑结构的阻尼比应取 0.05，地震影响系数曲线的阻尼调整系数应按 1.0 采用，形状参数应符合下列规定：

（1）直线上升段，周期小于 0.1s 的区段；

（2）水平段，周期自 0.1s 至特征周期 T_g 的区段，地震影响系数应取最大值（$\alpha_{\max}$）；

（3）曲线下降段，自特征周期至 5 倍特征周期区段，衰减指数 γ 应取 0.9；

（4）直线下降段，自 5 倍特征周期至 6s 区段，下降斜率调整系数 η_1 应取 0.02。

2）当建筑结构的阻尼比按有关规定不等于 0.05 时，地震影响系数曲线的阻尼调整系数和形状参数应符合下列规定：

（1）曲线下降段的衰减指数应按下式确定：

$$\gamma = 0.9 + \frac{0.05 - \zeta}{0.3 + 6\zeta} \tag{3.2.7}$$

式中　γ——曲线下降段的衰减指数；

　　　ζ——阻尼比。

（2）直线下降段的下降斜率调整系数应按下式确定：

$$\eta_1 = 0.02 + \frac{0.05 - \zeta}{4 + 32\zeta} \tag{3.2.8}$$

式中　η_1——直线下降段的下降斜率调整系数，小于零时取零。

（3）阻尼调整系数应按下式确定：

$$\eta_2 = 1 + \frac{0.05 - \zeta}{0.08 + 1.6\zeta} \tag{3.2.9}$$

式中　η_2——阻尼调整系数，当小于 0.55 时，应取 0.55。

【例题 3.2.1】 一单层单跨框架如图 3.2.3 所示。假设屋盖平面内刚度为无穷大，集中于屋盖处的重力荷载代表值 $G = 1200$kN，框架柱线刚度 $i_c = EI_c/h = 3.0 \times 10^4$ kN·m，框架高度 $h = 5.0$m，跨度 $l = 9.0$m。已知设防烈度为 8 度，设计基本地震加速度 0.2g，设计地震分组为第二组，Ⅱ类场地，结构阻尼比为 0.05。试求该结构在多遇地震和罕遇地震时的水平地震作用。

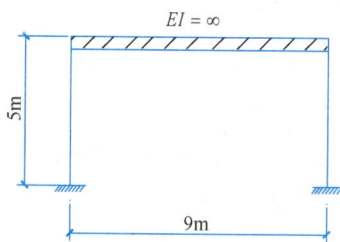

图 3.2.3　【例题 3.2.1】图

【解】 由于结构的质量集中于屋盖处，水平振动时可以简化为单自由度体系。

1）求结构体系的自振周期

由于屋盖在平面内刚度为无穷大，框架的侧移刚度 k_f 为：

$$k_f = 2 \times \frac{12 \times 3.0 \times 10^4}{5^2} = 28\ 800 \text{kN/m}$$

$$m = \frac{G}{g} = \frac{1200}{9.8} = 122.45 \text{t}$$

由 k_f 和 m 计算结构自振周期：

$$T = \frac{2\pi}{\omega} = 2\pi \sqrt{\frac{m}{k}} = 2\pi \sqrt{\frac{122.45}{28\ 800}} = 0.409 \text{s}$$

2）多遇地震时的水平地震作用

当设防烈度为 8 度（0.20g）且为多遇地震时，查表 3.2.7 得 $\alpha_{max} = 0.16$；当 II 类场地、设计地震分组为二组时，查表 3.2.6 得特征周期 $T_g = 0.4$s。由于 $\zeta = 0.05$，则 $\gamma = 0.9$，$\eta_1 = 0.02$，$\eta_2 = 1.0$。因 $T_g < T < 5T_g$，由图 3.2.2 得：

$$\alpha = \left(\frac{T_g}{T}\right)^\gamma \eta_2 \alpha_{max} = \left(\frac{0.4}{0.409}\right)^{0.9} \times 1.0 \times 0.16 = 0.157$$

多遇地震时的水平地震作用为：

$$F = \alpha G = 0.157 \times 1200 = 188.4 \text{kN}$$

3）罕遇地震时的水平地震作用

当设防烈度为 8 度（0.20g）且为罕遇地震时，查表 3.2.7 得 $\alpha_{max} = 0.90$；当 II 类场地、设计地震分组为二组时，查表 3.2.6 得特征周期 $T_g = 0.40 + 0.05 = 0.45$s。由于 $\zeta = 0.05$，则 $\gamma = 0.9$，$\eta_1 = 0.02$，$\eta_2 = 1.0$。因 $0.1 < T < T_g$，由图 3.2.2 得：

$$\alpha = \eta_2 \alpha_{max} = 1.0 \times 0.9 = 0.9$$

罕遇地震时的水平地震作用为：

$$F = \alpha G = 0.9 \times 1200 = 1080 \text{kN}$$

3.2.3 设计地震波

《抗震规范》第 5.1.2 条第 3 款规定，对于特别不规则的建筑、甲类建筑和超过一定高度的高层建筑，应采用时程分析法进行多遇地震作用下的补充计算。此外，计算罕遇地震下结构的变形，一般应采用弹塑性时程分析法。已有研究工作表明，随意选用一条或几条地震记录进行结构地震反应分析是不恰当的，由此所获得的计算结果直接应用于结构抗震设计也是不妥的。因此，如何正确选择设计地震波成为使用时程分析法的关键问题之一。

1. 波的条数

由于地震的不确定性，很难预测建筑物会遭遇到什么样的地震波。在工程实际应用中经常出现对同一个建筑结构采用时程分析法时，由于输入地震波的不同造成计算结果的数倍乃至数十倍之差。为了充分估计未来地震作用下的最大反应，以确保结构的安全，采用时程分析法时应选用不少于二组的实际强震记录和一组人工模拟的加速度时程曲线作为设计用地震波，且实际强震记录的数量不应少于总数的 2/3，然后分别对结构进行地震反应计算，取其平均值或最大值作为结构抗震设计依据。

2. 波的频谱特性

输入的地震波，无论是实际强震记录或是人工地震波，其频谱特性可采用地震影响系数曲线表征，并且依据建筑物所处的场地类别和设计地震分组确定。《抗震规范》规定，多条输入地震加速度记录的平均地震影响系数曲线与振型分解反应谱法所用的地震影响系数曲线相比，在各个周期点上相差不大于 20%。这样做既能达到工程上计算精度的要求，又不致要求进行大量的运算。

3. 波的幅值特性

现有的实际强震记录，其峰值加速度多半与建筑物所在场地的基本烈度不相对应，因而不能直接应用，需要按照建筑物的抗震设防烈度对地震波的强度进行全面调整。调整地震波强度的方法有两种：

1）以加速度为标准，即采用相应于建筑设防烈度的基准峰值加速度与强震记录峰值加速度的比值，对整个加速度时程曲线的振幅进行全面调整，作为设计用地震波。

2）以速度为标准，即采用相应于建筑设防烈度的基准峰值速度与强震记录峰值速度的比值，对整个加速度时程曲线的振幅进行全面调整，作为设计用地震波。

大量时程分析结果表明，对于长周期成分较丰富的地震波，地震波强度以加速度为标准进行调幅，结构对不同波形的反应离散性较大；以速度为标准进行调幅时，结构对不同波形的反应离散性较小。《抗震规范》推荐采用第一种方法，其加速度时程的最大值可按表 3.2.8 采用。当结构采用三维空间模型等需要双向（二个水平向）或三向（二个水平向和竖向）地震波输入时，其加速度最大值通常按 1（水平 1）：0.85（水平 2）：0.65（竖向）的比例调整。

地震加速度时程曲线的最大值（cm/s²）　　　　　　表 3.2.8

地震影响	6度	7度	8度	9度
多遇地震	18	35 (55)	70 (110)	140
罕遇地震	125	220 (310)	400 (510)	620

注：括号内数值分别用于设计基本地震加速度为 $0.15g$ 和 $0.30g$ 的地区。

4. 波的持续时间

地震动加速度时程曲线不是一个确定的函数，采用时程分析法对结构的基本振动方程进行数值积分，从而计算出各时段分点的质点系位移、速度和加速度。一般常取 $\Delta t = 0.01\sim$

0.02s，即地震记录的每一秒钟求解振动方程 50 次到 100 次，可见计算工作量是很大的。所以，持续时间不能取得过长，但持续时间过短会导致较大的计算误差。例如，对基本周期 $T_1=2.2$s、阻尼比 $\zeta=10\%$ 的 20 层楼房，采用 El Centro 地震波进行弹塑性时程分析，持续时间分别取地震波的前 4s 和前 12s。计算结果表明，取前 4s 计算的顶点位移相比取前 12s 的计算值要偏小 25%。可见，地震动持时对结构反应的影响，同时存在于非线性体系的最大反应和能量损耗积累这两种反应之中。为此，《抗震规范》规定，输入的地震加速度时程曲线的持续时间一般为结构基本周期的 5~10 倍。

需要指出，正确选择输入的地震动加速度时程曲线，除了要满足地震动三要素的要求，即有效加速度峰值、频谱特性和持续时间的要求，还与结构的动力特性（主要是结构的基本周期）有关。《抗震规范》规定，进行结构弹性时程分析时，计算结果的平均底部剪力值不应小于振型分解反应谱法计算结果的 80%，每条地震波输入的计算结果不应小于 65%。这是判别所选地震波正确与否的基本依据。

3.3 水平地震作用计算

3.3.1 振型分解反应谱法

3.3.1.1 平动的振型分解反应谱法

平动的振型分解反应谱法是最常用的振型分解法。"平动"表示只考虑单向的地震作用且不考虑结构的扭转振型；"反应谱法"表示采用反应谱将动力问题转换为等效的静力问题而不是用时程分析来获得各个振型的反应。振型分解反应谱法的具体讨论见本书第 2 章 2.2.2 节。

1. 适用范围

平动的振型分解反应谱法适用于可沿两个主轴分别计算的一般结构，其变形可以是剪切型，也可以是弯剪型和弯曲型。当建筑结构除了抗侧力构件呈斜交分布外，满足规则结构的其他各项要求，仍可以沿各斜交的构件方向用平动的振型分解反应谱法进行抗震分析，再找出最不利的受力状态进行抗震设计。

2. 各振型的地震作用标准值

式（2.2.64）给出了结构第 j 阶振型的地震作用为：

$$F_j = MX_j\gamma_j S_a(\omega_j,\zeta_j)(j=1,2,\cdots,n)$$

由加速度反应谱 S_a 与地震影响系数 α 之间的关系 $\alpha(\omega,\zeta)=S_a(\omega,\zeta)/g$，结构第 j 阶振型的地震作用可以改写为：

$$F_j = GX_j\gamma_j\alpha_j \ (j = 1, 2, \cdots, n) \tag{3.3.1}$$

式中 α_j——体系自振频率 ω_j 时对应的地震影响系数取值;

G——与质量矩阵 M 相应的重量矩阵。

因此,结构第 j 阶振型 i 质点的水平地震作用标准值公式为:

$$F_{ji} = \alpha_j\gamma_j X_{ji} G_i \ (j = 1, 2, \cdots, n; i = 1, 2, \cdots, n) \tag{3.3.2}$$

式中 α_j——结构第 j 阶振型周期 T_j 对应的水平地震影响系数取值,按图 3.2.2 计算;

X_{ji}——j 阶振型 i 质点的振型位移坐标;

G_i——集中于 i 质点的重力荷载代表值;

γ_j——j 阶振型的振型参与系数。

$$\gamma_j = \frac{X_j^{\mathrm{T}}MI}{X_j^{\mathrm{T}}MX_j} = = \frac{\sum_{i=1}^{n} m_i X_{ji}}{\sum_{i=1}^{n} m_i X_{ji}^2} = \frac{\sum_{i=1}^{n} X_{ji} G_i}{\sum_{i=1}^{n} X_{ji}^2 G_i}$$

3. 各振型地震作用效应组合

各质点在 j 阶振型水平地震力 F_{ji} 的作用下,可求得对应于 j 振型的地震作用效应 S_j (包括弯矩、剪力、轴向力和位移等)。对于层间剪切型结构,j 振型地震作用下各楼层水平地震层间剪力按下式计算:

$$V_{ji} = \sum_{k=i}^{n} F_{jk} \ (i = 1, 2, \cdots n) \tag{3.3.3}$$

由前述可知,根据振型反应谱法确定的相应于各振型的地震作用 F_{ji} 均为最大值。所以,按 F_{ji} 所求得的地震作用效应 S_j 也是最大值。但是,相应于各振型的最大地震作用效应 S_j 不会同时发生,这样就出现了如何将 S_j 进行组合,以确定合理的地震作用效应问题。对于平动的振型分解反应谱法,当相邻振型的周期差距大于 15% 时,采用平方和开方法 (SRSS 法) 进行组合。构件的地震作用效应 S_{Ek} 按下式计算:

$$S_{Ek} = \sqrt{\sum_{j=1}^{m} S_j^2} \tag{3.3.4}$$

式中 S_{Ek}——水平地震作用标准值的效应;

S_j——j 振型水平地震作用标准值的效应;

m——计算时应考虑的振型数,可只取 2~3 个振型,当基本自振周期大于 1.5s 或房屋高宽比大于 5 时,振型个数应适当增加。

3.3.1.2 扭转耦联的振型分解反应谱法

国内外多次地震中,平面和结构不对称的高层建筑,因扭转振动而发生严重破坏的事例时有发生。从抗震要求来讲,要求建筑的平面简单、规则和对称,竖向体型力求规则均匀,避免有过大的外挑和内收,尽量减少由于结构的刚度和质量的不均匀、不对称而造成的偏心。即使这些规则的建筑结构,也存在由于施工、使用等原因所产生的偶然偏心引起的地震扭转效应及地震地面运动扭转分量的影响。因此《抗震规范》规定,规则结构不进行扭转耦联计算时，平行于地震作用方向的两个边榀，其地震作用效应应乘以增大系数。一般情况下，短边可按 1.15 采用，长边可按 1.05 采用；当抗扭刚度较小时，周边各构件宜按不小于 1.3 采用。角部构件宜同时乘以两个方向各自的增大系数。

为了更好地满足建筑外观形体多样化和功能上的要求，近年来，平立面复杂、不规则，质量和刚度明显不均匀、不对称的多高层建筑大量出现。因此，《抗震规范》规定：对这类建筑结构应考虑水平地震作用下的扭转影响，其地震作用和作用效应按耦联振型分解反应谱法进行计算。

用振型分解反应谱法来计算水平地震作用下多、高层建筑的扭转地震效应，要解决以下 3 个问题：①求解平移-扭转耦联体系的自由振动；②计算各振型水平地震作用标准值的表达式；③各振型地震作用效应的组合方法。

1. 平移-扭转耦联体系的自由振动

多高层结构体系考虑平移-扭转耦联振动时，集中在每一楼层的质量有 3 个自由度——两个正交水平移动和一个转角，这样一个 n 层建筑的自由度为 $3n$ 个。坐标原点一般选在各楼层的质心处，此时坐标轴为一折线形轴，如图 3.3.1 所示。其运动微分方程可表示为：

$$\boldsymbol{M\ddot{D}}(t) + \boldsymbol{C\dot{D}}(t) + \boldsymbol{KD}(t) = -\boldsymbol{MI\ddot{D}}_{g}(t) \tag{3.3.5}$$

$$\boldsymbol{M} = \mathrm{diag}[\boldsymbol{m} \quad \boldsymbol{m} \quad \boldsymbol{J}] \tag{3.3.6a}$$

$$\boldsymbol{m} = \begin{bmatrix} m_1 & & & 0 \\ & m_2 & & \\ & & \ddots & \\ 0 & & & m_n \end{bmatrix} \tag{3.3.6b}$$

$$\boldsymbol{J} = \begin{bmatrix} J_1 & & & 0 \\ & J_2 & & \\ & & \ddots & \\ 0 & & & J_n \end{bmatrix} \tag{3.3.6c}$$

$$\boldsymbol{K} = \begin{bmatrix} \boldsymbol{K}_{zz} & \boldsymbol{0} & \boldsymbol{K}_{z\varphi} \\ \boldsymbol{0} & \boldsymbol{K}_{yy} & \boldsymbol{K}_{y\varphi} \\ \boldsymbol{K}_{z\varphi}^{\mathrm{T}} & \boldsymbol{K}_{y\varphi} & \boldsymbol{K}_{\varphi\varphi} \end{bmatrix} \tag{3.3.7a}$$

$$\boldsymbol{K}_{zz} = \sum_{s=1}^{n_y} \boldsymbol{K}_{zs} \tag{3.3.7b}$$

$$\boldsymbol{K}_{yy} = \sum_{r=1}^{n_x} \boldsymbol{K}_{yr} \tag{3.3.7c}$$

$$\boldsymbol{K}_{z\varphi} = \sum_{s=1}^{n_y} \boldsymbol{K}_{zs}\boldsymbol{Y}_{s} \tag{3.3.7d}$$

$$\mathbf{Y}_s = \begin{bmatrix} y_{1s} & & & & & 0 \\ & y_{2s} & & & & \\ & & \ddots & & & \\ & & & y_{is} & & \\ & & & & \ddots & \\ 0 & & & & & y_{ns} \end{bmatrix} \tag{3.3.7e}$$

$$\mathbf{K}_{y\varphi} = \sum_{r=1}^{n_x} \mathbf{K}_{yr} \mathbf{Z}_r \tag{3.3.7f}$$

$$\mathbf{Z}_r = \begin{bmatrix} x_{1r} & & & & & 0 \\ & x_{2r} & & & & \\ & & \ddots & & & \\ & & & x_{ir} & & \\ & & & & \ddots & \\ 0 & & & & & x_{nr} \end{bmatrix}$$

$$\mathbf{K}_{\varphi\varphi} = \sum_{s=1}^{n_y} \mathbf{Y}_s^{\mathrm{T}} \mathbf{K}_{zs} \mathbf{Y}_s + \sum_{r=1}^{n_x} \mathbf{Z}_r^{\mathrm{T}} \mathbf{K}_{yr} \mathbf{Z}_r \tag{3.3.7g}$$

式中　$\mathbf{M}$——广义质量矩阵，为一 $3n \times 3n$ 阶方阵；

m_i、J_i——分别为第 i 楼层的质量和第 i 层质量对本楼层质心的转动惯量；当楼层为矩形平面时，$J_i = m_i(a^2 + b^2)/12$，这里 a、b 分别为 i 楼层的短边和长边；

C——阻尼矩阵；

$\mathbf{K}$——广义侧移刚度矩阵；

$\mathbf{K}_{zs}$——平行于 x 轴第 s 榀框架的刚度矩阵；

n_y——平行于 x 轴框架的榀数；

$\mathbf{K}_{yr}$——平行于 y 轴第 r 榀框架的刚度矩阵；

n_x——平行于 y 轴框架的榀数；

y_{is}——第 i 层第 s 榀 x 方向框架的 y 向坐标（图3.3.2）；

x_{ir}——第 i 层第 r 榀 y 方向框架的 x 向坐标（图3.3.2）。

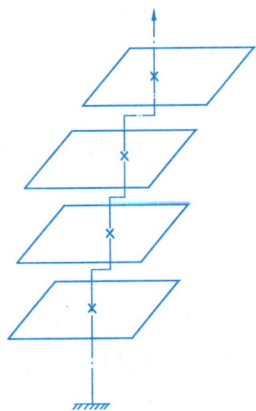

图3.3.1　串联刚片系的计算简图　　　图3.3.2　第 i 层平面图

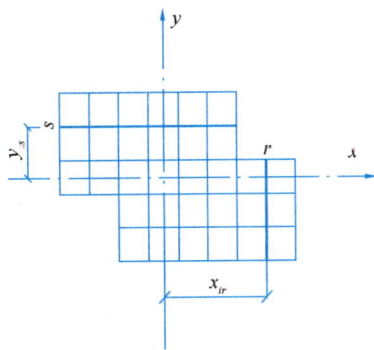

$D(t)$ 为广义位移向量，其列向量为：

$$D(t)^{\mathrm{T}} = \begin{bmatrix} u_1 & u_2 & \cdots & u_n & v_1 & v_2 & \cdots & v_n & \varphi_1 & \varphi_2 & \cdots & \varphi_n \end{bmatrix} \quad (3.3.8)$$

式中　u_i、v_i、φ_i——分别为第 i 层 x、y 方向的位移和在楼板平面内的转角。

$\ddot{D}_{\mathrm{g}}(t)$ 为地面运动水平加速度时间历程函数，表示为：

$$\ddot{D}_{\mathrm{g}}(t) = \ddot{d}_{\mathrm{g}}(t) \begin{bmatrix} I^{\mathrm{T}}\cos\theta_{\mathrm{D}} & I^{\mathrm{T}}\sin\theta_{\mathrm{D}} & 0^{\mathrm{T}} \end{bmatrix}^{\mathrm{T}} \quad (3.3.9)$$

式中　$\ddot{d}_{\mathrm{g}}(t)$——地面运动加速度的时间历程；

　　　θ_{D}——地面运动方向与 x 轴的夹角。

采用振型分解反应谱法计算考虑扭转影响的水平地震作用时，需要首先求得体系的各振型及其对应的自振周期。为此，必须求解平动-扭转耦联体系的自由振动，其方程为：

$$M\ddot{D}(t) + KD(t) = 0 \quad (3.3.10)$$

由于考虑体系的扭转影响后，结构体系的自由度增加为 $3n$ 个（n 为结构的层数），需要借助于计算机用雅可比法求解。

2. 结构体系考虑扭转影响的水平地震作用

对于体系运动微分方程式（3.3.5）的求解，与单向平移振动时一样，可以按照振型分解的原理，把体系广义水平位移列向量 $D(t)$、速度列向量 $\dot{D}(t)$ 和加速度列向量 $\ddot{D}(t)$ 表示为：

$$\left. \begin{aligned} D(t) &= Aq(t) \\ \dot{D}(t) &= A\dot{q}(t) \\ \ddot{D}(t) &= A\ddot{q}(t) \end{aligned} \right\} \quad (3.3.11)$$

式中　A——振型矩阵，是振型向量 $A_j(j=1,2,\cdots,3n)$ 的集合；

$q(t)$——广义坐标。

将式（3.3.11）代入运动方程式（3.3.5），并利用振型正交性原理，可将方程式（3.3.5）分解成为 $3n$ 个相互独立的二阶微分方程，其通式为：

$$\ddot{q}_j + 2\zeta_j\omega_j\dot{q}_j + \omega_j^2 q_j = -\gamma_j\ddot{d}_{\mathrm{g}}(t)(j=1,2,\cdots,n,\cdots,3n) \quad (3.3.12)$$

经过与单向平移振动时相类似的推导，可以得到考虑扭转地震效应时 j 振型 i 层的水平地震作用标准值计算公式：

$$\left. \begin{aligned} F_{xji} &= \alpha_j\gamma_{tj}X_{ji}G_i \\ F_{yji} &= \alpha_j\gamma_{tj}Y_{ji}G_i \\ F_{tji} &= \alpha_j\gamma_{tj}r_i^2\varphi_{ji}G_i \end{aligned} \right\} (i=1,2,\cdots,n; j=1,2,\cdots,m) \quad (3.3.13)$$

式中　F_{xji}、F_{yji}、F_{tji}——分别为 j 振型 i 层的 x 方向、y 方向和转角方向的地震作用标准值；

　　　X_{ji}、Y_{ji}——分别为 j 振型 i 层质心在 x、y 方向的水平相对位移；

φ_{ji} —— j 振型 i 层的相对扭转角；

r_i —— i 层转动半径，可取 i 层绕质心的转动惯量除以该层质量的商的正二次方根；

γ_{tj} —— 计入扭转的 j 振型的参与系数，可按式（3.3.14）确定。

当仅取 x 方向地震作用时：

$$\gamma_{xj} = \sum_{i=1}^{n} X_{ji} G_i \Big/ \sum_{i=1}^{n} (X_{ji}^2 + Y_{ji}^2 + \varphi_{ji}^2 r_i^2) G_i \qquad (3.3.14a)$$

当仅取 y 方向地震作用时：

$$\gamma_{yj} = \sum_{i=1}^{n} Y_{ji} G_i \Big/ \sum_{i=1}^{n} (X_{ji}^2 + Y_{ji}^2 + \varphi_{ji}^2 r_i^2) G_i \qquad (3.3.14b)$$

当取与 x 方向斜交的地震作用时：

$$\gamma_{tj} = \gamma_{xj} \cos\theta + \gamma_{yj} \sin\theta \qquad (3.3.14c)$$

式中 γ_{xj}、γ_{yj} —— 分别为由式（3.3.14a）和式（3.3.14b）求得的参与系数；

θ —— 地震作用方向与 x 方向的夹角。

3. 考虑扭转作用时的地震效应组合

用振型分解反应谱法计算时，首先要用公式（3.3.13）计算各振型的水平地震作用，其次再计算每一振型水平地震作用产生的作用效应，最后将各振型的地震作用效应按一定的规则进行组合，以获得总的地震效应。对于不考虑扭转影响的平移振动多质点弹性体系，往往采用平方和开方的方法进行组合，并且注意到各振型的贡献随着频率的增高而递减这一事实，一般可只考虑前三个振型进行组合。然而，考虑扭转影响时，体系振动有以下特点：体系自由度数目大大增加（为 $3n$，n 为建筑层数），各振型的频率间隔大为缩短，相邻较高振型的频率可能非常接近。所以，振型组合时，应考虑不同振型间的相关性；扭转分量的影响并不一定随着频率增高而递减，有时较高振型的影响可能大于低振型的影响。而且，当前三个振型分别代表以 x 向、y 向和扭转为主的振动时，取前三个振型组合只相当于不考虑扭转影响时只取一个振型的情况，这显然不够。因此，进行各振型作用效应组合时，应考虑相近频率振型间的相关性，并增加参加作用效应组合的振型数。同时，还要考虑双向水平地震作用的扭转效应。

《抗震规范》规定考虑扭转的地震作用效应，应按下列公式确定。

1）单向水平地震作用的扭转效应

$$S_{Ek} = \sqrt{\sum_{j=1}^{m} \sum_{k=1}^{m} \rho_{jk} S_j S_k} \qquad (3.3.15)$$

$$\rho_{jk} = \frac{8\sqrt{\zeta_j \zeta_k}(\zeta_j + \lambda_T \zeta_k)\lambda_T^{1.5}}{(1 - \lambda_T^2)^2 + 4\zeta_j \zeta_k (1 + \lambda_T^2)\lambda_T + 4(\zeta_j^2 + \zeta_k^2)\lambda_T^2} \qquad (3.3.16)$$

式中 S_{Ek} —— 地震作用标准值的扭转效应；

S_j、S_k——分别为 j、k 振型地震作用标准值的效应，可取前 9～15 个振型；

ζ_j、ζ_k——分别为 j、k 振型的阻尼比；

ρ_{jk}——j 振型与 k 振型的耦联系数；

λ_T——k 振型与 j 振型的自振周期比。

2）双向水平地震作用的扭转效应

可按下列公式中的较大值确定：

$$S_{Ek} = \sqrt{S_x^2 + (0.85 S_y)^2} \tag{3.3.17}$$

或

$$S_{Ek} = \sqrt{S_y^2 + (0.85 S_x)^2} \tag{3.3.18}$$

式中 S_x、S_y——分别为 x 向、y 向单向水平地震作用按式（3.3.15）计算的扭转效应。

3.3.1.3 结构楼层水平地震剪力的修正与分配

1. 楼层水平地震剪力最小值

对于长周期结构，由于地震影响系数在长周期段下降较快，按抗震设计反应谱计算的水平地震作用明显减小，由此计算所得的水平地震作用下的结构效应可能太小。研究表明，地震动态作用中的地面运动速度和位移可能对长周期结构的破坏具有更大影响，而《抗震规范》对此并未作规定。出于结构安全的考虑，《抗震规范》提出了对各楼层水平地震剪力最小值的要求。即抗震验算时，结构任一楼层的水平地震剪力应符合下式要求：

$$V_{Eki} > \lambda \sum_{j=i}^{n} G_j \tag{3.3.19}$$

式中 V_{Eki}——第 i 层对应于水平地震作用标准值的楼层剪力；

G_j——第 j 层的重力荷载代表值；

λ——剪力系数（又称为剪重比），不应小于表 3.3.1 规定的楼层最小地震剪力系数值，对于竖向不规则结构的薄弱层，尚应乘以 1.15 的增大系数。

楼层最小地震剪力系数值　　　　　　　　　　　　表 3.3.1

类别	6 度	7 度	8 度	9 度
扭转效应明显或基本周期小于 3.5s 的结构	0.008	0.016（0.024）	0.032（0.048）	0.064
基本周期大于 5.0s 的结构	0.006	0.012（0.018）	0.024（0.036）	0.048

注：1. 基本周期介于 3.5s 和 5.0s 之间的结构，可插入取值；

2. 括号内数值分别用于设计基本地震加速度为 0.15g 和 0.30g 的地区。

2. 考虑地基与结构相互作用的楼层水平地震剪力折减

由于地基与结构动力相互作用的影响，按刚性地基分析的建筑结构水平地震作用在一定范围内有明显的折减。考虑到我国的地震作用取值与国外相比较小，故仅在必要时才利用这一折减。因此，《抗震规范》规定，结构抗震计算，一般情况下可不考虑地基与结构相互作用的影响，8 度和 9 度时建造于Ⅲ、Ⅳ类场地，采用箱基、刚性较大的筏基和桩基联合基础的钢筋混凝土高层建筑，当结构基本自振周期处于特征周期的 1.2～5 倍范围时，若计入地基与结构动力相互作用的影响，对按刚性地基假定计算的水平地震剪力可按下列规定折减，其层间变形按折减后的楼层剪力计算。

（1）高宽比小于 3 的结构，各楼层地震剪力的折减系数可按下式计算：

$$\psi = \left(\frac{T_1}{T_1 + \Delta T}\right)^{0.9} \tag{3.3.20}$$

式中　ψ——计入地基与结构动力相互作用后的地震剪力折减系数；

　　　T_1——按刚性地基假定确定的结构基本自振周期（s）；

　　　ΔT——计入地基与结构动力相互作用的附加周期（s），可按表 3.3.2 采用。

附加周期（s）　　　　　　　表 3.3.2

烈度	场地类别	
	Ⅲ类	Ⅳ类
8 度	0.08	0.20
9 度	0.10	0.25

（2）高宽比不小于 3 的结构，底部的地震剪力按第（1）条规定折减，顶部不折减，中间各层按线性插入值折减。

（3）折减后各楼层的水平地震剪力，应符合式（3.3.19）的要求。

3. 结构楼层水平地震剪力的分配

结构的楼层水平地震剪力，应按下列原则分配：

（1）现浇和装配整体式钢筋混凝土楼、屋盖等刚性楼盖建筑，宜按抗侧力构件等效刚度的比例分配。

（2）木楼盖、木屋盖等柔性楼盖建筑，宜按抗侧力构件从属面积上重力荷载代表值的比例分配。

（3）普通的预制装配式钢筋混凝土等半刚性楼、屋盖的建筑，可取上述两种分配法结果的平均值。

（4）考虑空间作用、楼盖变形、墙体弹塑性变形和扭转的影响时，可按有关规定对上述分配结果作适当调整。

【例题 3.3.1】试用振型分解反应谱法计算某 3 层框架在多遇地震时的层间地震剪力。各楼层的重力荷载代表值为 $G_1=1200$kN，$G_2=1000$kN，$G_3=650$kN，场地为Ⅱ类。抗震设防烈度为 8 度（0.20g），设计地震分组为第二组。现已算得前三个振型的自振周期和振型分别为 $T_1=0.68$s，$X_1^T=[1.000\ 1.735\ 2.148]$；$T_2=0.24$s，$X_2^T=[1.000\ 0.139\ -1.138]$；$T_3=0.16$s，$X_3^T=[1.000\ -1.316\ 1.467]$。阻尼比 $\zeta=0.05$。

【解】1）计算各振型的地震影响系数 α_j

由表 3.2.7 查得多遇地震时设防烈度为 8 度（0.20g）$\alpha_{\max}=0.16$，由表 3.2.6 查得 Ⅱ 类场地、第二组 $T_g=0.40s$，由图 3.2.2，当阻尼比 $\zeta=0.05$，$\eta_2=1.0$，$\gamma=0.9$：

第一振型，因 $T_g<T_1<5T_g$，所以：

$$\alpha_1=\left(\frac{T_g}{T}\right)^r\eta_2\alpha_{\max}=\left(\frac{0.40}{0.68}\right)^{0.9}\times0.16=0.10$$

第二、三振型，因 $0.1<T_{2,3}<T_g$，所以：

$$\alpha_2=\alpha_3=\alpha_{\max}=0.16$$

2）计算各振型的参与系数 γ_j

第一振型：

$$\gamma_1=\frac{\sum_{i=1}^{3}X_{1i}G_i}{\sum_{i=1}^{3}X_{1i}^2G_i}=\frac{1.000\times1200+1.735\times1000+2.148\times650}{1.000^2\times1200+1.735^2\times1000+2.148^2\times650}=0.601$$

第二振型：

$$\gamma_2=\frac{\sum_{i=1}^{3}X_{2i}G_i}{\sum_{i=1}^{3}X_{2i}^2G_i}=\frac{1.000\times1200+0.139\times1000-1.138\times650}{1.000^2\times1200+0.139^2\times1000+(-1.138)^2\times650}=0.291$$

第三振型：

$$\gamma_3=\frac{\sum_{i=1}^{3}X_{3i}G_i}{\sum_{i=1}^{3}X_{3i}^2G_i}=\frac{1.000\times1200-1.316\times1000+1.467\times650}{1.000^2\times1200+(-1.316)^2\times1000+(1.467)^2\times650}=0.193$$

3）计算各振型各楼层的水平地震作用

第一振型：$F_1=\alpha_1\gamma_1\,X_1G$

$$F_{11}=0.10\times0.601\times1.000\times1200=72.12\text{kN}$$
$$F_{12}=0.10\times0.601\times1.735\times1000=104.27\text{kN}$$
$$F_{13}=0.10\times0.601\times2.148\times650=83.91\text{kN}$$

第二振型：$F_2=\alpha_2\gamma_2\,X_2G$

$$F_{21}=0.16\times0.291\times1.000\times1200=55.87\text{kN}$$
$$F_{22}=0.16\times0.291\times0.139\times1000=6.47\text{kN}$$
$$F_{23}=0.16\times0.291\times(-1.138)\times650=-34.44\text{kN}$$

第三振型：$F_3=\alpha_3\gamma_3\,X_3G$

$$F_{31}=0.16\times0.193\times1.000\times1200=37.06\text{kN}$$
$$F_{32}=0.16\times0.193\times(-1.316)\times1000=-40.64\text{kN}$$

$$F_{33} = 0.16 \times 0.193 \times 1.467 \times 650 = 29.45\text{kN}$$

4）计算各振型的层间剪力

各振型的层间剪力由式（3.3.3）计算。

第一振型：$V_{1i} = \sum\limits_{k=i}^{n} F_{1k}$

$$V_{11} = 72.12 + 104.27 + 83.91 = 260.30\text{kN}$$

$$V_{12} = 104.27 + 83.91 = 188.18\text{kN}$$

$$V_{13} = 83.91\text{kN}$$

第二振型：$V_{2i} = \sum\limits_{k=i}^{n} F_{2k}$

$$V_{21} = 55.87 + 6.47 - 34.44 = 27.90\text{kN}$$

$$V_{22} = 6.47 - 34.44 = -27.97\text{kN}$$

$$V_{23} = -34.44\text{kN}$$

第三振型：$V_{3i} = \sum\limits_{k=i}^{n} F_{3k}$

$$V_{31} = 37.06 - 40.64 + 29.45 = 25.87\text{kN}$$

$$V_{32} = (-40.64) + 29.45 = -11.19\text{kN}$$

$$V_{33} = 29.45\text{kN}$$

5）计算水平地震作用效应——各层层间剪力

由式（3.3.4）计算各层层间剪力 V_i。

$$V_1 = \sqrt{V_{11}^2 + V_{21}^2 + V_{31}^2} = \sqrt{260.30^2 + 27.90^2 + 25.87^2} = 263.07\text{kN}$$

$$V_2 = \sqrt{V_{12}^2 + V_{22}^2 + V_{32}^2} = \sqrt{188.18^2 + (-27.97)^2 + (-11.19)^2} = 190.58\text{kN}$$

$$V_3 = \sqrt{V_{13}^2 + V_{23}^2 + V_{33}^2} = \sqrt{83.91^2 + (-34.44)^2 + 29.45^2} = 95.36\text{kN}$$

查表 3.3.1 得楼层最小地震剪力系数 $\lambda = 0.032$，由式（3.3.19）得楼层最小剪力：

$$V_3^{\min} = 0.032 \times 650 = 20.8\text{kN} < 95.36\text{kN}$$

$$V_2^{\min} = 0.032 \times (650 + 1000) = 52.8\text{kN} < 190.58\text{kN}$$

$$V_1^{\min} = 0.032 \times (650 + 1000 + 1200) = 91.2\text{kN} < 263.07\text{kN}$$

满足要求。

3.3.2　底部剪力法

用振型分解反应谱法计算建筑结构的水平地震作用还是比较复杂的，特别是当建筑物的层数较多时不能用手算，必须使用电子计算机。理论分析研究表明：当建筑物为高度不超过

40m、以剪切变形为主且质量和刚度沿高度分布比较均匀的结构，结构振动位移反应往往以第一振型为主，而且第一振型接近于直线。故满足上述条件时，《抗震规范》建议可采用底部剪力法。底部剪力法适用于一般的多层砖房等砌体结构、内框架和底部框架-抗震墙砖房、单层空旷房屋、单层工业厂房以及多层框架结构等低于40m、以剪切变形为主的规则房屋。

底部剪力法的基本思路是：结构底部的剪力等于其总水平地震作用，根据其基本周期由反应谱得到，而地震作用沿高度的分布则根据近似的结构侧移假定得到。

1. 底部剪力的计算

根据振型分解反应谱法，结构第 j 振型的总水平地震作用标准值，即第 j 振型的底部剪力为：

$$V_{j0} = \sum_{i=1}^{n} F_{ji} = \sum_{i=1}^{n} \alpha_j \gamma_j X_{ji} G_i = \alpha_1 G \sum_{i=1}^{n} \frac{\alpha_j}{\alpha_1} \gamma_j X_{ji} \frac{G_i}{G} \tag{3.3.21}$$

式中　G——结构的总重力荷载代表值，$G = \sum_{i=1}^{n} G_i$。

结构总的水平地震作用（结构的底部剪力）F_{Ek} 为：

$$F_{Ek} = \sqrt{\sum_{j=1}^{n} V_{j0}^2} = \alpha_1 G \sqrt{\sum_{j=1}^{n} \left(\sum_{i=1}^{n} \frac{\alpha_j}{\alpha_1} \gamma_j X_{ji} \frac{G_i}{G} \right)^2} = \alpha_1 Gq \tag{3.3.22}$$

$$q = \sqrt{\sum_{j=1}^{n} \left(\sum_{i=1}^{n} \frac{\alpha_j}{\alpha_1} \gamma_j X_{ji} \frac{G_i}{G} \right)^2}$$

式中　q——高振型影响系数。

经过大量计算资料的统计分析表明，当结构体系各质点重量相等，并在高度方向均匀分布时，$q = 1.5 \frac{n+1}{2n+1}$（n 为质点数）。如为单质点体系（即单层建筑），$q = 1$；如为无穷多质点体系，$q = 0.75$。《抗震规范》取中间值为 0.85。所以，将式（3.3.22）改写为：

$$F_{Ek} = \alpha_1 G_{eq} \tag{3.3.23}$$

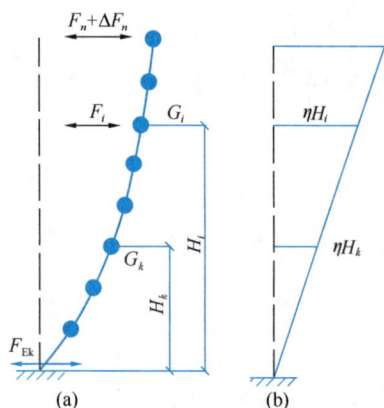

图 3.3.3　水平地震作用下结构计算
（a）水平地震作用下结构计算简图；
（b）简化的第一振型

式中　F_{Ek}——结构总水平地震作用标准值，即结构底部剪力的标准值；

　　　α_1——相应于结构基本自振周期 T_1 的水平地震影响系数；

　　　G_{eq}——结构等效总重力荷载，单质点应取总重力荷载代表值，多质点可取总重力荷载代表值的 85%。

2. 各质点的水平地震作用标准值的计算

1）基本公式

由于结构振动以基本振型为主，而且基本振型接近于直线，如图 3.3.3（b）所示，则作用于各质点的水平地震作用 F_i 近似地等于 F_{1i}：

$$F_i \approx F_{1i} = \alpha_1 \gamma_1 X_{1i} G_i = \alpha_1 \gamma_1 \eta H_i G_i \qquad (3.3.24)$$

式中　η——质点水平相对位移与质点计算高度的比例系数；

　　　H_i——质点 i 的计算高度。

则结构总水平地震作用可表示为：

$$F_{Ek} = \sum_{k=1}^{n} F_{1k} = \sum_{k=1}^{n} \alpha_1 \gamma_1 \eta H_k G_k = \alpha_1 \gamma_1 \eta \sum_{k=1}^{n} H_k G_k \qquad (3.3.25a)$$

$$\alpha_1 \gamma_1 \eta = \frac{F_{Ek}}{\sum_{k=1}^{n} H_k G_k} \qquad (3.3.25b)$$

将式（3.3.25b）代入式（3.3.24）得：

$$F_i = \frac{G_i H_i}{\sum_{k=1}^{n} G_k H_k} F_{Ek} \qquad (3.3.26)$$

则地震作用下各楼层水平地震层间剪力 V_i 为：

$$V_i = \sum_{k=i}^{n} F_k (i = 1, 2, \cdots, n) \qquad (3.3.27)$$

2）高阶振型影响的修正公式

通过大量的计算分析发现，当结构层数较多时，用公式（3.3.26）计算得到的作用在结构上部质点的水平地震作用往往小于振型分解反应谱法的计算结果，特别是基本周期较长的多、高层建筑相差较大。因为高振型对结构反应的影响主要在结构上部，而且，震害经验也表明：某些基本周期较长的建筑上部震害较为严重。所以，《抗震规范》规定：对结构的基本自振周期大于 $1.4T_g$ 的建筑，在保持结构总水平地震作用标准值 F_{Ek} 不变的情况下，取顶部附加水平地震作用 ΔF_n 作为集中的水平力加在结构的顶部来加以修正（图 3.3.3a）：

$$\Delta F_n = \delta_n F_{Ek} \qquad (3.3.28)$$

式中　ΔF_n——顶部附加水平地震作用；

　　　δ_n——顶部附加地震作用系数，多层钢筋混凝土和钢结构房屋可按表 3.3.3 采用，
　　　　　　多层内框架砖房可采用 0.2，其他房屋可采用 0.0。

顶部附加地震作用系数　　　　　　表 3.3.3

$T_g(s)$	$T_1 > 1.4T_g$	$T_1 \leqslant 1.4T_g$
$\leqslant 0.35$	$0.08T_1 + 0.07$	
$0.35 \sim 0.55$	$0.08T_1 + 0.01$	0.0
> 0.55	$0.08T_1 - 0.02$	

注：T_1 为结构基本自振周期。

因此，结构顶层地震作用为：

$$F'_n = F_n + \Delta F_n = \frac{G_n H_n}{\sum\limits_{k=1}^{n} G_k H_k} F_{Ek}(1-\delta_n) + \delta_n F_{Ek} \tag{3.3.29a}$$

其他各层地震作用为：

$$F_i = \frac{G_i H_i}{\sum\limits_{k=1}^{n} G_k H_k} F_{Ek}(1-\delta_n)(i=1,2,\cdots,n-1) \tag{3.3.29b}$$

地震作用下各楼层水平地震层间剪力 V_i 仍按（3.3.27）计算。

震害表明，突出屋面的屋顶间、女儿墙、烟囱等，它们的震害比下面主体结构严重。这是由于出屋面的这些建筑的质量和刚度突然变小，地震反应随之增大的缘故。在地震工程中，把这种现象称为"鞭端效应"。因此，《抗震规范》规定，采用底部剪力法时，突出屋面的屋顶间、女儿墙、烟囱等的地震作用效应，宜乘以增大系数3，此增大部分不应往下传递，但与该突出部分相连的构件应予以计入。对于结构基本周期 $T_1 > 1.4T_g$ 的建筑并有突出的小屋时，按式（3.3.28）计算的顶部附加水平地震作用应置于主体房屋的顶部，而不应置于局部突出小屋的屋顶处。但对于顶层带有空旷大房间或轻钢结构的房屋，不宜视为突出屋面的小屋并采用底部剪力法乘以增大系数的办法计算地震作用效应，而应视为结构体系一部分，用振型分解反应谱法计算。

【例题 3.3.2】一幢六层现浇钢筋混凝土框架房屋，屋顶有局部突出的楼梯间和水箱间，如图 3.3.4 所示。抗震设防烈度为 8 度，设计基本地震加速度 0.2g，设计地震分组为第一

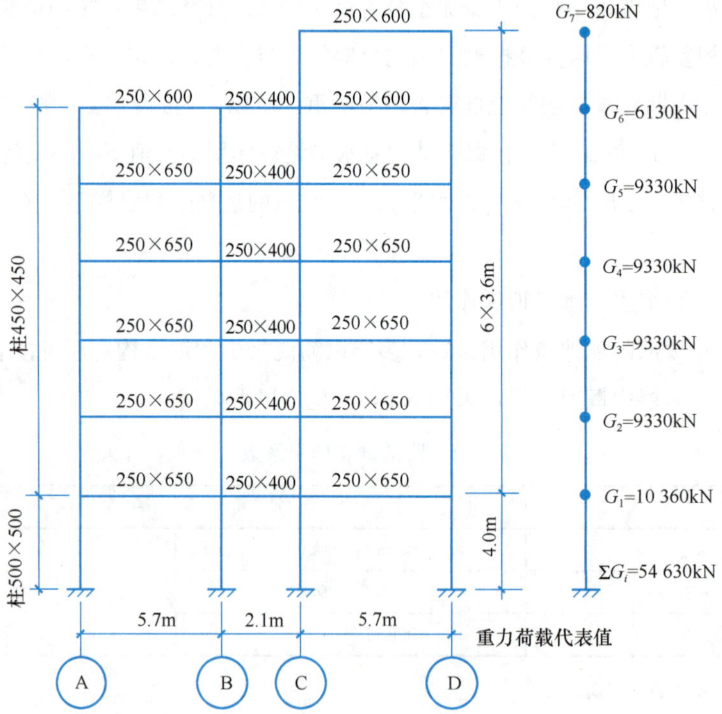

图 3.3.4 【例题 3.3.2】图

组，Ⅱ类场地，结构阻尼比为 0.05。基本自振周期 $T_1 = 0.61\text{s}$。试求多遇地震作用下各楼层的层间地震剪力。

【解】该建筑的主体房屋总高度为 22m，且质量和刚度沿高度分布比较均匀，按抗震规范规定可采用底部剪力法。对突出屋面的屋顶间的地震作用效应宜乘以增大系数 3，此增大部分的地震作用效应不往下传递。该建筑不考虑竖向地震作用。

1）计算结构等效总重力荷载代表值 G_{eq}

$$G_{eq} = 0.85 \sum_{i=1}^{n} G_i = 0.85 \times 54\,630 = 46\,435.5\text{kN}$$

2）计算水平地震影响系数 α_1

当设防烈度为 8 度且为多遇地震时，查表 3.2.7 得 $\alpha_{max} = 0.16$；当Ⅱ类场地、设计地震分组为一组时，查表 3.2.6 得特征周期 $T_g = 0.35\text{s}$。由于 $\zeta = 0.05$，则 $\gamma = 0.9$，$\eta_1 = 0.02$，$\eta_2 = 1.0$。因 $T_g < T < 5T_g$，由图 3.2.2 得：

$$\alpha = \left(\frac{T_g}{T}\right)^{\gamma} \eta_2 \alpha_{max} = \left(\frac{0.35}{0.61}\right)^{0.9} \times 1.0 \times 0.16 = 0.097$$

3）结构总水平地震作用效应标准值

$$F_{Ek} = \alpha_1 G_{eq} = 0.097 \times 0.85 \times 54\,630 = 4504\text{kN}$$

4）计算各楼层水平地震作用标准值

由于 $T_1 > 1.4T_g = 1.4 \times 0.35 = 0.49\text{s}$，$T_g \leqslant 0.35$。

由表 3.3.3，需附加顶部地震作用系数 δ_n：

$$\delta_n = 0.08T_1 + 0.07 = 0.08 \times 0.61 + 0.07 = 0.119$$

附加顶部集中力为：

$$\Delta F_n = \delta_n F_{Ek} = 0.119 \times 4504 = 536\text{kN}$$

各楼层水平地震作用标准值计算：

$$F_7 = \frac{G_i H_i}{\sum\limits_{j=1}^{7} G_j H_j} F_{Ek}(1 - \delta_n)$$

$$= \frac{820 \times 25.6}{820 \times 25.6 + 6130 \times 22 + 9330 \times (18.4 + 14.8 + 11.2 + 7.6) + (10\,360 \times 4.0)}$$
$$\times 4504 \times (1 - 0.119)$$

$$= 122\text{kN}$$

$$F_6 = \frac{G_6 H_6}{\sum\limits_{j=1}^{7} G_j H_j} F_{Ek}(1 - \delta_n) + \Delta F_n$$

$$= \frac{6130 \times 22}{820 \times 25.6 + 6130 \times 22 + 9330 \times (18.4 + 14.8 + 11.2 + 7.6) + (10\,360 \times 4.0)}$$

$$\times 4504 \times (1-0.119) + 536$$

$$=784 + 536 = 1320\text{kN}$$

$$F_5 = \frac{G_5 H_5}{\displaystyle\sum_{j=1}^{7} G_j H_j} F_{\text{Ek}}(1-\delta_n)$$

$$= \frac{9330 \times 18.4}{820 \times 25.6 + 6130 \times 22 + 9330 \times (18.4+14.8+11.2+7.6) + (10\,360 \times 4.0)}$$
$$\times 4504 \times (1-0.119)$$

$$=998\text{kN}$$

$$F_4 = \frac{G_4 H_4}{\displaystyle\sum_{j=1}^{7} G_j H_j} F_{\text{Ek}}(1-\delta_n)$$

$$= \frac{9330 \times 14.8}{820 \times 25.6 + 6130 \times 22 + 9330 \times (18.4+14.8+11.2+7.6) + (10\,360 \times 4.0)}$$
$$\times 4504 \times (1-0.119)$$

$$=803\text{kN}$$

$$F_3 = \frac{G_3 H_3}{\displaystyle\sum_{j=1}^{7} G_j H_j} F_{\text{Ek}}(1-\delta_n)$$

$$= \frac{9330 \times 11.2}{820 \times 25.6 + 6130 \times 22 + 9330 \times (18.4+14.8+11.2+7.6) + (10\,360 \times 4.0)}$$
$$\times 4504 \times (1-0.119)$$

$$=608\text{kN}$$

$$F_2 = \frac{G_2 H_2}{\displaystyle\sum_{j=1}^{7} G_j H_j} F_{\text{Ek}}(1-\delta_n)$$

$$= \frac{9330 \times 7.6}{820 \times 25.6 + 6130 \times 22 + 9330 \times (18.4+14.8+11.2+7.6) + (10\,360 \times 4.0)}$$
$$\times 4504 \times (1-0.119)$$

$$=412\text{kN}$$

$$F_1 = \frac{G_1 H_1}{\displaystyle\sum_{j=1}^{7} G_j H_j} F_{\text{Ek}}(1-\delta_n)$$

$$= \frac{10\,360 \times 4.0}{820 \times 25.6 + 6130 \times 22 + 9330 \times (18.4+14.8+11.2+7.6) + (10\,360 \times 4.0)}$$
$$\times 4504 \times (1-0.119)$$

$$=241\text{kN}$$

5）计算各层层间剪力

$$V_7 = 3 \times F_7 = 366\text{kN}$$

$$V_6 = F_6 + F_7 = 1442\text{kN}$$

$$V_5 = F_5 + F_6 + F_7 = 2440\text{kN}$$

$$V_4 = F_4 + F_5 + F_6 + F_7 = 3243\text{kN}$$

$$V_3 = F_3 + F_4 + F_5 + F_6 + F_7 = 3851\text{kN}$$

$$V_2 = F_2 + F_3 + F_4 + F_5 + F_6 + F_7 = 4263\text{kN}$$

$$V_1 = F_1 + F_2 + F_3 + F_4 + F_5 + F_6 + F_7 = 4504\text{kN}$$

各楼层的最小剪力值验算：

$V_i > V_{\text{Ek}i,\min} = \lambda \sum\limits_{j=i}^{n} G_i = 0.032 \sum\limits_{j=i}^{n} G_i$ ，例如第六层 $V_{\text{Ek}6,\min} = 0.032 \times (820+6130) = 222.4\text{kN} < 1442\text{kN}$ 。其他层验算从略。

3.3.3　时程分析法

时程分析法是对结构动力方程直接进行逐步积分求解的一种动力分析方法。采用时程分析法可以得到地震作用下各质点随时间变化的位移、速度和加速度反应，进而可以计算出构件内力和变形的时程变化。由于此法是对结构动力方程直接求解，又称直接动力分析法。

采用时程分析法对结构进行地震反应分析是在静力法和反应谱法两阶段之后发展起来的。从表征地震动的振幅、频谱和持时三要素来看，抗震设计理论的静力阶段考虑了结构高频振动的振幅最大值；反应谱阶段虽然同时考虑了结构各频段振动振幅的最大值和频谱两个要素，而"持时"却始终未能在设计理论中得到明确的反映。1971 年美国圣费南多地震的震害使人们清楚地认识到"反应谱理论只说出了问题的一大半，而地震动持时对结构破坏程度的重要影响没有得到考虑"。经过多次震害分析，人们发现采用反应谱法进行抗震设计不能正确解释一些结构破坏现象，甚至有时不能保证某些结构的安全。概括起来，反应谱法存在以下不足之处：

（1）反应谱虽然考虑了结构动力特性所产生的共振效应，然而在设计中仍然把地震动按照静力对待。所以，反应谱理论只能是一种准动力理论。

（2）表征地震动三要素是振幅、频谱和持时。在制作反应谱过程中虽然考虑了其中的前两个要素，但始终未能反映地震动持续时间对结构破坏程度的影响。

（3）反应谱是根据弹性结构地震反应绘制的，引用反映结构延性的结构影响系数后，也只能笼统地给出结构进入弹塑性状态的整体最大地震反应，不能给出结构地震反应的全过程，更不能给出地震过程中各构件进入弹塑性变形阶段的内力和变形状态，因而无法找出结构的薄弱环节。

因此，自 20 世纪 60 年代以来，许多地震工程学者致力于时程分析法的研究。时程分析法将地震波按时段进行数值化后，输入结构体系的振动微分方程，采用直接积分法计算出结构在整个强震时域中的振动状态全过程，给出各个时刻各个杆件的内力和变形。时程分析法分为弹性时程分析法和弹塑性时程分析法两类。《抗震规范》规定，第一阶段抗震计算（"小震不坏"）中，采用时程分析法进行补充计算，这时计算所采用的结构刚度矩阵和阻尼矩阵在地震作用过程中保持不变，称为弹性时程分析；在第二阶段抗震计算（"大震不倒"）中，采用时程分析法进行弹塑性变形计算，这时结构刚度矩阵和阻尼矩阵随结构及其构件所处的非线性状态，在不同时刻可能取不同的数值，称为弹塑性时程分析。弹塑性时程分析能够描述结构在强震作用下在弹性和非线性阶段的内力、变形，以及结构构件逐步开裂、屈服、破坏甚至倒塌的全过程。

采用时程分析法进行结构地震反应分析时，其步骤大体如下：

（1）按照建筑场址的场地条件、设防烈度、震级和震中距等因素，选取若干条具有不同特性的典型强震加速度时程曲线，作为设计用的地震波输入。

（2）根据结构体系的力学特性、地震反应内容要求以及计算机存储量，建立合理的结构振动模型。

（3）根据结构材料特性、构件类型和受力状态，选择恰当的结构恢复力模型，并确定相应于结构（或杆件）开裂、屈服和极限位移等特征点的恢复力特性参数，以及恢复力特性曲线各折线段的刚度数值。

（4）建立结构在地震作用下的振动微分方程。

（5）采用逐步积分法求解振动方程，求得结构地震反应的全过程。

（6）必要时也可利用小震下的结构弹性反应所计算出的构件和杆件最大地震内力，与其他荷载内力组合，进行截面设计。

（7）采用容许变形限值来检验中震和大震下结构弹塑性反应对应的结构层间侧移角，判别是否符合要求。

基于有限单元法的动力时程分析目前已经被广泛采用。一般结构需要采用梁元、墙元或薄壁壳元等单元的组合。例如，普通钢筋混凝土框架结构可以只采用梁元进行计算，该模型即为杆系模型，其单元质量集中在杆件节点处，空间梁单元节点通常有三个方向的位移与转角共六个自由度。虽然时程分析法更准确地反映了结构在地震作用下的内力和位移变化，但其计算工作十分繁重，要求计算机内存大、速度快，故在工程应用中应根据规范要求和实际条件酌情选用。此外，由于地震时地面运动的随机性和结构弹塑性性能的复杂性，计算中输入地震波的类型与结构弹塑性计算模型等与实际较难准确符合，因此，作为一种实用的方法还有待进一步完善。感兴趣的读者可以进一步参阅相关文献。

3.4 竖向地震作用计算

地震震害现象表明，在高烈度地震区，地震动竖向加速度分量对建筑破坏状态和破坏程度的影响是明显的。中国唐山地震，一些砖烟囱的上半段，产生 8 道、10 道甚至更多道间距为 1m 左右的环行水平通缝。有一座砖烟囱，上部的中间一段倒塌坠地，而顶端一小段却落入烟囱残留下半段的上口。地震时，设备上跳移位的现象也时有发生。唐山地震时，9 度区内的一座重约 100t 的变压器，跳出轨外 0.4m，依旧站立；陡河电厂重 150t 的主变压器也跳出轨外未倒；附近还有一节车厢跳起后，站立于轨道之外。此外，据反映，强烈地震时人们的感觉是，先上下颠簸、后左右摇晃。

地震时地面运动是多分量的。近几十年来，国内外已经取得了大量的强震记录，每次地震记录包括地震动的 3 个平动分量即两个水平分量和一个竖向分量。大量地震记录的统计结果表明，若取地震动两个水平加速度分量中的较大者为基数，则竖向峰值加速度 a_v 与水平峰值加速度 a_h 的比值为 1/3～1/2。近些年来，还获得了竖向峰值加速度达到甚至超过水平峰值加速度的地震记录。如 1979 年美国帝国山谷（Imperial Valley）地震所获得的 30 个记录，a_v/a_h 的平均值为 0.77，靠近断层（距离约为 10km）的 11 个记录，a_v/a_h 的平均值则达到了 1.12，其中最大的一个记录，竖向峰值加速度 a_v 高达 1.75g，竖向和水平加速度的比值高达 2.4。1976 年苏联格兹里地震，记录到的最大竖向加速度为 1.39g，竖向和水平峰值加速度的比值为 1.63。我国对 1976 年唐山地震的余震所取得的加速度记录，也曾测到竖向峰值加速度达到水平峰值加速度。正因为地震动的竖向加速度分量达到了如此大的数值，国内外学者对结构竖向地震反应的研究日益重视。

目前，国外抗震设计规范中要求考虑竖向地震作用的结构或构件有：①长悬臂结构；②大跨度结构；③高耸结构和较高的高层建筑；④以轴向力为主的结构构件（柱或悬挂结构）；⑤砌体结构；⑥突出于建筑顶部的小构件。其中，以前三类居多。《抗震规范》明确规定，8、9 度时的大跨度和长悬臂结构、烟囱和类似的高耸结构及 9 度时的高层建筑，应计算竖向地震作用。

计算结构竖向地震作用的方法，多数国家采用静力法或水平地震作用折减法，只有少数国家采用竖向地震反应谱法。这三种方法的特点如下：

（1）静力法最简单。不必计算结构或构件的竖向自振周期和振型，直接取结构或构件重力的某个百分数作为其竖向地震作用。

（2）水平地震作用折减法不甚合理。此法认为结构的竖向地震反应与水平地震反应直接相关，取结构或构件水平地震作用的某个百分比。由于竖向地面运动与水平地面运动的频率成分不同，结构竖向振动特性与水平振动特性亦不同，所以竖向地震作用与水平地震作用并无直接关系。

（3）竖向地震作用反应谱法较合理。此法与水平地震作用反应谱法相同，较为合理，然而要计算结构的竖向自振特性，并需要建立相应的竖向地震反应谱。

《抗震规范》针对高层建筑和高耸结构、平板型网架屋盖和大跨度屋架结构、长悬臂和其他大跨结构分别规定了不同的简化计算方法。

1. 高层建筑和高耸结构

《抗震规范》对这类结构的竖向地震作用计算采用了反应谱法，并做了进一步的简化。

1）竖向地震影响系数的取值

大量地震地面运动记录资料的分析研究结果表明：①竖向最大地面加速度 a_{vmax} 与水平最大地面加速度 a_{max} 的比值大多在 $1/2\sim2/3$ 的范围内；②各类场地竖向地震和水平地震的平均反应谱形状相差不大。因此，《抗震规范》规定，竖向地震影响系数与周期的关系曲线可以沿用水平地震影响系数曲线，其竖向地震影响系数最大值 α_{vmax} 为水平地震影响系数最大值 α_{max} 的 65%。

2）竖向地震作用标准值的计算

根据大量用振型分解反应谱法和时程分析法分析的计算实例发现，在这类结构的地震反应中，第一振型起主要作用，而且第一振型接近于直线。一般的高层建筑和高耸结构竖向振动的基本自振周期均在 $0.1\sim0.2s$ 范围内，即处在地震影响系数最大值的范围内。为此，结构总竖向地震作用标准值 F_{Evk} 和质点 i 的竖向地震作用标准值 F_{vi}（图 3.4.1）分别为：

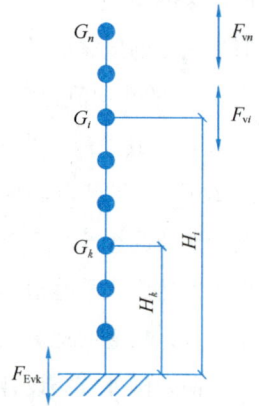

图 3.4.1 结构竖向地震作用计算简图

$$F_{Evk} = \alpha_{vmax}G_{eq} \tag{3.4.1}$$

$$F_{vi} = \frac{G_iH_i}{\sum_{k=1}^{n}G_kH_k}F_{Evk} \tag{3.4.2}$$

式中 F_{Evk}——结构总竖向地震作用标准值；

F_{vi}——质点 i 的竖向地震作用标准值；

α_{vmax}——竖向地震影响系数的最大值，可取水平地震影响系数最大值的 65%；

G_{eq}——结构等效总重力荷载，可取其重力荷载代表值的 75%。

3）楼层的竖向地震作用效应

楼层的竖向地震作用效应，可按各构件承受的重力荷载代表值的比例分配。根据我国台湾 9·21 大地震的经验，《抗震规范》要求，高层建筑楼层的竖向地震作用效应，应乘以增大系数 1.5，使结构总竖向地震作用标准值，8、9 度时分别略大于重力荷载代表值的 10% 和 20%。

综上所述，竖向地震作用的计算步骤为：

（1）用式（3.4.1）计算结构总的竖向地震作用标准值 F_{Evk}，也就是计算竖向地震所产生的结构底部轴向力；

（2）用式（3.4.2）计算各楼层的竖向地震作用标准值 F_{vi}，也就是将结构总的竖向地震作用标准值 F_{Evk} 按倒三角形分布分配到各楼层；

（3）计算各楼层由竖向地震作用产生的轴向力，第 i 层的轴向力 N_{vi} 为：

$$N_{vi} = \sum_{k=i}^{n} F_{vk} \tag{3.4.3}$$

（4）将竖向地震作用产生的轴向力 N_{vi} 按该层各竖向构件（柱、墙等）所承受的重力荷载代表值的比例分配到各竖向构件，并乘以增大系数 1.5。

2. 平板型网架屋盖和大跨度屋架结构

采用反应谱法和时程分析法对不同类型的平板型网架屋盖和跨度大于 24m 的屋架进行计算分析，若令：

$$\mu_i = F_{iEv}/F_{iG} \tag{3.4.4}$$

式中　F_{iEv}——第 i 杆件竖向地震作用的内力；

　　　F_{iG}——第 i 杆件重力荷载作用下的内力。

从大量计算实例中可以总结出以下规律：①各杆件的 μ_i 值相差不大，可取其最大值 μ_{max} 作为设计依据；②比值 μ_{max} 与设防烈度和场地类别有关；③当结构竖向自振周期 T_v 大于特征周期 T_g 时，μ 值随跨度增大而减小，但在常用跨度范围内，μ 值减小不大，可以忽略跨度的影响。

为此，《抗震规范》规定：平板型网架屋盖和跨度大于 24m 屋架的竖向地震作用标准值 F_{vi} 宜取其重力荷载代表值 G_i 和竖向地震作用系数 λ 的乘积，即 $F_{vi} = \lambda G_i$；竖向地震作用系数 λ 可按表 3.4.1 采用。

竖向地震作用系数 λ　　　　　　　　　　　　表 3.4.1

结构类型	烈度	场地类别		
		I	II	III、IV
平板型网架、钢屋架	8	可不计算（0.10）	0.08（0.12）	0.10（0.15）
	9	0.15	0.15	0.20
钢筋混凝土屋架	8	0.10（0.15）	0.13（0.19）	0.13（0.19）
	9	0.20	0.25	0.25

注：括号中数值分别用于设计基本地震加速度为 0.15g 和 0.30g 的地区。

3. 长悬臂和其他大跨结构

长悬臂和其他大跨结构的竖向地震作用标准值，8 度和 9 度可分别取该结构、构件重力荷载代表值的 10％和 20％，即 $F_{vi} = 0.1G_i$ 或 $F_{vi} = 0.2G_i$ 。设计基本地震加速度为 $0.30g$ 时，可取该结构、构件重力荷载代表值的 15％。

3.5 结构抗震验算

如前所述，在进行建筑结构抗震设计时，《抗震规范》采用了两阶段设计法，即：第一阶段设计，按多遇地震作用效应和其他荷载效应的基本组合验算构件截面抗震承载力，以及在多遇地震作用下结构的弹性变形验算；第二阶段设计，在罕遇地震作用下验算结构的弹塑性变形。因此，结构抗震验算分为截面抗震验算和结构抗震变形验算两部分。

3.5.1 截面抗震验算

《抗震规范》规定，截面抗震验算应符合下列规定：

（1）6 度时的建筑（不规则建筑及建造于Ⅳ类场地上较高的高层建筑除外），以及生土房屋和木结构房屋等，应允许不进行截面抗震验算，但应符合有关的抗震措施要求。

（2）6 度时不规则建筑、建造于Ⅳ类场地上较高的高层建筑（诸如高于 40m 的钢筋混凝土框架、高于 60m 的其他钢筋混凝土民用房屋和类似的工业厂房，以及高层钢结构房屋等），7 度和 7 度以上的建筑结构（生土房屋和木结构房屋等除外），应进行多遇地震作用下的截面抗震验算。

1. 地震作用效应和其他荷载效应的基本组合

结构构件的地震作用效应和其他荷载效应的基本组合，应按下式计算：

$$S = \gamma_G S_{GE} + \gamma_{Eh} S_{Ehk} + \gamma_{Ev} S_{Evk} + \sum \gamma_{Di} S_{Dik} + \sum \psi_i \gamma_i S_{ik} \qquad (3.5.1)$$

式中　S ——结构构件内力组合的设计值，包括组合的弯矩、轴向力和剪力设计值；

　　　γ_G ——重力荷载分项系数，一般情况应采用 1.3，当重力荷载效应对构件承载能力有利时，不应大于 1.0；

γ_{Eh}、γ_{Ev} ——分别为水平、竖向地震作用分项系数，应按表 3.5.1 采用；

　　　γ_{Di} ——其余永久荷载分项系数，应按表 3.5.2 采用；

　　　γ_i ——可变荷载分项系数，应采用 1.4；

　　　S_{GE} ——重力荷载代表值的效应，有吊车时，尚应包括悬吊物重力标准值的效应；

　　　S_{Ehk} ——水平地震作用标准值的效应，尚应乘以相应的增大系数或调整系数；

　　　S_{Evk} ——竖向地震作用标准值的效应，尚应乘以相应的增大系数或调整系数；

　　　S_{Dik} ——其余永久荷载标准值的效应；

　　　S_{ik} ——可变荷载标准值的效应；

ψ_i——可变荷载组合系数，应按表 3.5.2 采用。

2. 截面抗震验算

结构构件的截面抗震验算，应采用下列设计表达式：

$$S \leqslant \frac{R}{\gamma_{\mathrm{RE}}} \tag{3.5.2}$$

式中　R——结构构件承载力设计值；

γ_{RE}——承载力抗震调整系数，除另有规定外，应按表 3.5.3 采用。

3. 有关系数的确定

1）地震作用分项系数的确定

在众值烈度下的地震作用，应视为可变作用而不是偶然作用。这样，根据《建筑结构可靠性设计统一标准》GB 50068—2018 中确定直接作用（荷载）分项系数的方法，通过综合比较，规范对水平地震作用，确定 $\gamma_{\mathrm{E}}=1.4$，至于竖向地震作用分项系数，则参照水平地震作用，也取 $\gamma_{\mathrm{E}}=1.4$。当竖向与水平地震作用同时考虑时，根据加速度峰值记录和反应谱的分析，两者组合比为 1∶0.4，故此时 $\gamma_{\mathrm{Eh}}=1.4$，$\gamma_{\mathrm{Ev}}=0.4\times1.4\approx0.5$。

地震作用分项系数列于表 3.5.1 中，各荷载分项系数及组合系数列于表 3.5.2 中。

地震作用分项系数　　　　　　　　　　　　　　　　　　　表 3.5.1

地震作用	γ_{Eh}	γ_{Ev}
仅计算水平地震作用	1.4	0.0
仅计算竖向地震作用	0.0	1.4
同时计算水平与竖向地震作用（水平地震为主）	1.4	0.5
同时计算水平与竖向地震作用（竖向地震为主）	0.5	1.4

各荷载分项系数及组合系数　　　　　　　　　　　　　　表 3.5.2

荷载类别、分项系数、组合系数			对承载力不利	对承载力有利	适用对象
永久荷载	重力荷载	γ_{G}	≥1.3	≤1.0	所有工程
	预应力	γ_{Dy}			
	土压力	γ_{Ds}	≥1.3	≤1.0	市政工程、地下结构
	水压力	γ_{Dw}			
可变荷载	风荷载	ψ_{w}	0.0		一般建筑结构
			0.2		风荷载起控制作用的建筑结构
	温度作用	ψ_{t}	0.65		市政工程

2）抗震验算中作用组合值系数的确定

《抗震规范》在计算地震作用时，已经考虑了地震作用与各种重力荷载（恒荷载与活荷载、雪荷载等）的组合问题，并且规定了可变荷载的一组组合值系数，形成了抗震设计的重力荷载代表值。《抗震规范》规定在验算和计算地震作用时（除吊车悬吊重力外）对重力荷载均采用相同的组合值系数，可简化计算，并避免有两种不同的组合值系数。因此，式（3.5.1）中仅出现风荷载的组合值系数，并按《建筑结构可靠性设计统一标准》GB 50068—2018 的方法，对于一般结构取 0.0，风荷载起控制作用的高层建筑取 0.2。这里，所谓风荷载起控制作用，是指风荷载和地震作用产生的总剪力和倾覆力矩相当的情况。

3）地震作用标准值的效应

规范的作用效应组合是建立在弹性分析叠加原理基础上的，考虑到抗震计算模型的简化和塑性内力分布与弹性内力分布的差异等因素，《抗震规范》还规定，组合之前的地震作用效应标准值，尚应按照有关规定进行适当放大、调整，例如突出屋面小建筑的内力增大、楼层剪重比调整（最小地震剪力系数要求）、结构薄弱层楼层剪力增大等。

需要注意，组合后的内力设计值在使用前亦需按照有关规定进行调整。主要包括下列内容的调整：①"强柱弱梁"，调整柱的弯矩设计值；②柱、梁和抗震墙的"强剪弱弯"，调整剪力设计值；③抗震墙弯矩设计值的调整；④"强节点弱构件"，调整框架节点核心区的剪力设计值等。具体内容见后面章节的介绍。

4）关于重要性系数

有关规范的结构构件截面承载力验算公式为 $\gamma_0 S \leqslant R$，其中 γ_0 为结构构件的重要性系数，而截面抗震验算公式（3.5.2）中却没有结构构件重要性系数 γ_0，这是因为根据地震作用的特点、抗震设计的现状、抗震重要性分类与《建筑结构可靠性设计统一标准》GB 50068—2018 中安全等级的差异，重要性系数对抗震设计的实际意义不大，《抗震规范》对建筑重要性的处理仍采用抗震措施的改变来实现。因此，截面抗震验算中不考虑此项系数。

5）承载力调整系数

现阶段大部分结构构件截面抗震验算时，采用了各有关规范的承载力设计值 R，因此抗震设计的抗力分项系数就相应地变为承载力设计值的抗震调整系数 γ_{RE}，即 $\gamma_{RE} = R/R_E$ 或 $R_E = R/\gamma_{RE}$。《抗震规范》经计算分析的有关结构构件承载力抗震调整系数，列于表 3.5.3。

承载力调整系数　　　　　　　　　　　　　　　　　　表 3.5.3

材料	结构构件	受力状态	γ_{RE}
钢	柱，梁，支撑，节点板件，螺栓，焊缝	强度	0.75
	柱，支撑	稳定	0.80
砌体	两端均有构造柱、芯柱的抗震墙	受剪	0.90
	其他抗震墙	受剪	1.00
混凝土	梁	受弯	0.75
	轴压比小于 0.15 的柱	偏压	0.75
	轴压比不小于 0.15 的柱	偏压	0.80
	抗震墙	偏压	0.85
	各类构件	受剪、偏拉	0.85

由表 3.5.3 可以看出，抗震承载力调整系数 γ_{RE} 的取值范围为 $0.75\sim1.0$，一般都小于 1.0，其实质含义是提高构件的承载力设计值 R，以使得现行《抗震规范》与过去在截面验算的结果大体上保持一致。需要强调，当仅计算竖向地震作用时，各类结构构件的承载力抗震调整系数均应采用 1.0。

3.5.2　抗震变形验算

结构在地震作用下的变形验算是结构抗震设计的重要组成部分。结构的抗震变形验算包括多遇地震作用下的变形验算和罕遇地震作用下的变形验算两个部分，即：在多遇地震作用下，建筑主体结构不受损坏，非结构构件（包括围护墙、隔墙、幕墙、内外装修等）没有过重破坏并导致人员伤亡，保证建筑的正常使用功能；在罕遇地震作用下，建筑主体结构遭受破坏或严重破坏但不倒塌。根据各国规范的规定、震害经验和实验研究结果及工程实例分析，《抗震规范》采用层间位移角作为评价指标以衡量结构变形能力是否满足上述功能要求。

3.5.2.1　多遇地震作用下结构的抗震变形验算

为避免建筑物的非结构构件（包括围护墙、隔墙、幕墙、内外装修等）在多遇地震作用下发生破坏并导致人员伤亡，保证建筑的正常使用功能，须对表 3.5.4 所列各类结构在低于本地区设防烈度的多遇地震作用下的变形加以验算，使其最大层间弹性位移小于规定的限值。《抗震规范》规定，结构楼层内最大的弹性层间位移应符合下式要求：

$$\Delta u_e \leqslant [\theta_e]h \tag{3.5.3}$$

式中　　Δu_e——多遇地震作用标准值产生的楼层内最大的弹性层间位移；计算时，除弯曲变形为主的高层建筑外，可不扣除结构整体弯曲变形；应计入扭转变形，各作用分项系数均采用 1.0；钢筋混凝土结构构件的截面刚度可采用弹性刚度；

　　　　$[\theta_e]$——弹性层间位移角限值，宜按表 3.5.4 采用；

　　　　h——计算楼层层高。

弹性层间位移角限值　　　　　表 3.5.4

结构类型	$[\theta_e]$
钢筋混凝土框架	1/550
钢筋混凝土框架-抗震墙、板柱-抗震墙、框架-核心筒	1/800
钢筋混凝土抗震墙、筒中筒	1/1000
钢筋混凝土框支层	1/1000
多、高层钢结构	1/250

表 3.5.4 给出的不同结构类型弹性层间位移角限值范围，主要依据国内外大量的试验研究和有限元分析的结果，以钢筋混凝土构件（框架柱、抗震墙等）开裂时层间位移角作为多

遇地震作用下结构弹性层间位移角限值。钢结构在弹性阶段的层间位移角限值系参照国外有关规范的规定而确定。

需要指出，满足式（3.5.3），结构构件必然处于弹性阶段，楼层也处于远离明显的屈服状态。式（3.5.3）的验算实质上是控制建筑物非结构部件的破坏程度，以减少震后的修复费用。

3.5.2.2 罕遇地震作用下结构的抗震变形验算

为防止结构在罕遇地震作用下，由于薄弱楼层（部位）弹塑性变形过大而倒塌，必须对延性要求较高的结构进行弹塑性变形验算。

《抗震规范》规定，下列结构应进行弹塑性变形验算：

（1）8度Ⅲ、Ⅳ类场地和9度时，高大的单层钢筋混凝土柱厂房的横向排架；

（2）7～9度时楼层屈服强度系数小于0.5的钢筋混凝土框架结构；

（3）高度大于150m的结构；

（4）甲类建筑和9度时乙类建筑中钢筋混凝土结构和钢结构；

（5）采用隔震和消能减震设计的结构。

下列结构宜进行弹塑性变形验算：

（1）表3.1.3所列高度范围且属于表3.1.2所列竖向不规则类型的高层建筑结构；

（2）7度Ⅲ、Ⅳ类场地和8度时乙类建筑中钢筋混凝土结构和钢结构；

（3）板柱-抗震墙结构和底部框架砖房；

（4）高度不大于150m的高层钢结构；

（5）形状不规则的地下建筑结构和地下空间综合体。

《抗震规范》规定，结构在罕遇地震作用下薄弱层（部位）弹塑性变形验算，对于不超过12层且刚度无突变的钢筋混凝土框架结构、单层钢筋混凝土柱厂房可采用简化计算方法；其他建筑结构可采用静力弹塑性分析方法或弹塑性时程分析法。这里，将讨论《抗震规范》提供的结构弹塑性变形简化计算方法。

1. 钢筋混凝土层间剪切型结构弹塑性变形的一般规律

所谓剪切型结构是指在侧向力作用下的水平位移曲线呈剪切型的结构。采用时程分析法对大量1～15层的层间剪切型结构（包括不同的基本周期、恢复力模型以及不同的层间侧移刚度、楼层受剪承载力沿高度分布等）进行了弹塑性地震反应分析，经统计分析得出以下规律：

（1）在一定条件下，结构层间弹塑性变形与层间弹性变形之间存在着比较稳定的关系，即结构层间弹塑性变形可以由层间弹性变形乘以某个增大系数 η_p 而得到；

（2）结构层间弹塑性变形有明显的不均匀性，即存在着"塑性变形集中"的薄弱楼层；

（3）对于楼层刚度和楼层屈服强度系数 ξ_y 沿高度分布均匀的结构，其薄弱层可取底层，而且弹塑性位移增大系数的值比较稳定，仅与建筑物总层数和底层的 ξ_y 有关；

（4）对于楼层屈服强度系数 ξ_y 沿高度分布不均匀的结构，其薄弱楼层取在 ξ_y 最小的那一层（对层数较多的不均匀结构，与相邻层相比 ξ_y 相对较小的层也为薄弱层）。薄弱层弹塑性位移增大系数 η_p 不仅与建筑物总层数和该薄弱楼层的 ξ_{yi} 有关，并随该层的屈服强度系数 ξ_{yi} 与相邻层 $\xi_{y,i-1}$、$\xi_{y,i+1}$ 的平均值之比 [即 $\xi_{yi}/\frac{1}{2}(\xi_{y,i-1}+\xi_{y,i+1})$] 的减小而增大。

2. 楼层屈服强度系数

由上述可知，在罕遇地震作用下结构的薄弱楼层及其弹塑性层间位移增大系数均与楼层屈服强度系数 ξ_y 有关，所谓楼层屈服强度系数系指按构件实际配筋和材料强度标准值计算的楼层受剪承载力与按罕遇地震作用标准值计算的楼层弹性地震剪力的比值，即：

$$\xi_y = \frac{V_y}{V_e} \tag{3.5.4}$$

式中　　V_y——按构件实际配筋和材料强度标准值计算的楼层受剪承载力；

　　　　V_e——罕遇地震作用下楼层弹性地震剪力。

对于排架柱，屈服强度系数 ξ_y 指按实际配筋面积、材料强度标准值和轴向力计算的正截面受弯承载力与按罕遇地震作用标准值计算的弹性地震弯矩的比值。

当各楼层的屈服强度系数 ξ_y 均大于 0.5，该结构就不存在塑性变形明显集中的薄弱楼层；只要多遇地震作用下的抗震变形验算能满足要求，同样也能满足罕遇地震作用下抗震变形验算的要求，而无须进行验算。

3. 罕遇地震下薄弱楼层弹塑性变形验算的简化方法

1）结构薄弱楼层（部位）位置的确定

（1）楼层屈服强度系数沿高度分布均匀的结构，可取底层；

（2）楼层屈服强度系数沿高度分布不均匀的结构，可取该系数最小的楼层（部位）和相对较小的楼层，一般不超过 2~3 处；

（3）单层厂房，可取上柱。

2）薄弱楼层的弹塑性层间位移

$$\Delta u_p = \eta_p \Delta u_e \tag{3.5.5}$$

或

$$\Delta u_p = \mu \Delta u_y = \frac{\eta_p}{\xi_y} \Delta u_y \tag{3.5.6}$$

式中　　Δu_p——弹塑性层间位移；

　　　　Δu_y——层间屈服位移；

　　　　μ——楼层延性系数；

　　　　Δu_e——罕遇地震作用下按弹性分析的层间位移；

η_p ——弹塑性层间位移增大系数，当薄弱层（部位）的屈服强度系数不小于相邻层（部位）该系数平均值的 0.8 时，可按表 3.5.5 采用；当不大于该平均值的 0.5 时，可按表内相应数值的 1.5 倍采用；其他情况可采用内插法取值；

ξ_y ——楼层屈服强度系数，可按式（3.5.4）计算。

弹塑性层间位移增大系数　　　　　　　　　　表 3.5.5

结构类型	总层数 n 或部位	ξ_y		
		0.5	0.4	0.3
多层均匀框架结构	2~4	1.30	1.40	1.60
	5~7	1.50	1.65	1.80
	8~12	1.80	2.00	2.20
单层厂房	上柱	1.30	1.60	2.00

3）结构薄弱层（部位）弹塑性层间位移

$$\Delta u_p \leqslant [\theta_p]h \qquad (3.5.7)$$

式中　θ_p ——弹塑性层间位移角限值，可按表 3.5.6 采用；对钢筋混凝土框架结构，当轴压比小于 0.40 时，可提高 10%；当柱子全高的箍筋构造比《抗震规范》中规定的最小配箍特征值大 30% 时，可提高 20%，但累计不超过 25%；

h ——薄弱层楼层高度或单层厂房上柱高度。

弹塑性层间位移角限值　　　　　　　　　　表 3.5.6

结构类型	$[\theta_p]$
单层钢筋混凝土柱排架	1/30
钢筋混凝土框架	1/50
底部框架砖房中的框架-抗震墙	1/100
钢筋混凝土框架-抗震墙、板柱-抗震墙、框架-核心筒	1/100
钢筋混凝土抗震墙、筒中筒	1/120
多、高层钢结构	1/50

【例题 3.5.1】 某一层高为 4.0m 的 10 层钢筋混凝土框架结构，如图 3.5.1 所示。位于 8 度（0.20g）抗震设防区。底层、2 层及 3 层的柱截面相同，配筋相同，且均为 C40 混凝土。边柱 400mm×400mm，中柱 500mm×500mm，每榀横向框架的侧向刚度为 89 477kN/m。经抗震计算，现已知：

（1）在罕遇地震作用下，该楼共承受总水平地震作用标准值 F_{Ek} 为 61 875kN；

（2）底层边柱、底层中柱的轴压比均大于 0.40；

（3）按柱的实际配筋和混凝土的强度标准值所算得的每根底层边柱、每根底层中柱的抗剪承载力分别为 550kN 和 800kN；

（4）柱子全高的箍筋大于最小配箍特征值30％。

试对该结构进行罕遇地震作用下的薄弱层抗震变形验算。

【解】1）判断是否需要进行罕遇地震作用下薄弱层的抗震变形验算

已知8度罕遇地震作用下结构基底弹性地震剪力 V_0 为 61 875kN。

该楼底层共有22根边柱和22根中柱得以抗剪，因此该楼底层的楼层屈服强度系数 ξ_y：

$$\xi_y = \frac{22(550+800)}{61\ 875} = 0.48 < 0.50$$

因此，该框架需要进行罕遇地震作用下薄弱层的抗震变形验算。

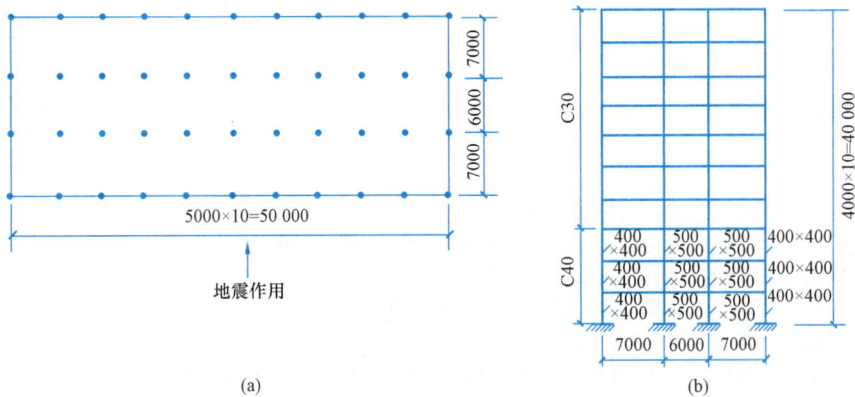

图 3.5.1　　【例题 3.5.1】图

(a) 平面图；(b) 剖面图

2）对薄弱层作抗震变形验算

框架层数小于12层，且其侧向刚度无突变，可按规范简化方法计算 Δu_p 。薄弱层就在此 ξ_y 沿竖向均匀分布的结构的底层。

（1）求罕遇地震作用下，按弹性分析时的层间弹性侧移 Δu_e

每榀横向框架的侧向刚度为 89 477kN/m，在罕遇地震作用下，按弹性分析得薄弱层（即底层结构）的弹性层间侧移：

$$\Delta u_e = \frac{V_0}{11 \times \dfrac{12}{h^2} \sum i_c} = \frac{61\ 785}{11 \times 89\ 477} = 0.0629 \text{m}$$

（2）求结构薄弱层的层间弹塑性侧移 Δu_p

已算得 $\xi_y = 0.48$ ，第二、三层的配筋柱的截面尺寸、混凝土强度等级又均与底层柱相同，因而底层、二层及三层的楼层屈服强度系数基本相同，满足薄弱层（底层）的屈服强度系数不小于相邻层该系数平均值0.8的要求。根据《抗震规范》查得弹塑性位移增大系数为 $\eta_p = 1.84$ 。因此，$\Delta u_p = 1.84 \times 0.0629 = 0.1157 \text{m}$ 。

（3）弹塑性抗震变形验算

框架结构的弹塑性层间位移角限值 $[\theta_p]$ 为 $1/50$，当轴压比小于 0.4 时可提高 10%；当柱子全高的箍筋大于最小配箍特征值 30% 时，又可提高 20%，但累计不超过 25%。因此，该结构的 $[\theta_p]$ 取为 $1.2 \times 1/50 = 0.024$。$\Delta u_p = 0.1157\text{m} > [\theta_p]h = 0.024 \times 4 = 0.096\text{m}$，不符合要求。

思考题与习题

3-1 试理解工程结构抗震设防的基本术语。

3-2 试列出三座城市的抗震设防烈度、设计基本地震加速度值和所属的设计地震分组。

3-3 试说明建筑抗震设防的类别及其抗震设防标准。

3-4 试简述抗震设防"三水准两阶段设计"的基本内容。

3-5 试述建筑场地类别划分的依据和方法。

3-6 设有两幢双跨等高单层钢筋混凝土排架厂房，其单榀排架的柔度系数分别为 $\delta_{11}=2.0\times10^{-4}\text{m/kN}$ 和 $\delta_{11}=1.0\times10^{-4}\text{m/kN}$，在一个计算单元内集中于屋盖处的重力荷载为 $G=150\text{kN}$，试计算作用于上述两幢厂房一个计算单元内屋盖处的多遇地震烈度和罕遇地震烈度下的水平地震作用。已知抗震设防烈度均为 8 度 $(0.2g)$，设计地震分组均为第二组、Ⅱ类场地，阻尼比取 0.05。

3-7 一幢三层的现浇钢筋混凝土框架结构，其基本周期 $T_1=0.29\text{s}$，各层层高 $h(1)=4.4\text{m}$，$h(2)=4.0\text{m}$，$h(3)=3.8\text{m}$；重力荷载代表值 $G(1)=5944\text{kN}$，$G(2)=5612\text{kN}$，$G(3)=3583\text{kN}$。已知抗震设防烈度为 7 度$(0.1g)$，设计地震分组为第二组、Ⅱ类场地。试按底部剪力法计算多遇地震烈度下各楼层质点处的水平地震作用。

3-8 已知某三层框架各层的层间侧移刚度 $K(1)=5.2\times10^5\text{kN/m}$，$K(2)=3.8\times10^5\text{kN/m}$，$K(3)=2.8\times10^5\text{kN/m}$；各层层高 $h(1)=4\text{m}$，$h(2)=3.8\text{m}$，$h(3)=3.6\text{m}$；各层的抗剪承载力 $V_y(1)=2500\text{kN}$，$V_y(2)=800\text{kN}$，$V_y(3)=900\text{kN}$；罕遇地震作用下各层的弹性地震剪力 $V_e(1)=4200\text{kN}$，$V_e(2)=3800\text{kN}$，$V_e(3)=2000\text{kN}$；其他抗震设防参数同题 3-7。试计算罕遇地震时该框架结构的薄弱层位置，并验算其层间弹塑性位移。

第 4 章

结构抗震概念设计

　　结构概念设计是根据人们在学习和实践中所建立的正确概念，运用人的思维和判断力，正确和全面地把握结构的整体性能。即根据对结构品性（承载能力、变形能力、耗能能力等）的正确把握，合理地确定结构总体与局部设计，使结构自身具有好的品性。

　　结构抗震概念设计是指根据地震灾害和工程经验等所形成的基本设计原则和设计思想，进行建筑和结构总体布置并确定细部构造的过程。

　　强调抗震概念设计是由于地震作用的不确定性和结构计算假定与实际情况的差异，这使得其计算结果不能全面真实地反映结构的受力和变形情况，并确保结构安全可靠。故要使建筑物具有尽可能好的抗震性能，首先应从大的方面入手，做好抗震概念设计。如果整体设计没有做好，计算工作再细致，也难免在地震时建筑物不发生严重的破坏，乃至倒塌。近几十年以来，世界上一些大城市先后发生了大地震，震害的调查与分析对不断提高工程结构的抗震设计水平具有十分重要的意义。表 4.0.1 不完全统计了 1923 年以来历次对建筑物影响较大的地震，每一次地震都造成大量建筑的破坏，其破坏状况除了再现其他多次地震中所共有的规律之外，也都具有一些各自的特点。因此，有必要在充分吸取历史地震经验和教训的基础上，结合现代技术，在基本理论、计算方法和构造措施等多方面，研究改进工程结构的抗震设计技术，不断地提升工程抗震领域的整体技术水平。

1923 年以来国内外大地震概况　　　　　　　　　　表 4.0.1

时间	地点	震级	最大地面加速度及持续时间	建筑震害特点
1923.9.1	日本关东	7	—	大火次生灾害严重，钢筋混凝土结构破坏率比其他类型结构小，一座 8 层钢筋混凝土框架倒塌
1940.11.10	罗马尼亚乌兰恰地区	7.4	—	布加勒斯特一座 13 层钢筋混凝土框架完全倒塌
1948.6.28	日本福井	7.2	最大加速度 0.3g，持时 30s 以上	一座 8 层钢筋混凝土框架毁坏

续表

时间	地点	震级	最大地面加速度及持续时间	建筑震害特点
1957.7.28	墨西哥 墨西哥城	7.6	$0.05g \sim 0.1g$，卓越周期 2.5s 左右	5 层以上建筑物震害较大，11～16 层损坏率最高。55 座 8 层以上建筑物中，11 座钢筋混凝土结构破坏。两座 23 和 42 层建筑无损，反映出地震动卓越周期对建筑物震害的影响
1963.7.26	南斯拉夫 斯普科里	6	冲击性地震，持续时间短，最大加速度估计为 $0.3g$	4 层以下砖结构破坏严重，13～14 层钢筋混凝土结构仅有部分受害。凡是各层都有维护墙的框架结构破坏轻，凡是上层有填充墙而底层无填充墙的框架破坏严重
1964.3.27	美国 阿拉斯加	8.4	持时 2.5～4min，估计地面卓越周期 0.5s，地面加速度 $0.4g$	大多数建筑经抗震设防，但地面加速度比规范规定大好几倍，长周期影响突出，高层破坏多，28 座预应力钢筋混凝土建筑中，6 座严重破坏，其中四季大楼完全倒塌。砂土液化引起大面积滑坡，非结构构件破坏所造成的经济损失大
1964.7.5	日本 新潟	7.4	加速度 $0.16g$，持续时间 2.5min	主要由砂土液化引起震害，44％建筑受到程度不同的破坏，一幢 4 层公寓倾倒 80°，一幢 4 层商店倾倒 19°，且下沉 1.5m，采用打入密实砂桩基础的建筑几无震害，设置地下室的建筑震害很轻
1967.7.29	委内瑞拉 加拉加斯	6.5	在 LosPalos 区，地面加速度 $0.06g \sim 0.08g$，地面卓越周期 0.2～1s；在 Caraballeda 区，地面加速度 $0.1g \sim 0.3g$	烈度不高，但高层建筑损坏很多。冲击层厚度超过 160m 的地区，高层建筑破坏率急剧上升，在岩石或浅冲击层上，高层建筑大部分未损坏
1968.5.16	日本 十绳冲	7.9	最大加速度 $0.18g \sim 0.28g$，持续时间 80s	钢筋混凝土柱破坏较多，其中短柱剪切破坏现象突出，引起对短柱的注意，开始进行研究
1971.7.9	美国 圣费南多	6.6	最大加速度 $0.1g \sim 0.2g$	取得了 200 多个强震记录，测得 20 层高层建筑顶部最大加速度是地面加速度的 1.5～2 倍。3 座高层建筑（14、38、42）有轻微破坏，Olive View 医院的六层病房楼严重破坏，显示出刚度突变对抗震不利
1972.12.22	尼加拉瓜 马那瓜	6.5	最大加速度：东西向 $0.39g$；南北向 $0.34g$；竖向 $0.33g$。$0.2g$ 加速度振动持续了 5s，随后有长周期振动出现	70％以上建筑物倒塌或严重损坏，3 座钢筋混凝土高层建筑损坏，具有典型意义。钢筋混凝土芯筒-框架体系高层建筑的抗震性能良好，非结构构件破坏很大

续表

时间	地点	震级	最大地面加速度及持续时间	建筑震害特点
1975.4.21	日本大分	6.4	最大加速度：东西向 0.65g；南北向 0.049g；竖向 0.028g	无高层建筑。在同一建筑中长短柱混合，会加剧建筑物损坏。地基变形、沉陷造成建筑损坏
1976.7.28	中国唐山	7.8	烈度为：震中唐山 11 度，丰南 10 度，宁河、汉沽 8.5 度，塘沽、天津 8 度	震中区砖石混合结构全部倒塌。塘沽一座 13 层框架倒塌，天津一座 11 层框架填充墙破坏严重，个别角柱损坏，北京高层建筑碰撞较多。有剪力墙的高层建筑和经过抗震设计的建筑破坏少
1977.3.5	罗马尼亚布加勒斯特	7.2	持续时间 80s，18s 以前为竖向振动	33 座高层框架结构倒塌，其中 31 座为旧建筑，多数刚度不均匀，2 座新建筑都是底层商店、上层住宅建筑。剪力墙结构仅有一座 11 层建筑由于施工质量不好而倒塌，剪力墙结构破坏率小
1978.2.20	日本宫成冲	6.7	—	大部分建筑未按抗震设计，与十绳冲地震破坏相似。8 层以下建筑破坏多，仙台市 3 座 8~9 层型钢混凝土结构楼房的短柱、窗间墙、窗下墙破坏严重，未经计算的钢筋混凝土墙体发生剪切破坏
1978.6.12	日本宫成冲	7.5	东北大学 9 层建筑记录地面加速度 0.25g	3~6 层框架结构底层柱剪坏，6~9 层框架结构中未经计算的现浇钢筋混凝土外墙剪切裂缝多，长柱基本无破坏
1978.6.20	希腊萨洛尼卡	6.5	最大加速度：东西向 0.148g；南北向 0.16g；竖向 0.13g。卓越周期 0.3~0.5s	严重震害区域在软土冲击层上。底层刚度小的建筑震害严重，具有剪力墙的建筑震害轻。许多建筑在两端破坏，没有缝的建筑物震害轻微。20% 建筑物有非结构性破坏
1985.9.19	墨西哥墨西哥城	8.1	地震持续时间 60s，其中超过 0.1g 的振动有 20s，最大为 0.18g。26s 以后又有一次能量释放。卓越周期 2s	软土冲击层卓越周期长，引起类共振，造成 10~20 层建筑物破坏严重，30~40 层建筑物基本无破坏。板柱结构倒塌很多，设计地震作用太小。房屋竖向刚度突变处破坏严重，平面不规则建筑破坏严重
1988.12.7	亚美尼亚斯皮达克	6.8	震中为 Spitak，震源深 5~20km。Leninakan 的土壤软，仅 25% 建筑物得以保存	震中区大部分 4~5 层砌体及空心板建筑没有水平及竖向联系倒塌。其他城市预制钢筋混凝土框-剪结构倒塌较多，未设计延性结构，预制空心板上无现浇层，钢筋搭接不够

续表

时间	地点	震级	最大地面加速度及持续时间	建筑震害特点
1989.10.17	美国洛马普里埃塔	7.1	持续时间 15s，震中地面加速度 0.64g（水平）和 0.66g（竖向），Oklan 地区地面加速度 0.08g～0.29g	建筑破坏较大的是距震中 90km 处的旧金山地区，主要是软土地基造成多层砌体建筑破坏。海湾大桥及 Oklan 地区双层高速公路破坏严重
1994.1.17	美国北岭	6.8	震中以南 7km 处记录地震加速度峰值为 1.82g（水平）和 1.18g（竖向），洛杉矶市距离震中 36km，记录地震水平加速度峰值为 0.5g。震动约 60s，其中 10～30s 为强烈震动	城市人口密集地区的较大地震，建筑损坏及经济损失大。未经延性设计的钢筋混凝土框架柱被剪坏，按现代设计要求设计的一幢停车库破坏。钢结构没有倒塌，表明未发现问题，但经过仔细检查，发现许多钢梁和钢柱焊接节点开裂，严重威胁建筑安全，这个现象引起广泛关注，引起梁柱节点研究改进的热潮
1995.1.17	日本阪神	7.2	最大加速度：水平向 0.818g 和 0.617g；竖向 0.332g。卓越周期 0.8～1.0s。持时 15～20s	神户震害严重，震害集中在旧式木结构，不规则或质量差的建筑，特别是底层空旷的住宅破坏严重，有些建筑的中间楼层整层塌落，形成中间薄弱层破坏。按新抗震标准设计的建筑或经过审查的高层建筑基本没有损坏
1999.8.17	土耳其	7.4	在 900km 长的 North Anatolian 断层上发生断裂，震中地表高差 2.3m	4～7 层框架结构破坏和倒塌多，地基液化影响大。钢筋混凝土结构箍筋不足，且锚固不够。有剪力墙的建筑未见破坏
1999.9.21	中国台湾集集	7.6	中部断层长 83km，地面错动最大为垂直 11m，水平 10m。最大加速度 0.989g，震动持时 25s	南投建筑破坏严重，全县 186 所中、小学，全毁 30 所。台北也有许多建筑物破坏，特别是民居建筑破坏较多
2008.5.12	中国汶川	8.0	逆冲式断裂（断裂带长约 300km，断裂带破裂持续时间约 120min），最大加速度近 1g，余震强（6 级以上余震 8 次）	震中区破坏比率：城区建筑倒塌少量，严重破坏 15%，中等破坏 40%，轻微破坏 40%；村镇民居 1～3 层大量倒塌

4.1 选择抗震有利的建筑场地、地段和地基

4.1.1 选择抗震有利地段

选择建筑场地时，应根据工程需要和地震活动情况、工程地质和地震地质的有关资料，

对抗震有利、不利和危险地段作出综合评价。宜选择对建筑抗震有利的地段，避开对建筑抗震设计不利的地段，严禁在危险地段建造甲、乙类建筑，不应建造丙类的建筑。抗震危险地段指地震时可能发生滑坡、崩塌（如溶洞、陡峭的山区）、地陷（如地下煤矿的大面积采空区）、地裂、泥石流等地段，以及断裂带在地震时可能发生地表错位的部位。抗震不利地段，一般指软弱土、液化土、条状突出的山嘴、非均匀的陡坡、河岸和边坡的边缘、平面分布成因、岩性、状态明显不均匀的土层（如故河道、疏松的断层破碎带、暗埋的塘滨沟谷和半填半挖地基）、高含水量的可塑黄土、地表存在结构性裂缝等。

图 4.1.1 表示我国通海地震烈度为 10 度区内房屋震害指数与局部地形的关系。图中实线 A 表示地基土为第三系风化基岩，虚线 B 表示地基土为较坚硬的黏土。同时，在我国海城地震时，从位于大石桥盘龙山高差 58m 的两个测点上所测得的强余震加速度峰值记录表明，位于孤突地形上的比坡脚平地上的平均达 1.84 倍，这说明在孤立山顶地震波将被放大。图 4.1.2 表示了这种地理位置的放大作用。《抗震规范》规定，当需要在条状突出的山嘴、高耸孤立的山丘、非岩石和强风化岩石的陡坡、河岸和边坡边缘等不利地段建造丙类及丙类以上建筑时，除保证在地震作用下的稳定性外，尚应估计不利地段对设计地震动参数可能产生的放大作用，其水平地震影响系数应乘以放大系数。其值应根据不利地段的具体情况而定，在 1.1～1.6 范围内采用。

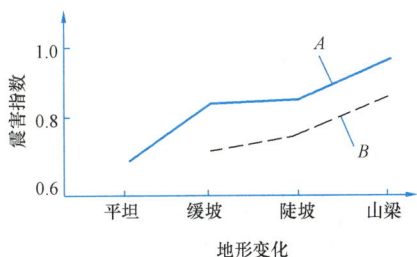

图 4.1.1　房屋震害指数与局部地形的关系曲线　　图 4.1.2　地理位置的放大作用

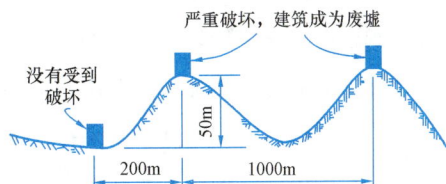

4.1.2　选择抗震有利的建筑场地和地基

为减少地面运动通过建筑场地和地基传给上部结构的地震能量，在选择抗震有利的建筑场地和地基时应注意下列各点：

1）选择薄的场地覆盖层

国内外多次大地震表明，对于柔性建筑，厚土层上的震害重，薄土层上的震害轻，直接坐落在基岩上的震害更轻。

1923 年日本关东大地震，东京都木结构房屋的破坏率，明显地随冲击层厚度的增加而上升。1967 年委内瑞拉加拉加斯 6.4 级地震时，同一地区不同覆盖层厚度土层上的震害有明显差异，当土层厚度超过 160m 时，10 层以上房屋的破坏率显著提高，10～14 层房屋的破坏率，约为薄土层上的 3 倍，而 14 层以上的破坏率则上升到 8 倍。

2）选择坚实的场地土

震害表明，场地土刚度大，则房屋震害指数小，破坏轻；场地土刚度小，则震害指数大，破坏重。故应选择具有较大平均剪切波速的坚硬场地土。

1985 年墨西哥 8.1 级地震时所记录到的不同场地土的地震动参数表明，不同类别场地土的地震动强度有较大的差别。古湖床软土上的地震动参数，与硬土上的相比较，加速度峰值约增加 4 倍，速度峰值增加 5 倍，位移峰值增加 1.3 倍，而反应谱最大反应加速度则增加了 9 倍多。

3）将建筑物的自振周期与地震动的卓越周期错开，避免共振

震害表明，如果建筑物的自振周期与地震动的卓越周期相等或相近，建筑物的破坏程度就会因共振而加重。1977 年罗马尼亚弗兰恰地震，地震动卓越周期，东西向为 1.0s，南北向为 1.4s，布加勒斯市自振周期为 0.8～1.2s 的高层建筑因共振而破坏严重，其中有不少建筑倒塌；而该市自振周期为 2.0s 的 25 层洲际大旅馆却几乎无震害。因此，在进行建筑设计时，首先估计建筑所在场地的地震动卓越周期；然后，通过改变房屋类型和结构层数，使建筑物的自振周期与地震动的卓越周期相分离。

4）采取基础隔震或消能减震措施

利用基础隔震或消能减震技术改变结构的动力特性，减少输入给上部结构的地震能量，从而达到减小主体结构地震反应的目的。

此外，为确保天然地基和基础的抗震承载力，应按《抗震规范》的要求进行抗震验算，且地基抗震承载力应取地基承载力特征值除以地基抗震承载力调整系数（≤1）。《抗震规范》还规定，地面下存在饱和砂土和饱和粉土（不含黄土、粉质黏土）的地基，除 6 度设防外，应进行液化判别；存在液化土层的地基，应根据建筑的抗震设防类别、地基的液化等级，结合具体情况采取相应的抗液化措施。下面简要介绍场地土的液化、判别及抗液化措施。

1）场地土的液化及其判别

处于地下水位以下的饱和砂土和粉土在地震时容易发生液化现象。砂土和粉土的土颗粒结构受到地震作用时将趋于密实，当土颗粒处于饱和状态时，这种趋于密实的作用使孔隙水压力急剧上升，而在地震作用的短暂时间内，这种急剧上升的孔隙水压力来不及消散，使原先由土颗粒通过其接触点传递的压力（亦称有效压力）减小；当有效压力完全消失时，则砂土和粉土处于悬浮状态之中，场地土达到液化状态。

液化区因下部水头比上部水头高，所以水向上涌，把土粒带到地面上来（即冒水喷砂）。随着水和土粒不断涌出，孔隙水压力降低，当降低至一定程度时，只冒水而不喷土粒。当孔隙水压力进一步消散，冒水终将停止，土的液化过程结束。当砂土和粉土液化时，其强度将

完全丧失而导致地基失效。

由于场地土液化引起了一系列震害。喷水冒砂淹没农田，淤塞渠道，路基被掏空，有的地段产生很多陷坑；沿河岸出现裂缝、滑移，造成桥梁破坏。另外，场地土液化也使建筑物产生下列震害：地面开裂下沉或整体倾斜；不均匀沉降引起建筑物上部结构破坏，使梁板等构件及其节点破坏，使墙体开裂和建筑物体形变化处开裂。

震害调查表明，影响场地土液化的因素主要有下列 4 个方面：

（1）土层的地质年代。地质年代古老的饱和砂土不液化，而地质年代较新的则易于液化。

（2）土层土粒的组成和密实程度。就细砂和粗砂比较，由于细砂的渗透性较差，地震时易于产生孔隙水的超压作用，故细砂较粗砂更易于液化。

（3）砂土层埋置深度和地下水位深度。砂土层埋深越大，地下水位越深，使饱和砂土层上的有效覆盖应力加大，则砂土层就越不容易液化。当砂土层上面覆盖着较厚的黏土层，即使砂土层液化，也不致发生冒水喷砂现象，从而避免地基产生严重的不均匀沉陷。

（4）地震烈度和地震持续时间。在地震烈度 7 度以上的地区，地震烈度越高和地震持续的时间越长，饱和砂土越易液化。远震中距与同等烈度的近震中距地震相比较，前者相当于震级大、震动持续时间长的地震，故远震中距较近震中距地震更容易液化。

《抗震规范》规定，6 度时，一般情况下可不考虑对饱和土液化判别和地基处理，但对液化沉陷敏感的乙类建筑，即由于地基液化引起的沉陷，可导致结构破坏，或使结构不能正常使用者，均可按 7 度考虑；7～9 度时，乙类建筑可按抗震设防烈度考虑。

为了减少判别场地土液化的勘察工作量，饱和土液化的判别分为两步进行，即初步判别和标准贯入实验判别，凡经初步判别定为不液化或不考虑液化影响，则可不进行标准贯入试验的判别。

《抗震规范》规定，饱和的砂土或粉土（不含黄土），当符合下列条件之一时，可初步判别为不液化或不考虑液化影响：

（1）地质年代为第四纪晚更新世（Q3）及其以前时，7 度、8 度时可判为不液化土。

（2）粉土的黏粒（粒径小于 0.005mm 的颗粒）含量百分率，7 度、8 度和 9 度分别不小于 10、13 和 16 时，可判为不液化土。用于液化判别的黏粒含量系采用六偏磷酸钠作分散剂测定，采用其他方法时应按有关规定换算。

（3）浅埋天然地基的建筑，当上覆非液化土层厚度和地下水位深度符合下列条件之一时，可不考虑液化影响：

$$d_u > d_0 + d_b - 2 \tag{4.1.1}$$

$$d_w > d_0 + d_b - 3 \tag{4.1.2}$$

$$d_u + d_w > 1.5 d_0 + 2 d_b - 4.5 \tag{4.1.3}$$

式中 d_b ——基础埋置深度（m），不超过 2m 时应采用 2m；

  d_0 ——液化土特征深度（m），可按表 4.1.1 采用；

  d_w ——地下水位深度（m），宜按建筑使用期内年平均最高水位采用，也可按近期内
年最高水位采用；

  d_u ——上覆非液化土层厚度（m），计算时宜将淤泥和淤泥质土层扣除。

液化土特征深度 d_0（m）　　　　　　　　　　表 4.1.1

饱和土类别	烈度		
	7	8	9
粉土	6	7	8
砂土	7	8	9

当初步判别认为需要进一步进行液化判别时，应采用标准贯入试验判别法判别地面下
20m 深度范围内的液化。但对不进行天然地基及基础的抗震承载力验算的各类建筑，可只判
别地面下 15m 范围内土的液化。当饱和土标准贯入锤击数（未经杆长修正）小于或等于液
化判别标准贯入锤击数临界值时，应判为液化土。

在地面下 20m 深度范围内，液化判别标准贯入锤击数临界值可按下式计算：

$$N_{cr} = N_0\beta[\ln(0.6d_s+1.5)-0.1d_w]\sqrt{3/\rho_c} \tag{4.1.4}$$

式中 N_{cr} ——液化判别标准贯入锤击数临界值；

  N_0 ——液化判别标准贯入锤击数基准值，应按表 4.1.2 采用；

  d_s ——饱和砂土或粉土的标准贯入点深度（m）；

  ρ_c ——黏粒含量的百分率，当小于 3 或为砂土时，均应采用 3；

  β ——调整系数，设计第一分组取 0.80，第二组取 0.95，第三组取 1.05。

标准贯入锤击数基准值 N_0　　　　　　　　　　表 4.1.2

烈度		
7 度	8 度	9 度
7（10）	12（16）	19

注：括号内数值用于设计基本地震加速度为 0.15g 和 0.30g 的地区。

2）液化场地的危害性分析与抗液化措施

震害调查表明，液化的危害主要在于因土层液化和喷冒现象而引起建筑物的不均匀沉
降。在同一地震强度下，可液化土层的厚度越大，埋深越浅，土的密实度越小，实测标准贯
入锤击数比液化临界锤击数 N_{cr} 小得越多，地下水位越高，则液化所造成的沉降量越大，因
而对建筑物的危害程度也越大。

《抗震规范》中用以衡量液化场地危害程度的液化指数 I_{LE} 的计算式为：

$$I_{LE} = \sum_{i=1}^{n}\left[1 - \frac{N_i}{N_{cri}}\right]d_i W_i \qquad (4.1.5)$$

式中　　n——在判别深度范围内每一个钻孔标准贯入试验点的总数；

N_i、N_{cri}——分别为 i 点标准贯入锤击数的实测值、临界值，当实测值大于临界值时，应取临界值的数值，说明 i 点土层为非液化土层；

d_i——i 点所代表的土层厚度（m），可采用与该标准贯入试验点相邻的上、下两标准贯入试验点深度差的一半，但上界不小于地下水位深度，下界不大于液化深度；

W_i——第 i 层土考虑单位土层厚度的层位影响权函数值（m^{-1}），当该层中点深度不大于 5m 时应采用 10，等于 20m 时应采用零值，5～20m 时应按线性内插值法取值。

计算对比表明，液化指数 I_{LE} 与液化危害之间有着明显的对应关系。一般液化指数越大，场地的喷冒情况和建筑的液化震害就越严重。按液化场地的液化指数大小，液化等级分为轻微、中等和严重三级（表 4.1.3）。

液化等级和相应震害情况　　　　　　　　表 4.1.3

液化等级	液化指数 I_{LE}	地面喷水冒砂情况	对建筑物的危害情况
轻微	≤6	地面无喷水冒砂，或仅在洼地、河边有零星的喷水冒砂点	危害性小，一般不会引起明显的震害
中等	6～18	喷水冒砂可能性大，从轻微到严重均有，多数属中等	危害性较大，可造成不均匀沉陷和开裂，有时不均匀沉陷可达 200mm
严重	>18	一般喷水冒砂很严重，地面变形很明显	危害性大，不均匀沉陷可能大于 200mm，高重心结构可能产生不容许的倾斜

抗液化措施是对液化地基的综合治理。《抗震规范》规定，地基抗液化措施应根据建筑的重要性、地基的液化等级，结合具体情况综合确定。当液化土层较平坦、均匀时，可按表 4.1.4 选用。《抗震规范》中列出了各种抗液化措施的具体要求。

抗液化措施　　　　　　　　表 4.1.4

建筑抗震设防类别	地基的液化等级		
	轻微	中等	严重
乙类	部分消除液化沉陷，或对基础和上部结构处理	全部消除液化沉陷，或部分消除液化沉陷且对基础和上部结构处理	全部消除液化沉陷

建筑抗震设防类别	地基的液化等级		
	轻微	中等	严重
丙类	基础和上部结构处理，亦可不采取措施	基础和上部结构处理，或更高要求的措施	全部消除液化沉陷，或部分消除液化沉陷且对基础和上部结构处理
丁类	可不采取措施	可不采取措施	基础和上部结构处理，或其他经济的措施

4.2 设计有利的房屋抗震体型、进行合理的结构布置

4.2.1 设计有利的房屋抗震体型

震害调查表明，属于不规则的结构，又未进行妥善处理，则会给建筑带来不利影响甚至造成严重震害。关于平面不规则和竖向不规则的定义见第 3 章。区分规则结构与不规则结构的目的，是为了在抗震设计中予以区别对待，以期有效地提高结构的抗震能力。结构的不规则程度主要根据体型（平面和立面）、刚度和质量沿平面、高度的不同等因素进行判别。

结构规则与否是影响结构抗震性能的重要因素。由于建筑设计的多样性和结构本身的复杂性，结构不可能做到完全规则。规则结构可采用较简单的分析方法（如底部剪力法）及相应的构造措施。对于不规则结构，除应适当降低房屋高度外，还应采用较精确的分析方法，并按较高的抗震等级采取抗震措施。

同时，不同结构体系的房屋应有各自合适的高度。一般而言，房屋愈高，所受到的地震作用和倾覆力矩愈大，破坏的可能性也就愈大。不同结构体系的最大建筑高度的规定，综合考虑了结构的抗震性能、地基基础条件、震害经验、抗震设计经验和经济性等因素。表 4.2.1 给出了《抗震规范》中对现浇钢筋混凝土结构最大建筑高度的范围。平面和竖向均不规则的结构，适用的最大高度应适当降低。表 4.2.2 给出了钢结构的最大适用高度。

现浇钢筋混凝土房屋适用的最大高度（m） 表 4.2.1

结构类型		烈度				
		6	7	8 (0.2g)	8 (0.3g)	9
框架		60	50	40	35	24
框架-抗震墙		130	120	100	80	50
抗震墙	全部落地	140	120	100	80	60
	部分框支	120	100	80	50	不应采用

续表

结构类型		烈度				
		6	7	8 (0.2g)	8 (0.3g)	9
筒体	框架-核心筒	150	130	100	90	70
	筒中筒	180	150	120	100	80
板柱-抗震墙		80	70	55	40	不应采用

注：1. 房屋高度指室外地面至主要屋面板顶的高度（不考虑局部突出屋顶部分）；
　　2. 框架-核心筒结构指周边稀疏柱框架与核心筒组成的结构；
　　3. 部分框支抗震墙结构指首层或底部两层框支抗震墙结构，不包括仅个别框支墙的情况；
　　4. 表中框架结构，不包括异形柱框架；
　　5. 板柱-抗震墙结构指板柱、框架和抗震墙组成抗侧力体系的结构；
　　6. 乙类建筑可按本地区抗震设防烈度确定；
　　7. 超过表内高度的房屋，应进行专门研究和论证，采取有效的加强措施。

钢结构房屋适用的最大高度（m）　　　　　　　　　表 4.2.2

结构类型	6、7 度 (0.10g)	7 度 (0.15g)	8 度		9 度
			(0.20g)	(0.30g)	
框架	110	90	90	70	50
框架-中心支撑	220	200	180	150	120
框架-偏心支撑（延性墙板）	240	220	200	180	160
筒体(框筒、筒中筒、桁架筒、束筒)和巨型框架	300	280	260	240	180

注：1. 房屋高度指室外地面至主要屋面板顶的高度；

　　2. 超过表内高度时，应根据专门研究和论证，采取有效的加强措施；

　　3. 表内的筒体不包括混凝土筒。

此外，房屋的高宽比应控制在合理的取值范围内。房屋的高宽比愈大，地震作用下结构的侧移和基底倾覆力矩愈大。由于巨大的倾覆力矩在底层柱和基础中所产生的拉力和压力较难处理，为有效地防止在地震作用下建筑的倾覆，保证有足够的抗震稳定性，应对建筑的高宽比加以限制。

1967 年委内瑞拉加拉加斯地震，该市一幢 18 层钢筋混凝土框架结构的公寓，地上各层均有砖填充墙，地下室空旷。在地震中，由于巨大的倾覆力矩在地下室柱中产生很大的轴力，造成地下室很多柱被压碎，钢筋压弯呈灯笼状。1985 年墨西哥地震，该市一幢 9 层钢筋混凝土结构由于水平地震作用使整个房屋倾倒，埋深 2.5m 的箱形基础翻转了 45°，并连同基础底面的摩擦桩拔出。

我国对房屋高宽比的要求是根据结构体系和地震烈度来确定的。表 4.2.3 和表 4.2.4 分别给出了《抗震规范》中对钢筋混凝土结构的建筑高宽比限值和钢结构的建筑高宽比限值。

钢筋混凝土房屋的最大高宽比　　　　　表 4.2.3

结构类型	6 度	7 度	8 度	9 度
框架	4	4	3	—
板柱-抗震墙	5	5	4	—
框架-抗震墙、抗震墙	6	6	5	4
框架-核心筒	7	7	6	4
筒中筒	8	8	7	5

注：1. 当有大底盘时，计算高宽比的高度从大底盘顶部算起；

　　2. 超过表内高宽比和体型复杂的房屋，应进行专门研究。

钢结构房屋的最大高宽比　　　　　表 4.2.4

烈度	6、7 度	8 度	9 度
最大高宽比	6.5	6.0	5.5

注：计算高宽比的高度应从室外地面算起。

　　房屋防震缝的设置，应根据建筑类型、结构体系和建筑体型等具体情况区别对待。高层建筑设置防震缝后，给建筑、结构和设备设计带来一定困难，基础防水也不容易处理。因此，高层建筑宜通过调整平面形状和尺寸，在构造上和施工上采取措施，尽可能不设缝（伸缩缝、沉降缝和防震缝）。但下列情况应设置防震缝，将整个建筑划分为若干个简单的独立单元：

　　（1）体型复杂、平立面特别不规则，又未在计算和构造上采取相应措施；

　　（2）房屋长度超过规定的伸缩缝最大间距，又无条件采取特殊措施而必须设伸缩缝时；

　　（3）地基土质不均匀，房屋各部分的预计沉降量（包括地震时的沉陷）相差过大，必须设置沉降缝时；

　　（4）房屋各部分的质量或结构的抗侧刚度差距过大。

　　防震缝的宽度不宜小于两侧建筑物在较低建筑物屋顶高度处的垂直防震缝方向的侧移之和。在计算地震作用产生的侧移时，应取基本烈度下的侧移，即近似地将《抗震规范》规定的在小震作用下弹性反应的侧移乘以 3 的放大系数，并应附加上地震前和地震中地基不均匀沉降和基础转动所产生的侧移。一般情况下，钢筋混凝土结构的防震缝最小宽度，应符合《抗震规范》的要求：

　　（1）框架结构房屋的防震缝宽度，当高度不超过 15m 时，不应小于 100mm；房屋高度超过 15m 时，6 度、7 度、8 度和 9 度相应每增加高度 5m、4m、3m 和 2m，宜加宽 20mm。

　　（2）框架-抗震墙结构房屋的防震缝宽度，不应小于上述规定值的 70%；抗震墙结构房屋的防震缝宽度，不应小于上述规定值的 50%；且均不宜小于 70mm。

　　（3）防震缝两侧结构体系不同时，防震缝宽度应按需要较宽的规定采用，并可按较低房屋高度计算缝宽。

4.2.2　合理的抗震结构布置

在进行结构方案平面布置时，应使结构抗侧力体系对称布置，以避免扭转。对称结构在单向水平地震动下，仅发生平移振动，各层构件的侧移量相等，水平地震作用则按刚度分配，受力比较均匀。非对称结构由于质量中心与刚度中心不重合，即使在单向水平地震动下也会激起扭转振动，产生平移-扭转耦联振动。由于扭转振动的影响，远离刚度中心的构件侧移量明显增大，从而所产生的水平地震剪力随之增大，较易引起破坏，甚至严重破坏。为了把扭转效应降低到最低程度，应尽可能减小结构质量中心与刚度中心的距离。

1972 年尼加拉瓜的马那瓜地震，位于市中心 15 层的中央银行，有一层地下室，采用框架体系，设置的两个钢筋混凝土电梯井和两个楼梯间都集中布置在主楼的一端，造成质量中心与刚度中心明显不重合，地震时，该幢大厦遭到严重破坏，五层周围柱子严重开裂，钢筋压屈，电梯井墙开裂，混凝土剥落；围护墙等非结构构件破坏严重，有的倒塌。

因此，结构布置时，应特别注意具有很大抗侧刚度的钢筋混凝土墙体和钢筋混凝土芯筒位置，力求在平面上要居中和对称。此外，抗震墙宜沿房屋周边布置，以使结构具有较大的抗扭刚度和较大的抗倾覆能力。

除结构平面布置要合理外，结构沿竖向的布置应等强。结构抗震性能的好坏，除取决于总的承载能力、变形和耗能能力外，避免局部的抗震薄弱部位也是十分重要的。

4.3　选择合理的结构材料

抗震结构的材料应满足下列要求：①延性系数（表示极限变形与相应屈服变形之比）高；②"强度/重力"比值大；③匀质性好；④正交各向同性；⑤构件的连接具有整体性、连续性和较好的延性，并能充分发挥材料的强度。据此，可提出对常用结构材料的质量要求。

1. 钢筋

钢筋混凝土构件的延性和承载力，在很大程度上取决于钢筋的材性，所使用的钢筋应符合下列要求：

（1）不希望在抗震结构中使用高强钢筋，一般用中强钢筋，即 HRB400 级钢筋，且钢筋在最大拉力下的总伸长率实测值不应小于 9%。

（2）钢筋的实际屈服强度不能太高，要求钢筋的屈服强度实测值与强度标准值的比值不应大于 1.3。

（3）钢筋的抗拉强度实测值与屈服强度实测值之比值不应小于1.25，以保证有足够的强度储备。

（4）不能使用冷加工钢筋。

（5）应检测钢筋的应变老化脆裂（重复弯曲试验）、可焊性（检查化学成分）、低温抗脆裂（采用 V 形槽口的韧性试验）。

普通钢筋宜优先采用延性、韧性和可焊性好的钢筋；普通钢筋的强度等级，纵向受力钢筋宜选用符合抗震性能指标的不低于 HRB400 级热轧钢筋，箍筋宜选用 HRB400 级热轧钢筋。当没有 HRB400 级钢筋时，箍筋仍可采用 HPB300 级热轧钢筋。

需要强调的是，在施工中，当需要以强度等级较高的钢筋替代原设计中的纵向受力钢筋时，应按照钢筋受拉承载力设计值相等的原则换算，并应满足最小配筋率要求。

2. 混凝土

要求混凝土强度等级不能太低，否则锚固不好。对于框支梁、框支柱及抗震等级为一级框架梁、柱、节点核心区，不应低于 C30；构造柱、芯柱、圈梁及其各类构件不应低于 C20。混凝土结构的混凝土强度等级，9 度时不宜超过 C60，8 度时不宜超过 C70。

3. 型钢

为了保证钢结构的延性，要求型钢的材质符合下列要求：

（1）足够的延性。要求钢材的抗拉强度实测值与屈服强度实测值之比值不应小于1.2，且钢材应有明显的屈服台阶，且伸长率应大于20%。一般结构钢均能满足这项要求。

（2）力学性能的一致性。为了保证"强柱弱梁"设计原则的实现，钢材强度的标准差应尽可能小，即用于各构件的最大和最小强度应接近相等。

（3）好的切口延性。此项指标是钢材对脆性破坏的抵抗能力的量度。

（4）无分层现象。此项要求可以在构件加工之前利用超声波探查。

（5）对片状撕裂的抵抗能力。通常的检查方法是在对板的横截面进行拉伸试验中量测其延性进行衡量。

（6）良好的可焊性和合格的冲击韧性。一般而言，钢材的抗拉强度越高，其可焊性越低。

钢结构的钢材宜采用 Q235 等级 B、C、D 的碳素结构钢及 Q345 等级 B、C、D、E 的低合金高强度结构钢。

4. 砌体结构材料

砌体结构材料应符合下列规定：①烧结普通砖和烧结多孔砖的强度等级不应低于 MU10，其砌筑砂浆强度等级不应低于 M5；②混凝土小型空心砌块的强度等级不应低于 MU7.5，其砌筑砂浆强度等级不应低于 M7.5。

需要指出，钢筋混凝土构造柱和底部框架-抗震墙房屋中的砌体抗震墙，其施工应先砌墙后浇构造柱和框架梁柱。

4.4　提高结构抗震性能的措施

1. 设置多道抗震防线

单一结构体系只有一道防线，一旦破坏就会造成建筑物倒塌。特别是当建筑物的自振周期与地震动卓越周期相近时，建筑物由此而发生的共振，更加速其倒塌进程。如果建筑物采用的是多重抗侧力体系，第一道防线的抗侧力构件在强烈地震作用下遭到破坏后，后备的第二道乃至第三道防线的抗侧力构件立即接替，抵挡住后续的地震动的冲击，可保证建筑物最低限度的安全，免于倒塌。在遇到建筑物基本周期与地震动卓越周期相同或接近的情况时，多道防线就更显示出其优越性。当第一道抗侧力防线因共振而破坏，第二道防线接替工作，建筑物自振周期将出现较大幅度的变动，与地震动卓越周期错开，使建筑物的共振现象得以缓解，避免再度严重破坏。

1）第一道防线的构件选择

第一道防线一般应优先选择不负担或少负担重力荷载的竖向支撑或填充墙，或选择轴压比值较小的抗震墙、实墙筒体之类的构件作为第一道防线的抗侧力构件。不宜选择轴压比很大的框架柱作为第一道防线。在纯框架结构中，宜采用"强柱弱梁"的延性框架。

2）结构体系的多道设防

框架-抗震墙结构体系的主要抗侧力构件是剪力墙，它是第一道防线。在弹性地震反应阶段，大部分侧向地震作用由抗震墙承担，但是一旦抗震墙开裂或屈服，此时框架承担地震作用的份额将增加，框架部分起到第二道防线的作用，并且在地震动过程中承受主要的竖向荷载。

单层厂房纵向体系中，柱间支撑是第一道防线，柱是第二道防线。通过柱间支撑的屈服来吸收和消耗地震能量，从而保证整个结构的安全。

3）结构构件的多道防线

联肢抗震墙中，连系梁先屈服，然后墙肢弯曲破坏丧失承载力。当连系梁钢筋屈服并具有延性时，它既可以吸收大量地震能量，又能继续传递弯矩和剪力，对墙肢有一定的约束作用，使抗震墙保持足够的刚度和承载力，延性较好。如果连系梁出现剪切破坏，按照抗震结构多道设防的原则，只要保证墙肢安全，整个结构就不至于发生严重破坏或倒塌。

"强柱弱梁"型的延性框架，在地震作用下，梁处于第一道防线，用梁的变形去消耗输入的地震能量，其屈服先于柱的屈服，使柱处于第二道防线。

在超静定结构构件中，赘余构件为第一道防线，由于主体结构已是静定或超静定结构，这些赘余构件的先期破坏并不影响整个结构的稳定。

4）工程实例：尼加拉瓜的马那瓜市美洲银行大厦

尼加拉瓜的马拉瓜市美洲银行大厦，地面以上18层，高61m，如图4.4.1所示。该大楼采用11.6m×11.6m的钢筋混凝土芯筒作为主要的抗震和抗风构件，且该芯筒设计成由四个L形小筒组成，每个L形小筒的外边尺寸为4.6m×4.6m。在每层楼板处，采用较大截面的钢筋混凝土连系梁，将4个小筒连成一个具有较强整体性的大筒。该大厦在进行抗震设计时，既考虑四个小筒作为大筒的组成部分发挥整体作用时的受力情况，又考虑连系梁损坏后四个小筒各自作为独立构件的受力状态，且小筒间的连系梁完全破坏时整体结构仍具有良好的抗震性能。1972年12月马拉瓜发生地震时，该大厦经受了考验。在大震作用下，小筒之间的连梁破坏后，动力特性和地震反应显著改变，基本周期T_1加长1.5倍，结构底部水平地震剪力减小一半，地震倾覆力矩减少60%。

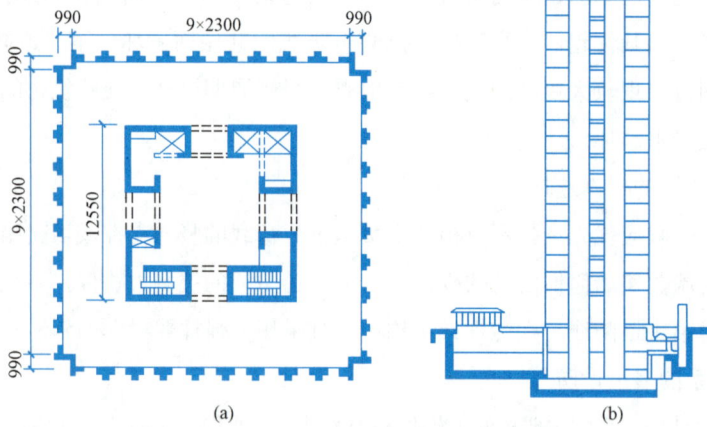

图4.4.1　马那瓜市美洲银行大厦

（a）平面；（b）剖面

2. 提高结构延性

提高结构延性，就是要求结构不仅具有必要的抗震承载力，而且要求结构同时具有良好的变形和消耗地震能量的能力，以增强结构的抗倒塌能力。

"结构延性"这个术语有四层含义：

（1）结构总体延性，一般用结构的"顶点侧移比"或结构的"平均层间侧移比"来表达；

（2）结构楼层延性，以一个楼层的层间侧移比来表达；

（3）构件延性，是指整个结构中某一构件（一榀框架或一片墙体）的延性；

（4）杆件延性，是指一个构件中某一杆件（框架中的梁、柱，墙片中的连梁、墙肢）的延性。

一般而言，在结构抗震设计中，对结构中重要构件的延性要求，高于对结构总体的延性要求；对构件中关键杆件或部位的延性要求，又高于对整个构件的延性要求。因此，要求提高重要构件及某些构件中关键杆件或关键部位的延性，其原则是：

（1）在结构的竖向，应重点提高楼房中可能出现塑性变形集中的相对柔性楼层的构件延性。例如，对于刚度沿高度均布的简单体型高层，应着重提高底层构件的延性；对于带大底盘的高层，应着重提高主楼与裙房顶面相衔接的楼层中构件的延性；对于底框上部砖房结构体系，应着重提高底部框架的延性。

（2）在平面上，应着重提高房屋周边转角处、平面突变处以及复杂平面各翼相接处的构件延性。对于偏心结构，应加大房屋周边特别是刚度较弱一端构件的延性。

（3）对于具有多道抗震防线的抗侧力体系，应着重提高第一道防线中构件的延性。如框架-抗震墙体系，重点提高抗震墙的延性；筒中筒体系，重点提高内筒的延性。

（4）在同一构件中，应着重提高关键杆件的延性。对于框架、框架筒体应优先提高柱的延性；对于多肢墙，应重点提高连梁的延性；对于壁式框架，应着重提高窗间墙的延性。

（5）在同一杆件中，重点提高延性的部位应是预期该构件地震时首先屈服的部位，如梁的两端、柱上下端、抗震墙肢的根部等。

3. 采用减震方法

1）提高结构阻尼

结构的地震反应随结构阻尼比的增大而减小。提高结构阻尼能有效地削减地震反应的峰值。建筑结构设计时可以根据具体情况采用具有较大阻尼的结构体系。

2）采用高延性构件

弹性地震反应分析的着眼点是承载力，用加大承载力来提高结构的抗震能力；弹塑性地震反应分析的着眼点是变形能力，利用结构的塑性变形的发展来抗御地震，吸收地震能量。因此提高结构的屈服抗力只能推迟结构进入塑性阶段，而增加结构的延性，不仅能削弱地震反应，而且提高了结构抗御强烈地震的能力。

分析表明，增大结构延性可以显著减小结构所需承担的地震作用。

3）采用隔震和消能减震技术

4. 优选耗能杆件

根据结构中选择主要耗能构件或杆件的原则，应选择构件中轴力较小的水平杆件为主要耗能构件，从而使整个结构具有较大的延性和耗能能力。同时，应选择好的耗能形式。弯曲、剪切和轴变耗能的研究表明：

1）弯曲耗能优于剪切耗能

震害调查表明，剪切斜裂缝随着持续地震动而加长、加宽，震后基本不闭合；弯曲横向裂缝震后基本闭合。试验表明，杆件的弯曲耗能比剪切耗能大得多。因此尽可能将剪切变形为主的构件转变为弯曲变形为主的构件，如开通缝连梁、低剪力墙开竖缝、梁端开水平缝等。

2）弯曲耗能优于轴变耗能

轴力杆件受拉屈服伸长后，再受压不能恢复原长度，而是发生侧向屈曲，其吸收的地震能量十分有限。用弯曲杆件的变形来替代轴力杆件的变形，将取得良好的抗震效果。普通的轴交支撑体系（图4.4.2a），在水平地震作用下，主要靠各杆件特别是斜杆的轴向拉伸或压缩来耗能，耗能能力小。如果用偏交支撑（图4.4.2b）取代轴交支撑，并使得斜杆的轴向抗拉或抗压强度大于水平杆件的抗弯承载力，则斜杆不论受拉或受压始终保持平直，从而利用水平杆件的弯曲来耗能，这大大改善了竖向支撑体系的抗震性能。

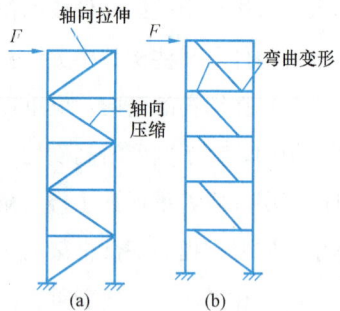

图4.4.2　竖向斜撑的
变形耗能机制

（a）轴交支撑；（b）偏交支撑

4.5　控制结构变形，确保结构的整体性

1. 控制结构变形

结构变形可用层间位移和顶点位移两种方式表达。各层间位移之和即为结构顶点位移。层间位移主要影响到非结构构件的破坏、梁柱节点钢筋的滑移、抗震墙的开裂、塑性铰的发展以及屈服机制的形成。顶点位移主要影响防震缝宽度、结构的总体稳定以及小震时人的感觉。顶点位移不但与结构变形有关，而且应包括地基变形引起基础转动产生的顶点位移。一般情况下，若忽略基础转动的影响，结构变形可只考虑层间位移。

2. 确保结构整体性

为确保结构在地震作用下的整体性，要求从结构类型的选择和施工两方面保证结构应具有连续性。同时，应保证抗震结构构件之间的连接可靠和具有较好的延性，使之能满足传递地震作用时的承载力要求和适应地震时大变形的延性要求。此外，应采取措施，如设置地下室，采用箱形基础以及沿房屋纵、横向设置较高截面的基础梁，使建筑物具有较大的竖向整体刚度，以抵抗地震时可能出现的地基不均匀沉陷。

4.6　减轻房屋自重和妥善处理非结构部件

4.6.1　减轻房屋自重

震害表明，自重大的建筑比自重小的建筑更容易遭到破坏。这是因为，一方面，水平地震作用的大小与建筑的质量近似成正比，质量大，地震作用就大，质量小，地震作用就小；另一方面，是因为重力效应在房屋倒塌过程中起着关键性作用，自重愈大，P-Δ 效应愈严重，就更容易促成建筑物的整体失稳而倒塌。因此应采取以下措施尽量减轻房屋自重。

1）减小楼板厚度

通常楼盖重量占上部建筑总重的 40％左右，因此，减小楼板厚度是减轻房屋总重的最佳途径。为此，除可采用轻混凝土外，工程中可采用密肋楼板、无粘结预应力平板、预制多孔板和现浇多孔楼板来达到减小楼盖自重的目的。

2）尽量减薄墙体

采用抗震墙体系、框架-抗震墙体系和筒中筒体系的高层建筑中，钢筋混凝土墙体的自重占有较大的比重，而且从结构刚度、地震反应、构件延性等角度来说，钢筋混凝土墙体的厚度都应该适当，不可太厚。一般而言，设防烈度为 8 度以下的高层建筑，钢筋混凝土抗震墙墙板的厚度以厘米计时，可参考下列关系式进行粗估，式中，n 为墙板计算截面所在高度以上的房屋层数。

(1) 全墙体系：墙厚约为 $0.9n$，但一级抗震时，墙厚不应小于 160mm 或层高的 1/20；二、三级抗震时，墙厚不应小于 140mm 或层高的 1/25。

(2) 框-墙体系：墙厚约为 $1.1n$，但不应小于 160mm 或层高的 1/20，且每个楼层墙板的周围均应设置由柱、梁形成的边框。

(3) 筒中筒体系：内筒墙厚约为 $1.2n$，但不应小于 250mm。

此外，采用高强混凝土和轻质材料，均可有效地减轻房屋的自重。

4.6.2　妥善处理非结构部件

所谓非结构部件，一般是指在结构分析中不考虑承受重力荷载以及风、地震等侧向力的部件，例如框架填充墙、内隔墙、建筑外围墙板等。这些非结构部件在抗震设计时若处理不当，在地震中易发生严重破坏或闪落，甚至造成主体结构破坏。

围护墙、内隔墙和框架填充墙等非承重墙体的存在对结构的抗震性能有着较大的影响，它使结构的抗侧刚度增大，自振周期减短，从而使作用于整个建筑上的水平地震剪力增大。由于非承重墙体参与抗震，分担了很大一部分地震剪力，从而减小了框架部分所承担的楼层地震剪力。设置填充墙时须采取措施防止填充墙平面外的倒塌，并防止填充墙发生剪切破坏；当填充墙处理不当使框架柱形成短柱时，将会造成短柱的剪切弯曲破坏。为此，应考虑上述非承重墙体对结构抗震的不利或有利影响，以避免不合理的设置而导致主体结构的破坏。

大面积玻璃幕墙的设计，除了考虑风荷载引起的结构层间侧移和温度变形等因素的影响外，还应考虑地震作用下结构可能产生的最大层间侧移，从而确定玻璃与钢框格之间的间隙距离。

同时，外墙板与主体结构应有可靠的连接，以避免地震时结构的层间侧移较大而造成外墙板破坏甚至脱落坠地。

思考题与习题

4-1　试分析不同场地土上建筑物的震害特点。

4-2　试简述场地土液化及其判别方法。

4-3　怎样正确选择抗液化措施?

4-4　试分析房屋体型对结构抗震性能的影响。

4-5　试分析结构布置对结构抗震性能的影响。

4-6　试举例说明多道抗震防线对提高结构的抗震性能的作用。

4-7　何谓结构的延性? 试说明提高结构延性的基本原则。

4-8　试分析对比杆件弯曲耗能、剪切耗能和轴变耗能的作用。

4-9　试分析控制或减小结构变形的措施。

4-10　试分析减轻房屋自重的措施及其重要性。

4-11　试分析妥善处理非结构部件的措施及其重要性。

第 5 章
混凝土结构房屋抗震设计

5.1　抗震设计的一般要求

5.1.1　震害及其分析

近几十年来，国内外许多城市都发生了较强烈的地震，震害的调查与分析对不断提高多高层建筑结构的抗震设计水平具有十分重要的意义。下面主要介绍汶川地震中钢筋混凝土结构的主要震害特征。汶川地震中，框架结构主要的震害有：

1）围护结构和填充墙严重开裂和破坏（图 5.1.1）。填充墙破坏的主要原因是，墙体受剪承载力低，变形能力小，墙体与框架缺乏有效的拉结，因此在往复变形时墙体易发生剪切破坏和散落。围护结构和填充墙等非结构构件的严重开裂和破坏，也会造成一定人员伤亡，更主要的是震后修复工作量很大，费用也很高。

图 5.1.1　填充墙破坏

2）柱身剪切破坏（图 5.1.2），柱端出现塑性铰（图 5.1.3），未实现"强柱弱梁"屈服机制。梁柱节点区破坏（图 5.1.4），大多属于配箍不足、箍筋拉结或弯钩等构造措施不到位等原因造成。值得注意的是，在强剪弱弯方面，即使柱端首先发生弯曲破坏而形成塑性铰，巨大的轴压容易使混凝土压溃而发生剥离脱落，从而严重削弱柱端的抗剪能力，而柱端出铰并不会减小柱端受到的地震剪力，因而很容易引起剪切破坏。因此，需要考虑压弯破坏对柱端抗剪承载力降低的影响，提出切实可行实用的配筋构造技术，如连续箍筋技术，防止柱端混凝土强度严重退化，充分保证"强剪弱弯"。

图 5.1.2　柱剪切破坏

图 5.1.3　柱端出现塑性铰

3）框架梁的震害多发生在梁端。在地震作用下梁端纵向钢筋屈服，出现上下贯通的垂直裂缝和交叉斜裂缝。在梁负弯矩钢筋切断处由于抗弯能力削弱也容易产生裂缝，造成梁剪切破坏。梁剪切破坏的主要原因是梁端屈服后产生的剪力较大，超过了梁的受剪承载力，梁内箍筋配置较稀，以及反复荷载作用下混凝土抗剪强度降低等因素所引起的。

4）填充墙（或错层）造成短柱剪切破坏（图 5.1.5）。窗间填充墙的不合理布置（或错层）造成框架柱形成短柱，产生剪切破坏的问题。

图 5.1.4　梁柱节点区破坏

图 5.1.5　短柱剪切破坏

5）底部楼层侧移过大，并导致倒塌（图 5.1.6）。底部楼层侧移过大，主要原因是底层作为商用或公共停车场等大空间使用，上部楼层为住宅或宾馆，填充墙使上部楼层的层刚度增大，形成柔性底层结构，个别因施工质量很差，导致底层倒塌。这类问题需在结构整体抗震方案中，将填充墙等非结构构件在结构抗震分析中给予充分考虑。

6）变形缝碰撞破坏。变形缝预留的宽度不足，导致在大地震下，建筑水平位移过大，变形缝两侧建筑发生碰撞而破坏。虽然局部破坏不会导致结构整体倒塌，但是散落的破坏物会危害行人并且震后维修费用高。

图 5.1.6　底部楼层倒塌及倾斜

7）抗震墙的震害主要表现为墙肢之间连梁的剪切破坏（图 5.1.7）。这主要是由于连梁跨度较小、高度大形成深梁，在反复荷载作用下形成 X 形剪切裂缝，这种破坏为剪切型脆性破坏，尤其是在房屋 1/3 高度处的连梁破坏更为明显。汶川地震中，抗震墙结构或者框架-抗震墙结构显示出了优越的抗震性能，尤其是与同一地区的框架结构相比，非结构构件的损坏要轻很多。同时，通过连梁的破坏实现了多道抗震防线的思想，达到了"大震不倒"的目的。

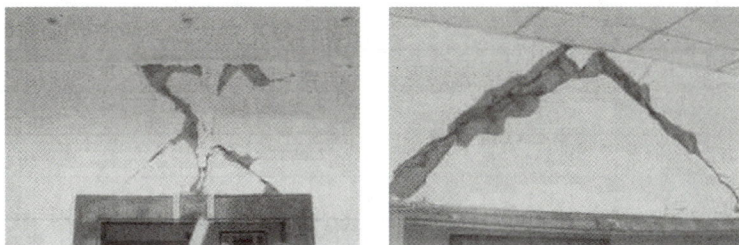

图 5.1.7　抗震墙洞口上方"X"形裂缝

5.1.2　抗震设计的一般要求

抗震设计除了计算分析及采取合理的构造措施外，掌握正确的概念设计方法尤为重要。《抗震规范》中的有关规定体现了多高层钢筋混凝土结构房屋抗震设计的一般要求。

1. 抗震等级

抗震等级是确定结构构件抗震计算（指内力调整）和抗震措施的标准，可根据设防烈度、房屋高度、建筑类别、结构类型及构件在结构中的重要程度来确定。抗震等级的划分考虑了技术要求和经济条件，随着设计方法的改进和经济水平的提高，抗震等级亦将相应调整。抗震等级共分为 4 级，它体现了不同的抗震要求，其中一级抗震要求最高。《抗震规范》规定，丙类建筑的抗震等级应按表 5.1.1 确定。

现浇钢筋混凝土高层建筑结构的抗震等级　　　　　　表 5.1.1

结构类型		烈度						
		6		7		8		9
框架结构	高度（m）	≤24	>24	≤24	>24	≤24	>24	≤24
	框架	四	三	三	二	二	一	一
	大跨度框架	三		二		一		一
框架-抗震墙结构	高度（m）	≤60	>60	≤24	24～60	>60	<24	24～60	>60	≤24	24～50
	框架	四	三	四	三	二	二	一	一
	抗震墙	三	三	三	二	二	一	一
抗震墙结构	高度（m）	≤80	>80	≤24	24～80	>80	≤24	24～80	>80	≤24	24～60
	抗震墙	四	三	四	三	二	二	一	一
部分框支抗震墙结构	高度（m）	≤80	>80	≤24	24～80	>80	≤24	24～80	不应采用	不应采用
	抗震墙一般部位	四	三	四	三	二	二		
	抗震墙加强部位	三	二	三	二	二	一		
	框支层框架	二		二		一			
板柱-抗震墙结构	高度（m）	≤35	>35	≤35		>35	≤35		>35	不应采用
	框架、板柱的柱	三	二	二		一	二		一	
	抗震墙	二	二	二		一	一		一	
筒体结构	框架-核心筒	框架	三		二		一		一
		核心筒	二		二		一		一
	筒中筒	外筒	三		二		一		一
		内筒	三		二		一		一

注：1. 建筑场地为Ⅰ类时，除 6 度外可按表内降低 1 度所对应的抗震等级采取抗震构造措施，但相应的计算要求不应降低；

2. 接近或等于高度分界时，应允许结合房屋不规则程度及场地、地基条件确定抗震等级；

3. 低于 60m 的核心筒-外框结构，满足框架-抗震墙结构的有关要求时，应允许按框架-抗震墙结构确定抗震等级；

4. 大跨度框架指跨度不小于 18m 的框架。

钢筋混凝土房屋抗震等级的确定，尚应符合下列要求：

（1）框架结构中设置少量抗震墙，在规定的水平力作用下，框架底部所承担的地震倾覆力矩大于结构总地震倾覆力矩的 50% 时，其框架的抗震等级仍应按框架结构确定，抗震墙的抗震等级可与框架的抗震等级相同。

（2）裙房与主楼相连，除应按裙房本身确定外，相关部位不应低于按主楼确定的抗震等级；主楼结构在裙房顶层及相邻上下各一层应适当加强构造措施。裙房与主楼分离时，应按裙房本身确定抗震等级。

（3）当甲、乙类建筑按规定提高一度确定其抗震等级而房屋的高度超过表5.1.1规定的范围时，应采取比一级更为有效的抗震构造措施。

2．结构选型和布置

1）合理地选择结构体系。多高层钢筋混凝土结构房屋常用的结构体系有框架结构、抗震墙结构和框架-抗震墙结构，其常见的结构平面布置见图5.1.8。框架结构由纵横向框架梁柱所组成，具有平面布置灵活，可获得较大的室内空间，容易满足生产和使用要求等优点，因此在工业与民用建筑中得到了广泛的应用。其缺点是抗侧刚度较小，属柔性结构，在强震下结构的顶点位移和层间位移较大，且层间位移自上而下逐层增大，能导致刚度较大的非结构构件的破坏。如框架结构中的砖填充墙常常在框架仅有轻微损坏时就发生严重破坏。但设计合理的框架仍具有较好的抗震性能。在地震区，纯框架结构可用于12层（40m高）以下、体型较简单、刚度较均匀的房屋，而对高度较大、设防烈度较高、体系较复杂的房屋，及对建筑装饰要求较高的房屋和高层建筑，应优先采用框架-抗震墙结构或抗震墙结构。

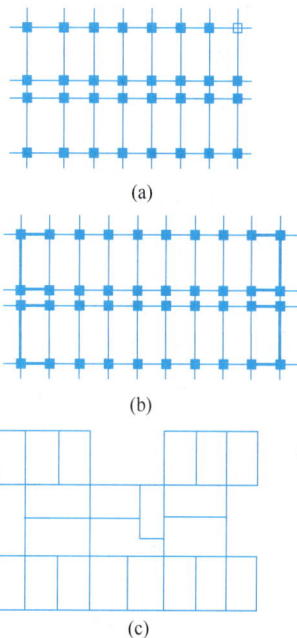

图 5.1.8　常见的结构平面布置

（a）框架结构；（b）框架-抗震墙结构；（c）抗震墙结构

抗震墙结构是由钢筋混凝土墙体承受竖向荷载和水平荷载的结构体系，具有整体性能好、抗侧刚度大和抗震性能好等优点，且该类结构无突出墙面的梁、柱，可降低建筑层高，充分利用空间，特别适合于20～30层的多高层居住建筑；缺点是具有大面积的墙体限制了建筑物内部平面布置的灵活性。

框架-抗震墙结构是由框架和抗震墙相结合而共同工作的结构体系，兼有框架和抗震墙两种结构体系的优点，既具有较大的空间，又具有较大的抗侧刚度，多用于10～20层的房屋。

选择结构体系时，还应尽量使其基本周期错开地震动卓越周期，一般房屋的基本自振周期应比地震动卓越周期大1.5～4.0倍，以避免共振效应。自振周期过短，即刚度过大，会导致地震作用增大，增加结构自重及造价；若自振周期过长，即结构过柔，则结构会发生过大变形。一般地讲，高层房屋建筑基本周期的长短与其层数成正比，并与采用的结构体系密切相关。就结构体系而言，采用框架体系时周期最长，框架-抗震墙次之，抗震墙体系最短，设计时应采用合理的结构体系并选择适宜的结构刚度。

2）为抵抗不同方向的地震作用，框架结构、抗震墙结构和框架-抗震墙结构中，框架或抗震墙均宜双向设置，梁与柱或柱与抗震墙的中线宜重合，柱中线与抗震墙中线、梁中线与柱中线之间偏心距大于柱宽的 1/4 时，应计入偏心对节点核心区和柱产生扭转的不利影响。

3）甲、乙类建筑以及高度大于 24m 的丙类建筑，不应采用单跨框架结构；高度不大于 24m 的丙类建筑不宜采用单跨框架结构。楼梯间的布置不应导致结构平面显著不规则，并应对楼梯构件进行抗震承载力验算。

4）框架结构中，砌体填充墙在平面和竖向的布置宜均匀对称，避免形成薄弱层或短柱。砌体填充墙宜与梁柱轴线位于同一平面内，考虑抗震设防时，应与柱有可靠的拉结。一、二级框架的维护墙和隔墙，宜采用轻质墙或与框架柔性连接的墙板；二级且层数不超过 5 层、三级且层数不超过 8 层和四级的框架结构，可考虑填充墙的抗侧力作用，但应符合《抗震规范》中有关抗震墙之间楼屋盖的长宽比规定（详见下述第 5）条）及框架-抗震墙结构中抗震墙设置的要求（详见下述第 6）条）。

5）为使框架-抗震墙结构和抗震墙结构通过楼、屋盖有效地传递地震剪力给抗震墙，《抗震规范》要求抗震墙之间无大洞口的楼、屋盖的长宽比不宜超过表 5.1.2 的规定，符合该规定的楼盖可近似按刚性楼盖考虑；超过上述规定时，应考虑楼盖平面内变形的影响。

抗震墙之间楼、屋盖的长宽比　　　　　　　　　　　　　　表 5.1.2

楼、屋盖类别	烈度			
	6	7	8	9
现浇、叠合梁板	4.0	4.0	3.0	2.0
装配式楼盖	3.0	3.0	2.0	不宜采用
框支层的现浇梁板	2.5	2.5	2.0	—
板柱-抗震墙结构的现浇梁板	3.0	3.0	2.0	—

6）抗震墙结构中的抗震墙设置，应符合下列要求：

（1）抗震墙的两端（不包括洞口两侧）宜设置端柱或与另一方向的抗震墙相连。

（2）较长的抗震墙宜结合洞口设置跨高比大于 6 的弱连梁，将一道抗震墙分成较均匀的若干墙段，各墙段（包括单片墙、小开洞墙或连肢墙）的高宽比不宜小于 3；每一墙肢的宽度不宜大于 8m，以避免抗震墙发生剪切破坏，并保证墙肢由受弯承载力控制，且靠近中和轴的竖向分布钢筋在破坏时能充分发挥其强度，提高结构的变形能力。

（3）抗震墙有较大洞口时，洞口位置宜上下对齐，形成明确的墙肢与连梁，以保证受力合理，有良好的抗震性能。

（4）为了在抗震墙结构的底层获得较大空间以满足使用要求，一部分抗震墙不落地而由框架支承，这种底部框支层是结构的薄弱层，在地震作用下可能产生塑性变形的集中，导致首先破坏甚至倒塌，因此应限制框支层刚度和承载力过大的削弱，以提高房屋整体的抗震能力。所以，《抗震规范》规定，房屋底部有框支层时，框支层的侧向刚度不应小于相邻上层刚度的 50%；落地抗震墙的间距不宜大于 24m。框支层的平面布置尚宜对称，且宜设置抗震筒体。首层框架部分承担的地震倾覆力矩，不应大于结构总地震倾覆力矩的 50%。

7）框架-抗震墙结构中的抗震墙设置，要求抗震墙的榀数不要过少，每榀的刚度不要过大，且宜均匀分布。榀数过少，其受力将过大，给设计带来问题，且地震时若个别抗震墙受损将导致整个结构的损坏。同时，为了使水平荷载的合力点与结构的抗侧刚度中心相重合和加大结构的抗扭能力，抗震墙宜对称布置并尽可能沿建筑平面的周边布置。此外，抗震墙的设置还应符合下列要求：

（1）宜贯通房屋全高。

（2）疏散楼梯间宜设置抗震墙，但不宜造成较大的扭转效应。

（3）抗震墙的两端（不包括洞口两侧）宜设置端柱或与另一方向的抗震墙相连。

（4）房屋较长时，刚度较大的纵向抗震墙不宜设置在端开间。

（5）抗震墙洞口宜上下对齐；洞边距端柱不宜小于 300mm。

（6）一、二级抗震墙的洞口连梁，跨高比不宜大于 5，且梁的截面高度不宜小于 400mm。

8）加强楼盖的整体性。在高烈度（9 度）区，应采用现浇楼面结构。房屋高度超过 50m 时，宜采用现浇楼面结构；框架-抗震墙结构应优先采用现浇楼面结构。房屋高度不超过 50m 时，也可采用装配整体式楼面。在采用装配整体式楼盖时，宜采用叠合梁，与楼面整浇层结合为一体。采用装配式楼面时，预制板应均匀排列，板缝拉开的宽度不宜小于 40mm，应在板缝内配钢筋，形成板缝梁，并宜贯通整个结构单元。后浇面层厚度一般不小于 50mm，内配双向钢筋网 $\phi 4 \sim \phi 6 @ 150 \sim 250mm$。房屋的顶层、结构的转换层、平面复杂或开洞过大的楼层均应采用现浇楼面结构。

9）框架结构宜采用现浇钢筋混凝土楼梯。对于框架结构，楼梯间的布置不应导致结构平面特别不规则；楼梯构件与主体结构整浇时，应计入楼梯构件对地震作用及其效应的影响，应进行楼梯构件的抗震承载力验算；宜采取构造措施，减少楼梯构件对主体结构刚度的影响。楼梯间两侧填充墙与柱之间应加强拉结。

3. 屈服机制

多高层钢筋混凝土房屋的屈服机制可分为总体机制（图 5.1.9a）、楼层机制(图 5.1.9b)及由这两种机制组合而成的混合机制。总体机制表现为所有横向构件屈服而竖向构件除根部外均处于弹性，总体结构围绕根部作刚体转动。楼层机制则表现为仅竖向构件屈服而横向构件处于弹性。房屋总体屈服机制优先于楼层机制，前者可在承载力基本保持稳定的条件下，持续地变形而不倒塌，最大限度地耗散地震能量。为形成理想的总体机制，应一方面防止塑性铰在某些构件上出现，另一方面迫使塑性铰发生在其他次要构件上，同时要尽量推迟塑性铰在某些关键部位（如框架根部、双肢或多肢抗震墙的根部等）的出现。

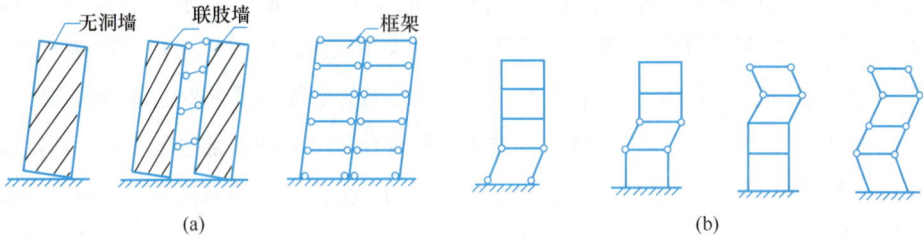

图 5.1.9　屈服机制

（a）总体机制；（b）楼层机制

对于框架结构，为使其具有必要的承载能力、良好的变形能力和耗能能力，应选择合理的屈服机制。理想的屈服机制是让框架梁首先进入屈服，形成梁铰机制（图 5.1.9a），以吸收和耗散地震能量，而防止塑性铰首先出现在柱子（底层柱除根部外）形成耗能性能差的层间柱铰机制（图 5.1.9b）。为此，应合理选择构件尺寸和配筋，体现"强柱弱梁""强剪弱弯"的设计原则。梁、柱构件的受剪承载力应大于构件弯曲破坏时相应产生的剪力，框架节点核心区的受剪承载力应不低于与其连接的构件达到屈服超强时所引起的核心区剪力，以防止发生剪切破坏。对于装配式框架结构的连接，应能保证结构的整体性。应采取有效措施避免剪切、梁筋锚固、焊接断裂和混凝土压溃等脆性破坏。要控制柱子的轴压比和剪压比，加强对混凝土的约束，提高构件，特别是预期首先屈服部位的变形能力，以增加结构延性。

在抗震设计中，增强承载力要和刚度、延性要求相适应。不适当地将某一部分结构增强，可能造成结构另一部分相对薄弱。因此，不合理地任意加强配筋以及在施工中以高强钢筋代替原设计中主要钢筋的做法，都要慎重考虑。

4. 基础

由于罕遇地震作用下大多数结构将进入非弹性状态，所以基础结构的抗震设计要求是：在保证上部结构抗震耗能机制的条件下，基础能将上部结构屈服机制形成后的最大作用（包括弯矩、剪力及轴力）传到基础，此时基础结构仍处于弹性。

单独柱基础适用于层数不多、地基土质较好的框架结构。交叉梁带形基础以及筏式基础适用于层数较多的框架。《抗震规范》规定，当框架结构有下列情况之一时，宜沿两主轴方向设置基础系梁：

（1）一级框架和 IV 类场地的二级框架；

（2）各柱基底面在重力荷载代表值作用下的压应力差别较大；

（3）基础埋置较深，或各基础埋置深度差别较大；

（4）地基主要受力层范围内存在软弱黏性土层、液化土层和严重不均匀土层；

（5）桩基承台之间。

    沿两主轴方向设置基础系梁的目的是加强基础在地震作用下的整体工作，以减少基础间的相对位移、由于地震作用引起的柱端弯矩以及基础的转动等。

    抗震墙结构以及框架-抗震墙结构的抗震墙基础应具有良好的整体性和抗转动能力，否则一方面会影响上部结构的屈服，使位移增大，另一方面将影响框架-抗震墙结构的侧力分配关系，将使框架所分配的侧力增大。因此，当按天然地基设计时，最好采用整体性较好的基础结构并有相应的埋置深度。抗震墙结构和框架-抗震墙结构当上部结构的重量和刚度分布不均匀时，宜结合地下室采用箱形基础以加强结构的整体性。当表层土质较差时，为了充分利用较深的坚实土层，减少基础嵌固程度，可以结合以上基础类型采用桩基。

5.2 框架结构的抗震计算

    多层和高层钢筋混凝土结构体系包括框架结构、抗震墙结构、框架-抗震墙结构、简体结构和框架-简体结构等。本节仅介绍框架结构的抗震计算方法。

5.2.1 水平地震作用下框架内力的计算

    框架结构可以采用有限元法建立三维空间计算模型并在此基础上采用反应谱法计算得到水平地震作用。当采用简化计算方法例如底部剪力法时，可在建筑结构的两个主轴方向分别考虑水平地震作用，各方向的水平地震作用由该方向抗侧力框架结构来承担。一般将砖填充墙仅作为非结构构件，不考虑其抗侧力作用。

    采用底部剪力法计算结构总水平地震作用标准值时，首先需要确定结构的基本周期。作为手算的方法，一般多采用顶点位移法来计算结构基本周期。计入 ψ_T 的影响，则其基本周期 T_1 可按下列公式计算：

$$T_1 = 1.7\psi_T\sqrt{u_T} \tag{5.2.1}$$

式中　ψ_T——考虑非结构墙体刚度影响的周期折减系数，当采用实砌填充砖墙时取 $0.6\sim$
　　　　　　0.7；当采用轻质墙、外挂墙板时取 0.8；

　　　u_1——结构顶点假想位移（m），即假想把集中在各层楼层处的重力荷载代表值 G_i
　　　　　　作为水平荷载，仅考虑计算单元全部柱的侧移刚度 $\sum_{j=1}^{n}D_j$，按弹性方法所求
　　　　　　得的结构顶点位移；应该指出，对于有突出于屋面的屋顶间（电梯间、水箱
　　　　　　间）等的框架结构房屋，结构顶点假想位移 u_T 指主体结构顶点的位移；因
　　　　　　此，突出屋面的屋顶间的顶面不需设质点 G_{n+1}，而将其并入主体结构屋顶集
　　　　　　中质点 G_n 内。

水平地震作用下框架内力的简化计算常采用反弯点法和 D 值法（改进反弯点法）。反弯点法适用于层数较少，梁柱线刚度比大于 3 的情况，计算比较简单。D 值法近似地考虑了框架节点转动对侧移刚度和反弯点高度的影响，比较精确，得到广泛应用。

5.2.2 水平地震作用下框架变形的计算

1. 多遇地震作用下框架层间弹性位移计算

多遇地震作用下，采用底部剪力法计算框架结构的层间弹性位移基本步骤是：

（1）计算梁、柱线刚度，并采用 D 值法计算柱侧移刚度 D_j 及 $\sum_{j=1}^{n} D_j$。

（2）计算结构的基本周期 T_1。

（3）采用底部剪力法计算结构总水平地震作用标准值 F_{Ek}。

（4）计算第 i 楼层的水平地震剪力 V_i，并计算层间弹性位移：

$$\Delta u_e = \frac{V_i}{\sum_{j=1}^{n} D_j} \tag{5.2.2}$$

（5）层间弹性位移验算：

$$\Delta u_e \leqslant [\theta_e] h \tag{5.2.3}$$

式中　h——计算楼层层高；

　　Δu_e——多遇地震作用标准值产生的层间弹性位移；计算时，应计入扭转变形，各作用分项系数均应采用 1.0；钢筋混凝土构件可采用弹性刚度；

　　$[\theta_e]$——层间弹性位移角限值，框架结构取 1/550。

2. 罕遇地震作用下框架层间弹塑性位移计算

罕遇地震作用下，采用底部剪力法计算框架结构的层间弹塑性位移基本步骤是：

（1）按梁、柱实际配筋计算各构件极限抗弯承载力，并确定各楼层的屈服承载力 V_{yi}。

（2）计算罕遇地震作用下结构总水平地震作用标准值 F_{Ek}，并计算各楼层的弹性地震剪力 V_{ei} 和层间弹性位移 Δu_e。

（3）计算各楼层的屈服强度系数 $\xi_{yi} = V_{yi}/V_{ei}$，并找出薄弱层。

（4）计算薄弱层的层间弹塑性位移 $\Delta u_p = \eta_p \Delta u_e$。

（5）层间弹塑性位移验算：

$$\Delta u_p \leqslant [\theta_p] h \tag{5.2.4}$$

式中　Δu_e——层间弹塑性位移；

　　$[\theta_p]$——层间弹塑性位移角限值，框架结构取 1/50；当框架柱的轴压比小于 0.40 时，可提高 10%；当柱子全高的箍筋构造比规范规定的最小配箍特征值大 30% 时，可提高 20%，但累计不超过 25%。

下面介绍框架结构楼层屈服承载力 V_{yi} 的计算方法。

1) 计算梁、柱的极限受弯承载力。计算时，应采用构件实际配筋和材料的强度标准值，不应用材料强度设计值，并可近似地按下列公式计算：

梁：
$$M_{bu} = A_{sb} f_{yk} (h_{b0} - a_s')$$
(5.2.5)

柱，当轴压比小于 0.8 或 $N_G / (\alpha_1 f_{ck} b_c h_c) \leqslant 0.5$ 时：

$$M_{cu} = A_{sc} f_{yk} (h_{c0} - a_s') + 0.5 N_G h_c \left(1 - \frac{N_G}{\alpha_1 f_c b_c h_c} \right)$$
(5.2.6)

式中　　M_{bu}、M_{cu} ——分别为梁端和柱端按实际配筋和材料强度标准值计算的正截面受弯承载力；

f_{yk} ——钢筋受拉强度标准值；

f_{ck} ——混凝土轴向受压强度标准值；

N_G ——对应于重力荷载代表值的柱轴向压力（分项系数取 1.0）；

b_c、h_c、h_{c0} ——分别是柱截面的宽度、高度、有效高度；

h_{b0} ——梁截面的有效高度；

A_{sb}、A_{sc} ——分别是梁端和柱端受拉区纵向实际配筋面积；

a_s' ——混凝土保护层厚度。

2) 计算柱端截面有效受弯承载力 $\widetilde{M}_c$。此时，可根据节点处梁、柱极限抗弯承载力的不同情况，来判别该层柱的可能破坏机制，确定柱端的有效受弯承载力。

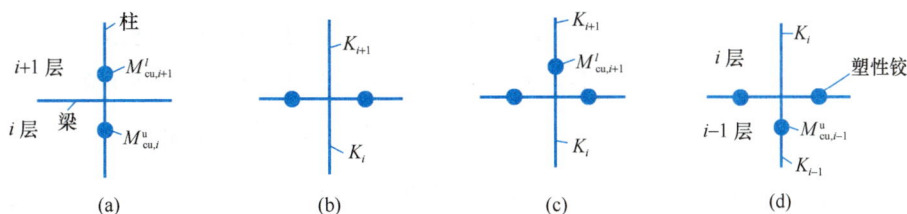

图 5.2.1　框架节点破坏机制的几种情况

(1) 当 $\sum M_{cu} < \sum M_{bu}$ 时，为强梁弱柱型（图 5.2.1a），则柱端有效受弯承载力可取该截面的极限受弯承载力，即：

$$\widetilde{M}_{c,i+1}^l = M_{cu,i+1}^l$$
(5.2.7a)

$$\widetilde{M}_{c,i}^u = M_{cu,i}^u$$
(5.2.7b)

(2) 当 $\sum M_{bu} < \sum M_{cu}$ 时，为强柱弱梁型（图 5.2.1b），节点上、下柱端都未达到极限受弯承载力。此时，柱端有效受弯承载力可根据节点平衡按柱线刚度将 $\sum M_{bu}$ 比例分配，但不大于该截面的极限受弯承载力，即：

$$\left.\begin{aligned}\widetilde{M}_{c,i+1}^{l} &= \sum M_{bu}\frac{K_{i+1}}{K_i + K_{i+1}}\\ M_{cu,i+1}^{l}\end{aligned}\right\}，两者中较小者 \qquad (5.2.8a)$$

$$\left.\begin{aligned}\widetilde{M}_{c,i}^{u} &= \sum M_{bu}\frac{K_i}{K_i + K_{i+1}}\\ M_{cu,i}^{u}\end{aligned}\right\}，两者中较小者 \qquad (5.2.8b)$$

（3）当 $\sum M_{bu} < \sum M_{cu}$，而且一柱端先达到屈服（图 5.2.1c）。此时，另一柱端的有效受弯承载力可按上、下柱线刚度比例求得，但不大于该截面的极限受弯承载力，即：

$$\widetilde{M}_{c,i+1}^{l} = M_{cu,i+1}^{l} \qquad (5.2.9a)$$

$$\left.\begin{aligned}\widetilde{M}_{c,i}^{u} &= M_{cu,i+1}^{l}\frac{K_i}{K_{i+1}}\\ M_{cu,i}^{u}\end{aligned}\right\}，两者中较小者 \qquad (5.2.9b)$$

当如图 5.2.1（d）所示时：

$$\left.\begin{aligned}\widetilde{M}_{c,i}^{l} &= M_{cu,i-1}^{u}\frac{K_i}{K_{i-1}}\\ M_{cu,i}^{l}\end{aligned}\right\}，两者中较小者 \qquad (5.2.10a)$$

$$\widetilde{M}_{c,i-1}^{u} = M_{cu,i-1}^{u} \qquad (5.2.10b)$$

式中　　　M_{bu}——梁端极限受弯承载力；

M_{cu}——柱端极限受弯承载力；

$\sum M_{bu}$——节点左、右梁端逆时针或顺时针方向截面极限受弯承载力之和；

$\sum M_{cu}$——节点上、下柱端顺时针或逆时针方向截面极限受弯承载力之和；

$\widetilde{M}_{c,i}^{u}、\widetilde{M}_{c,i+1}^{u}、\widetilde{M}_{c,i-1}^{u}$——第 i 层、$i+1$ 层、$i-1$ 层柱顶截面有效受弯承载力；

$\widetilde{M}_{c,i}^{l}、\widetilde{M}_{c,i+1}^{l}、\widetilde{M}_{c,i-1}^{l}$——第 i 层、$i+1$ 层、$i-1$ 层柱底截面有效受弯承载力；

$K_i、K_{i+1}、K_{i-1}$——第 i 层、$i+1$ 层、$i-1$ 层柱线刚度。

需要说明的是，对于上述（3）的情况，如何判别其中某一柱端已经达到屈服，这要从上、下柱端的极限抗弯承载力的相对比较以及上、下柱端所分配到弯矩的相互比较加以确定。一般规定是，某一柱端极限抗弯承载力较小或所分配到的柱端弯矩较大者，可认为先行屈服。

3）计算第 i 层 j 根柱的受剪承载力 V_{yij}

$$V_{yij} = \frac{\widetilde{M}_{cij}^{u} + \widetilde{M}_{cij}^{l}}{h_{ni}} \qquad (5.2.11)$$

式中　h_{ni}——第 i 层的净高，可由层高 h 减去该层上、下梁高的 1/2 求得。

4）计算第 i 层的楼层屈服承载力 V_{yi}

将第 i 层各柱的屈服承载力相加即得：

$$V_{yi} = \sum_{j=1}^{n} V_{yij} \qquad\qquad (5.2.12)$$

5.2.3　框架结构的抗震验算

通过框架结构的内力分析，获得了在水平地震作用下构件的内力标准值。在框架抗震设计时，应考虑结构构件的地震作用效应和其他荷载效应的基本组合。当只考虑水平地震作用与重力荷载代表值时，结构构件的内力组合设计值 S（组合的弯矩、轴力和剪力设计值）可写成：

$$S = 1.3S_{GE} + 1.4S_{Eh} \qquad\qquad (5.2.13)$$

式中　S_{GE}——重力荷载代表值的效应；

$\quad\quad\ S_{Eh}$——水平地震作用标准值的效应。

当需要考虑竖向地震作用或风荷载作用时，其内力组合设计值可参照有关规定。

重力荷载代表值作用下框架内力计算可采用分层法和弯矩二次分配法。由于钢筋混凝土结构具有塑性内力重分布性质，在竖向荷载下可以考虑适当降低梁端弯矩，进行调幅，以减少负弯矩钢筋的拥挤现象，如图 5.2.2 所示。对于现浇框架，调幅系数 β 可取 $0.8\sim0.9$；装配整体式框架由于节点的附加变形，β 可取 $0.7\sim0.8$。将调幅后的梁端弯矩叠加简支梁的弯矩，则可得到梁的跨中弯矩，且调幅后的跨中弯矩不应小于简支情况下跨中弯矩的 50%。需要指出，只有竖向荷载作用下的梁端弯矩可以调幅，水平荷载作用下的梁端弯矩不能考虑调幅。因此，必须先将重力荷载代表值作用下的梁端弯矩调幅后，再与水平地震作用产生的弯矩进行组合。

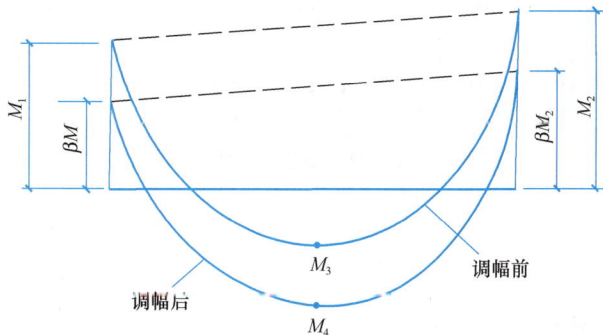

图 5.2.2　竖向荷载下梁端弯矩调幅

为了较合理地控制强震作用下框架结构的破坏机制和构件破坏形态，在《抗震规范》中体现了能力控制设计的概念，并区别不同抗震等级，一定程度上实现了"强柱弱梁""强节点弱构件""强剪弱弯"的概念设计要求。为此，框架结构的内力组合设计值需要进行调整，主要包括框架节点处柱弯矩设计值调整、框架节点核心区剪力设计值调整、梁端剪力设计值调整、柱端剪力设计值调整等。

钢筋混凝土框架结构按前述规定调整地震作用效应得到梁、柱、节点核心区的内力组合设计值后，可按《抗震规范》和《混凝土结构设计规范》GB 52010—2010（2015 年版）等相关的要求进行构件截面抗震验算。

钢筋混凝土框架结构的抗震设计一般步骤如图 5.2.3 所示。

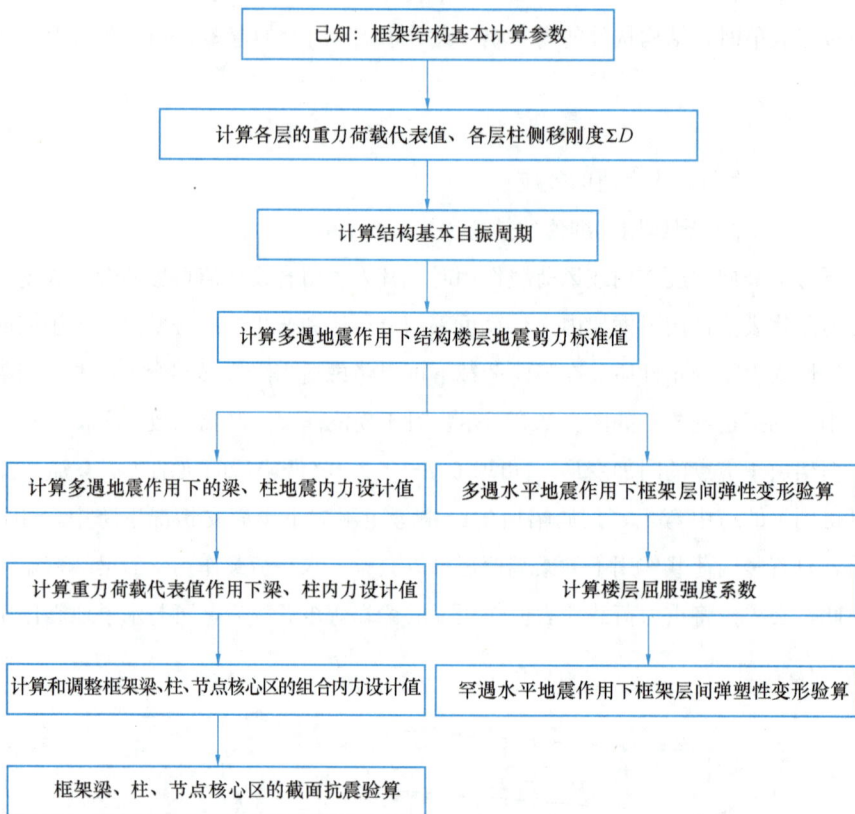

图 5.2.3　框架结构的抗震设计基本步骤

5.3　框架结构的抗震设计

5.3.1　框架结构的抗震性能

钢筋混凝土框架结构的抗震性能，不仅取决于单个构件的抗震性能，而且取决于各构件之间的组合关系。为了保证框架结构具有良好的抗震性能，应符合下列基本要求。

1. 钢筋混凝土框架的梁、柱构件应避免剪切破坏

梁、柱是钢筋混凝土框架结构中的主要构件，应以构件弯曲时主筋受拉屈服破坏为主，避免剪切破坏。这就是通常所讲的构件抗震设计应强剪弱弯，即构件弯曲破坏形成极限剪力应小于构件斜截面的极限剪力，使得构件的杆端出现弯曲的塑性铰而不产生斜截面的脆性破坏。

2. 框架结构的梁、柱之间应设置为"强柱弱梁"

钢筋混凝土框架的层间变形能力决定于梁、柱的变形性能。柱是压弯构件，其变形能力不如弯曲构件的梁。所以较合理的框架破坏机制，应该是梁比柱的塑性屈服尽可能早发生和多发生，底层柱底的塑性铰较晚形成，各层柱的屈服顺序尽量错开，避免集中在某一层内。这样破坏机制的框架，才能具有良好的变形能力和整体抗震能力。

3. 梁柱节点的承载能力宜大于梁、柱构件的承载能力

钢筋混凝土框架设计中，除了保证梁、柱构件具有足够的承载能力和变形能力以外，保证梁柱节点的抗剪承载力，使之不过早破坏也是十分重要的。梁柱节点合理的抗震设计原则是，在梁柱构件达到极限承载力前节点不应发生破坏。

4. 钢筋混凝土框架结构均宜双向布置

钢筋混凝土框架结构应在两个方向上均具有较好的抗震能力。结构纵、横向的抗震能力相互关联和影响，当一个方向的抗震能力较弱时，则会率先开裂和破坏，这将导致结构丧失空间协同能力且另一方向也将产生破坏。因此，钢筋混凝土框架结构宜双向均为框架结构体系，避免横向为框架、纵向为连续梁的结构体系，而且还应尽量使横向和纵向框架的抗震能力相匹配。

5.3.2　框架梁的抗震设计

5.3.2.1　抗震概念设计

1. 按强剪弱弯设计，避免发生剪切破坏

梁是钢筋混凝土框架的主要延性耗能构件。梁的破坏可能是弯曲破坏，也可能是剪切破坏。梁剪切破坏是由于剪切承载力不足，在弯曲屈服之前梁沿剪切斜裂缝剪断而破坏，屈服前的剪切破坏是脆性破坏，没有延性，设计时应予以避免，其截面弯矩-曲率关系如图 5.3.1 所示。为了确保梁端塑性铰区不发生脆性剪切破坏，要求按"强剪弱弯"设计梁构件，即要求截面抗剪承载力大于抗弯承载力。

一、二、三级框架梁，其端部截面组合的剪力

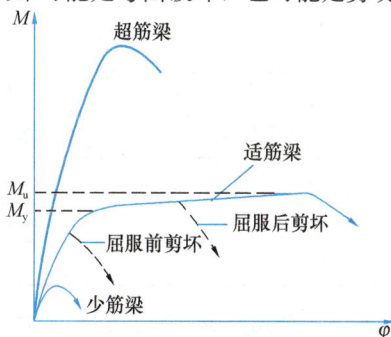

图 5.3.1　梁的破坏形态

设计值应按下式调整：

$$V = \eta_{vb}(M_b^l + M_b^r)/l_n + V_{Gb}$$ (5.3.1a)

一级框架结构及 9 度的一级框架梁可不按上式调整，但应符合：

$$V = 1.1(M_{bua}^l + M_{bua}^r)/l_n + V_{Gb}$$ (5.3.1b)

式中　　V——梁端截面组合剪力设计值；

l_n——梁的净跨；

V_{Gb}——梁在重力荷载代表值（9 度时高层建筑还应包括竖向地震作用标准值）作用下，按简支梁分析的梁端截面剪力设计值；

M_b^l、M_b^r——分别为梁左右端截面逆时针或顺时针方向组合的弯矩设计值；一级框架两端弯矩均为负弯矩时，绝对值较小的弯矩应取零；

M_{bua}^l、M_{bua}^r——分别为梁左右端截面逆时针或顺时针方向实配的正截面抗震受弯承载力所对应的弯矩值，根据实配钢筋面积（计入受压钢筋）和材料强度标准值并考虑承载力抗震调整系数计算；

η_{vb}——梁端剪力增大系数，一级取 1.3，二级取 1.2，三级取 1.1。

需要指出，由于框架梁只允许在梁端出现塑性铰，在设计时只要求梁端截面抗剪承载力大于抗弯承载力。一、二、三级框架梁端箍筋加密区以外的区段，以及四级框架梁，其截面剪力设计值可直接取考虑地震作用组合的剪力计算值。

2. 控制纵向受拉钢筋面积，避免发生少筋梁和超筋梁破坏

梁的弯曲破坏有三种形态：少筋破坏、超筋破坏和适筋破坏。少筋梁纵向受拉钢筋过少，当纵筋屈服后，很快被拉断而发生断裂破坏；超筋梁纵向受拉钢筋过多，在纵筋屈服前，受压区混凝土被压碎而发生破坏；适筋梁的纵筋屈服后，形成塑性铰，截面产生塑性转动，钢筋的塑性变形继续增大，直到受压区混凝土压碎。图 5.3.1 为梁三种弯曲破坏形态时的截面弯矩-曲率关系曲线。适筋梁属于延性破坏，而少筋梁和超筋梁都是脆性破坏，延性小，设计时应予以避免。

为了避免少筋梁破坏，规范规定了框架梁纵向受拉钢筋的最小配筋率见表 5.3.1。

框架梁纵向受拉钢筋的最小配筋 ρ_{min}（%）　　　　表 5.3.1

抗震等级	位置	
	支座（取较大值）	跨中（取较大值）
一级	0.4 和 80 f_t/f_y	0.3 和 65 f_t/f_y
二级	0.3 和 65 f_t/f_y	0.25 和 55 f_t/f_y
三、四级	0.25 和 55 f_t/f_y	0.2 和 45 f_t/f_y

为了避免超筋梁破坏，规范规定纵向受拉钢筋的配筋率不宜大于 2.5%，且沿梁全长顶面和底面的配筋，一、二级不应少于 2Φ14，且分别不应少于梁两端顶面和底面纵向配筋中

较大截面面积的 1/4，三、四级不应少于 2Φ12。

3. 限制受压区高度，保证适筋梁的延性

在适筋破坏的框架梁中，不同纵向受拉钢筋配筋率的梁，其弯曲破坏的延性有较大的差别。图 5.3.2 为不同受拉钢筋配筋率的梁进行试验得到的截面弯矩-转角曲线。可以看出，当纵向受拉钢筋配筋率很高时，混凝土受压区的相对高度 ξ（x/h_0）相应加大，截面上受到的压力也大。在弯矩达到峰值时，弯矩-曲率曲线很快出现下降；当低配筋率时，达到弯矩峰值后能保持相当长的水平段，这样大大提高了梁的延性和耗散能量的能力。因此，影响梁延性大小的主要因素是混凝土截面受压区高度 ξ。抗震等级越高的框架，要求梁的延性越大，因此限制梁端部截面受压区高度愈严。减少受拉钢筋，或配置受压钢筋，或采用 T 形截面及提高混凝土强度等级等，都能减小混凝土压区相对高度，都能增大梁的延性。

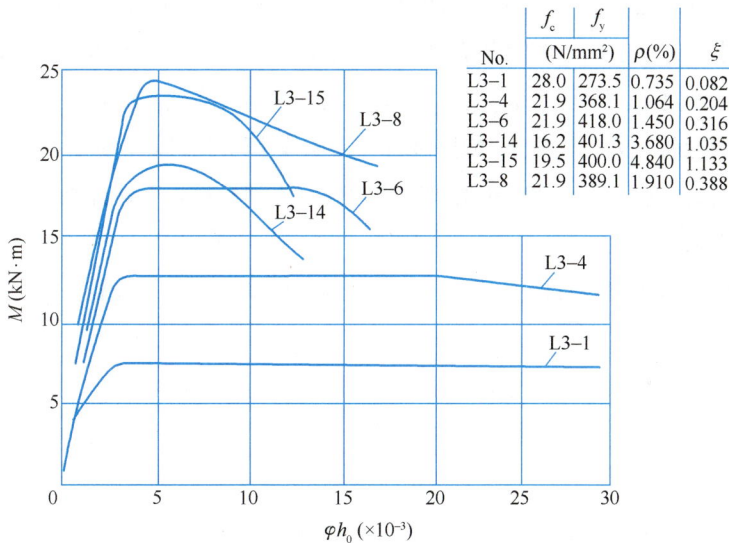

No.	f_c (N/mm²)	f_y (N/mm²)	$\rho(\%)$	ξ
L3-1	28.0	273.5	0.735	0.082
L3-4	21.9	368.1	1.064	0.204
L3-6	21.9	418.0	1.450	0.316
L3-14	16.2	401.3	3.680	1.035
L3-15	19.5	400.0	4.840	1.133
L3-8	21.9	389.1	1.910	0.388

图 5.3.2　纵向受拉配筋率对梁截面延性的影响

另外，梁端截面上纵向受压钢筋与纵向受拉钢筋保持一定的比例，对梁的延性也有较大的影响。其一，一定的受压钢筋可以减小混凝土受压区高度；其二，在地震作用下，梁端可能会出现正弯矩，如果梁底面钢筋过少，梁下部破坏严重，也会影响梁的承载力和变形能力。

规范的要求是：①抗震设计时，计入受压钢筋作用的梁端截面混凝土受压区高度与有效高度之比值，一级不应大于 0.25，二、三级不应大于 0.35。一、二、三级框架梁塑性铰区以外的部位，以及四级框架梁，只要求不出现超筋破坏，即 $x \leqslant \xi_b h_0$，ξ_b 为界限相对受压区高度。需要指出，因为梁端有箍筋加密区，箍筋间距较密，这对于发挥受压钢筋的作用，起了很好的保证作用，所以可以将受压区的实际配筋计入计算受压区高度 x。②梁端截面的底面和顶面纵向钢筋截面面积的比值，除按计算确定外，一级不应小于 0.5，二、三级不应小于 0.3。

4. 控制截面尺寸，提高框架梁的延性

在地震作用下，梁端塑性铰区混凝土保护层容易剥落。如果梁截面宽度过小则截面损失比例较大，故一般框架梁宽度不宜小于 200mm。为了对节点核心区提供约束以提高节点受剪承载力，梁宽不宜小于柱宽的 1/2。高而窄的梁不利混凝土约束，也会在梁刚度降低后引起侧向失稳，故梁的高宽比不宜大于 4。另外，梁的塑性铰区发展范围与梁的跨高比有关，当跨高比小于 4 时，属于短梁，在反复弯剪作用下，斜裂缝将沿梁全长发展，从而使梁的延性及承载力急剧降低。所以，规范规定，梁净跨与截面高度之比不宜小于 4。

限制梁的剪压比也是确定梁最小截面尺寸的条件之一。剪压比是指梁截面平均剪应力与混凝土轴心抗压强度之比（$V/f_c b h_0$），限制剪压比就是限制截面平均剪应力，也就是梁最小截面尺寸要求。试验表明，若梁截面尺寸小，平均剪应力就大，剪压比也大，此时，即使配置的箍筋数量满足了强剪弱弯的要求，梁端部能够先出现弯曲屈服，但是可能在塑性铰没有充分发挥其潜能前，梁就较早地出现斜裂缝，发生斜压剪切破坏。这种情况在跨高比较小的梁中多见，因此，对于跨高比较小的梁剪压比限制更加严格，不符合要求时可加大截面尺寸或提高混凝土强度等级。

规范对有地震作用组合时框架梁的剪压比限制条件表达为剪力验算公式：

跨高比大于 2.5 的梁：

$$V \leqslant \frac{1}{\gamma_{RE}}(0.2\beta_c f_c b h_0) \qquad (5.3.2a)$$

跨高比不大于 2.5 的梁：

$$V \leqslant \frac{1}{\gamma_{RE}}(0.15\beta_c f_c b h_0) \qquad (5.3.2b)$$

式中　V——梁计算截面的剪力设计值；

β_c——混凝土强度影响系数；当混凝土强度等级不大于 C50 时取 1.0；当混凝土强度等级为 C80 时取 0.8；当混凝土强度等级在 C50 和 C80 之间时可按线性内插取用；

f_c——混凝土轴心抗压强度设计值；

b——矩形截面的宽度，T 形截面和工字形截面的腹板宽度；

h_0——梁截面计算方向有效高度。

5. 设置箍筋加密区，提高梁端塑性铰区的延性

适筋梁的破坏主要集中在梁端塑性铰区范围内。钢筋屈服不是局限在一个截面内，而是一个区段，塑性铰区不仅出现竖向裂缝，还常常有斜裂缝。为了使塑性铰区具有良好的塑性转动能力，同时为了防止受压钢筋过早屈曲，当梁端剪力不超过限值时，对应于不同的抗震

等级梁端应有足够的配箍量。

规范规定，箍筋数量除按截面受剪承载力计算所需以外，梁端箍筋的加密区长度、箍筋最大间距和最小直径以及沿梁全长箍筋的面积配筋率尚应符合表 5.3.2 的要求；当梁端纵向受拉钢筋配筋率大于 2% 时，表中箍筋最小直径应增大 2mm。

梁端箍筋加密区的构造要求　　　　　　　　　　　表 5.3.2

抗震等级	加密区长度（取较大值）（mm）	箍筋最大间距（取最小值）（mm）	箍筋最小直径（mm）	沿梁全长箍筋的面积配筋率（%）
一	$2h_b$，500	$6d$，$h_b/4$，100	10	$0.3 f_t/f_{yv}$
二	$1.5h_b$，500	$8d$，$h_b/4$，100	8	$0.28 f_t/f_{yv}$
三	$1.5h_b$，500	$8d$，$h_b/4$，150	8	$0.26 f_t/f_{yv}$
四	$1.5h_b$，500	$8d$，$h_b/4$，150	6	$0.26 f_t/f_{yv}$

注：1. d 为纵向钢筋直径，h_b 为梁截面高度；

　　2. 箍筋直径大于 12m、数量不少于 4 肢且肢距小于 150mm 时，一、二级的最大间距应允许适当放宽，但不应大于 150mm。

箍筋加密区范围内的箍筋肢距，一级不宜大于 200mm 和 20 倍箍筋直径的较大值，二、三级不宜大于 250mm 和 20 倍箍筋直径的较大值，四级不宜大于 300mm。地震时梁混凝土保护层剥落、箍筋裸露于表面，为了保证箍筋对混凝土的约束作用，箍筋应有 135° 弯钩，弯钩端头直段长度不应小于 10 倍的箍筋直径和 75mm 的较大值。此外，由于梁端部出现交叉斜裂缝，抗震设防的框架梁，不用弯起钢筋抗剪，因为弯起钢筋只能抵抗单方向的剪力。

5.3.2.2　截面抗震验算

1. 正截面受弯承载力

考虑地震作用组合的框架梁，其正截面抗弯承载能力用下式验算：

$$M \leqslant \frac{1}{\gamma_{RE}} \left[(A_s - A_s') f_y (h_0 - 0.5x) + A_s' f_y (h_0 - a_s') \right] \tag{5.3.3a}$$

式中　M——组合的梁端截面弯矩设计值；

A_s、A_s'——分别为受拉钢筋和受压钢筋面积；

a_s'——受压钢筋中心至截面受压边缘的距离；

x——混凝土受压区高度，按式（5.3.3b）计算。

$$x = \frac{f_y(A_s - A_s')}{\alpha_1 f_c b} \tag{5.3.3b}$$

混凝土受压区高度 x 应符合：

$$x \geqslant 2a_s' \tag{5.3.3c}$$

当 $x < 2a_s'$ 时应取 $x = 2a_s'$，此时梁受弯承载力按下式验算：

$$M \leqslant \frac{1}{\gamma_{RE}} f_y A_s (h_0 - a_s') \tag{5.3.3d}$$

2. 斜截面受剪承载力

根据试验资料，反复荷载下框架梁的受剪承载力比静荷载下低 20%～40%。与非抗震设计类似，抗震设计时梁的受剪承载力可归结为由混凝土和抗剪钢筋两部分组成。但是反复荷载作用下，混凝土的抗剪作用将有明显的削弱，其主要原因是混凝土剪压区剪切强度降低，以及斜裂缝间混凝土咬合力及纵向钢筋暗销力的降低。箍筋项承载力降低则不明显。为此，规范将框架梁受剪承载力计算公式中的混凝土项取为非抗震情况下混凝土受剪承载力的 60%，而箍筋项则不考虑反复荷载作用的降低。

规范规定，对于矩形、T 形和 I 形截面的一般框架梁，斜截面受剪承载力应按下式验算：

$$V \leqslant \frac{1}{\gamma_{\mathrm{RE}}} \left(0.42 f_{\mathrm{t}} b h_0 + 1.25 f_{\mathrm{yv}} \frac{A_{\mathrm{sv}}}{s} h_0 \right) \tag{5.3.4a}$$

式中　f_{yv}——箍筋抗拉强度设计值；

　　　A_{sv}——同一截面箍筋各肢的全部截面面积；

　　　γ_{RE}——承载力抗震调整系数。

集中荷载较大（包括有多种荷载，其中集中荷载对节点边缘产生的剪力值占总剪力的 75% 以上的情况）的框架梁，应按下式验算：

$$V \leqslant \frac{1}{\gamma_{\mathrm{RE}}} \left(\frac{1.05}{\lambda + 1} f_{\mathrm{t}} b h_0 + f_{\mathrm{yv}} \frac{A_{\mathrm{sv}}}{s} h_0 \right) \tag{5.3.4b}$$

式中　λ——计算截面的剪跨比，可取 $\lambda = a/h_0$；$\lambda < 1.5$ 时，取 $\lambda = 1.5$；$\lambda > 3$ 时，取 $\lambda = 3$；

　　　a——集中荷载作用点至节点边缘的距离。

框架梁端截面的抗震设计基本步骤如图 5.3.3 所示。

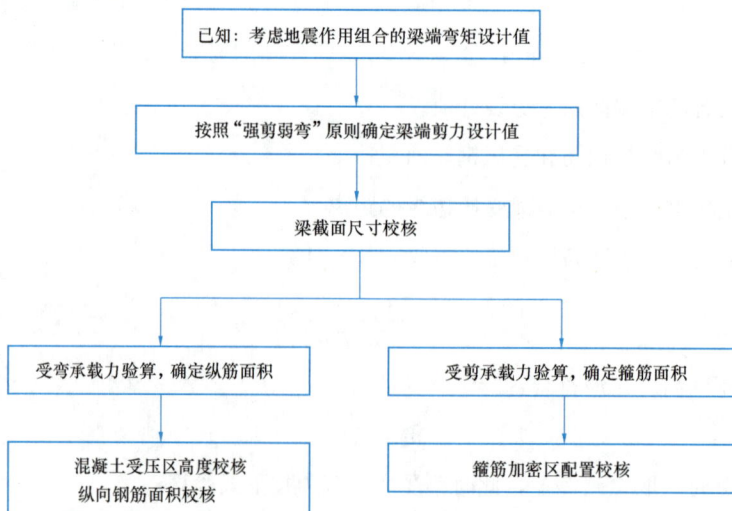

图 5.3.3　框架梁端截面抗震设计基本步骤

【例题 5.3.1】某框架梁，$b \times h = 250mm \times 600mm$，抗震等级为二级，混凝土 C30，纵筋 HRB400。在重力荷载和地震作用组合下，支座柱边的梁弯矩 $M_{max} = 210kN \cdot m$，$-M_{max} = -440kN \cdot m$，支座柱边梁端截面配筋为顶部 4 Φ 25，底部 2 Φ 25。检验配筋是否满足《抗震规范》的有关规定。

【解】1）最小配筋率

由表 5.3.1 二级抗震等级，支座的最小配筋率为 0.3 和 65 f_t / f_y 的较大值：

$$\rho_{min} = max\left(0.30\%, 0.65 \times \frac{1.43}{360}\right) = 0.30\%$$

而 2 Φ 25，$A_s = 982mm^2$；$\dfrac{A_s}{b \times h} = \dfrac{982}{250 \times 600} = 6.5\% > \rho_{min} = 0.30\%$，可以。

2）最大配筋率

最大配筋率为 2.5%，4 Φ 25，$A_s = 1964mm^2$。

$$\rho = \frac{1964}{250 \times 565} = 1.39\% < \rho_{max} = 2.5\%，可以。$$

3）计算 $\dfrac{A'_s}{A_s}$

2 Φ 25；$A'_s = 982mm^2$，4 Φ 25，$A_s = 1964mm^2$。

$$\frac{A'_s}{A_s} = \frac{982}{1964} = 0.5 > 0.3，可以。$$

4）计算 ξ

$$\alpha_1 f_c bx = f_y A_s - f'_y A'_s，x = \frac{360 \times (1964 - 982)}{1.0 \times 14.3 \times 250} = 98.9mm。$$

$$\xi = \frac{x}{h_0} = \frac{98.9}{565} = 0.175 < 0.35，可以。$$

5）受弯承载力验算

对于底面配筋 2 Φ 25，$A_s = 982mm^2$，按双筋梁计算：

$$\alpha_1 f_c bx = f_y A_s - f'_y A'_s，x = \frac{f_y(A_s - f'_y A')}{\alpha_1 f_c b} = \frac{360 \times (982 - 1964)}{1.0 \times 14.3 \times 250} < 0$$

则：

$$M_u = \frac{1}{\gamma_{RE}} f_y A_s (h_0 - a'_s) = \frac{1}{0.75} \times 360 \times 982 \times (565 - 35) \times 10^{-6}$$

$$= 249.8kN \cdot m > 210kN \cdot m$$

可以。

对顶面配筋 4 Φ 25，$A_s = 1964mm^2$，按双筋梁计算：

$$\alpha_1 f_c bx = f_y A_s - f'_y A'，x = \frac{360 \times (1964 - 982)}{1.0 \times 14.3 \times 250} = 98.9mm > 2a'_s = 70mm$$

$$M_u = \frac{1}{\gamma_{RE}}\left[f_y A_{s1}\left(h_0 - \frac{x}{2}\right) + f_y A_{s2}(h_0 - a'_s) \right]$$

$$= \frac{1}{0.75} \times \left[360 \times (1964 - 982) \times \left(565 - \frac{98.9}{2}\right) + 360 \times 982 \times (565 - 35) \right] \times 10^{-6}$$

$$= 492.8 \text{kN} \cdot \text{m} > 440 \text{kN} \cdot \text{m}$$

可以。

【例题 5.3.2】某三层 10 层框架，边跨跨长为 5.6m，柱宽 500mm，梁 $b \times h = 250\text{mm} \times 600\text{mm}$，抗震等级为二级，混凝土 C30，纵筋 HRB400，箍筋 HPB300。作用于梁上的重力荷载设计值为 51kN/m。在重力荷载和地震作用组合下，作用于边跨一层梁上的弯矩值：边支座柱边梁弯矩 $M_{max} = 215\text{kN} \cdot \text{m}$，$-M_{max} = -420\text{kN} \cdot \text{m}$；中支座柱边的梁弯矩 $M_{max} = 180\text{kN} \cdot \text{m}$，$-M_{max} = -365\text{kN} \cdot \text{m}$；梁跨中 $M_{max} = 185\text{kN} \cdot \text{m}$；边跨跨中的最大剪力 $V_{max} = 235\text{kN}$。求：（1）梁端加密区箍筋配置；（2）梁非加密区箍筋配置；（3）梁端箍筋加密区的长度。

【解】1）重力荷载引起的梁支座边缘最大剪力设计值

$$V_{Gb} = \frac{1}{2} q_{GE} l_n = \frac{1}{2} \times 51 \times 5.1 = 130.05 \text{kN}$$

由式（5.3.1a），二级抗震等级 $V = \eta_{vb}(M_b^l + M_b^r)/l_n + V_{Gb}$。

逆时针方向，$M_b^l = -420\text{kN} \cdot \text{m}$，$M_b^r = 180\text{kN} \cdot \text{m}$，$M_b^l + M_b^r = 420 + 180 = 600\text{kN} \cdot \text{m}$。

顺时针方向，$M_b^l = 215\text{kN} \cdot \text{m}$，$M_b^r = -365\text{kN} \cdot \text{m}$，$M_b^l + M_b^r = 215 + 365 = 580\text{kN} \cdot \text{m}$。

取大值，$M_b^l + M_b^r = 420 + 180 = 600\text{kN} \cdot \text{m}$，$V_b = 1.2 \times 600/5.1 + 130.05 = 271.2\text{kN}$。

由跨高比 $\frac{l_n}{h} = \frac{5.6}{0.6} = 9.3 > 2.5$，由式（5.3.2a）：

$$\frac{1}{\gamma_{RE}}(0.2\beta_c f_c b h_0) = \frac{1}{0.85} \times 0.2 \times 1.0 \times 14.3 \times 250 \times 565 = 475.3\text{kN} > V_b = 271.2\text{kN}$$

截面满足。

由式（5.3.4a），$V = \frac{1}{\gamma_{RE}}\left(0.42 f_t b h_0 + 1.25 f_{yv} \frac{A_{sv}}{s} h_0 \right)$：

$$\frac{A_{sv}}{s} = \frac{0.85 \times 271.2 \times 10^3 - 0.42 \times 1.43 \times 250 \times 565}{1.25 \times 270 \times 565} = 0.764 \text{mm}^2/\text{mm}$$

取双肢Φ8@100，$\frac{A_{sv}}{s} = \frac{2 \times 50.3}{100} = 1.006 \text{mm}^2/\text{mm} > 0.764 \text{mm}^2/\text{mm}$

2）由表 5.3.2，二级抗震

$$\rho_{sv} = \frac{A_{sv}}{bs} = \frac{1.006}{250} = 0.4\% \geqslant 0.28 f_t/f_{yv} = 0.28 \times \frac{1.43}{270} = 0.148\%$$

选用双肢Φ8，$s \leqslant \frac{A_{sv}}{b\rho_{sv,min}} = \frac{2 \times 50.3}{250 \times 0.148\%} = 271\text{mm}$，跨中剪力 $V = 235\text{kN}$。

$$\frac{A_{sv}}{s} = \frac{\gamma_{RE}V - 0.42f_t b h_0}{1.25 f_{yv} h_0} = \frac{0.85 \times 235 \times 10^3 - 0.42 \times 1.43 \times 250 \times 565}{1.25 \times 270 \times 565}$$

$$= 0.603 \text{mm}^2/\text{mm}$$

取 $2\Phi 8$，$s \leqslant \dfrac{A_{sv}}{0.603} = \dfrac{2 \times 50.3}{0.603} = 167\text{mm}$；选用双肢 $\Phi 8@150$。

3）由表 5.3.2，二级抗震

$$l = \max(1.5h_b, 500) = \max(1.5 \times 600, 500) = 900\text{mm}$$

5.3.3　框架柱的抗震设计

5.3.3.1　抗震概念设计

1. 按强柱弱梁设计，尽量实现梁铰破坏机制

"强柱弱梁"的概念就是在强烈地震作用下，结构发生大的水平位移进入非弹性阶段时，为使框架仍有承受竖向荷载的能力而免于倒塌，要求实现梁铰机制，即塑性铰首先在梁上形成，而避免在破坏后危害更大的柱上出现塑性铰。因此要按强柱弱梁概念设计框架，梁的配筋不宜过强，而柱的配筋却要加强，除此以外，还有一些部位要求加强，它们都有益于保证柱的安全。

1）调整柱的弯矩，实现强柱弱梁

为了实现强柱弱梁，规范采用了增大柱端弯矩设计值的方法提高柱的承载力。规范规定，抗震等级为一、二、三、四级框架，除框架顶层柱、轴压比小于 0.15 的柱外，柱端弯矩应分别符合下列公式要求（图 5.3.4）：

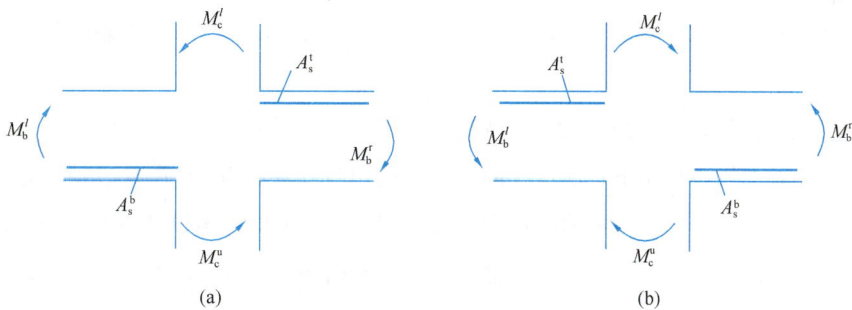

图 5.3.4　强柱弱梁示意

$$\sum M_c = \eta_c \sum M_b \qquad (5.3.5a)$$

一级的框架结构及 9 度的一级框架可不符合上述要求，但应满足：

$$\sum M_c = 1.2 \sum M_{bua} \qquad (5.3.5b)$$

式中　　η_c——柱端弯矩增大系数，对框架结构，一、二、三、四级可分别取1.7、1.5、1.3
和1.2，其他结构类型中的框架，一级取1.40，二级取1.2，三、四级取1.1；

$\sum M_c$——节点上、下柱端顺时针或逆时针方向截面组合的弯矩设计之和；上下柱端弯
矩，一般情况可按弹性分析所得弯矩之比分配到上、下柱端；

$\sum M_b$——同一节点左、右梁端，按顺时针和逆时针方向计算的两端考虑地震作用组合
的弯矩设计值之和的较大值；一级抗震等级，当两端弯矩均为负弯矩时，绝
对值较小的弯矩值应取零；

$\sum M_{bua}$——同一节点左、右梁端按顺时针和逆时针方向采用实配钢筋截面面积（计入受
压钢筋）和材料强度标准值，且考虑承载力抗震调整系数计算的正截面抗震
受弯承载力所对应的弯矩值之和的较大值。

当反弯点不在柱的层高范围内时，一、二、三、四级抗震等级的框架柱端弯矩设计值可
乘以上述柱端弯矩增大系数；框架顶层柱、轴压比小于0.15的柱，因其具有与梁相近的变
形能力，柱端弯矩设计值可取地震作用组合下的弯矩设计值。

试验表明，即使满足上述强柱弱梁的计算要求，要完全避免柱中出现塑性铰是很困难
的。因为地震时柱的实际反弯点会偏离柱的中部，使柱的某一端承受的弯矩很大，超过了极
限抗弯能力。另外，地震作用可能来自任一方向，柱双向偏心受压会降低柱的承载力，而楼
板钢筋参加工作又会提高梁的受弯承载力。凡此种种原因，都会使柱出现塑性铰难以完全避
免。国内外研究表明，要真正达到强柱弱梁的目的，柱与梁的极限受弯承载力之比要求在
1.60以上。而按《抗震规范》设计的框架结构这个比值在1.25左右。因此，按式（5.3.5）
设计时只能取得在同一楼层中部分为梁铰，部分为柱铰以及不致在柱上、下两端同时出现铰
的混合机制。故对框架柱的抗震设计还应采取其他措施，如限制剪压比和轴压比、加强柱端
约束箍筋等。

2）框架柱底层固定端弯矩增大，推迟其屈服

在强柱弱梁的屈服机制下，底层柱固定端截面出现塑性铰就形成"机构"。为了充分发
挥梁铰机制的延性能力，规范采取了增大底层柱固定端截面的弯矩设计值的措施，以便推迟
框架结构底层柱固定端截面的屈服。规范规定，框架结构底层柱下端截面对一、二、三、四
级抗震等级应按考虑地震作用组合的弯矩设计值分别乘以系数1.7、1.5、1.3和1.2确定。
底层柱纵向钢筋宜按上下端的不利情况配置。这里的底层是指柱根截面嵌固端的楼层。

3）加大角柱设计内力，提高角柱承载力

实际地震作用来自双向，还伴随有扭转，因此框架结构的角柱处于双向受力的不利状
态。因此，规范要求加大角柱内力设计值，对于一、二、三、四级框架的角柱，柱端组合弯
矩值、剪力设计值经调整后，尚应乘以不小于1.10的增大系数，以提高其承载力。除此以
外，一级及二级框架角柱其箍筋沿全高加密，也是增加延性的重要措施。

2. 按强剪弱弯设计，避免发生剪切破坏

虽然框架抗震设计采用了强柱弱梁的设计准则，但并不能保证柱不出现塑性铰。因此，抗震框架柱也要求按强剪弱弯设计，采用加大柱剪力设计值的方法提高其受剪承载力。需要指出，只需要在柱端箍筋加密区按照强剪弱弯准则设计箍筋。

一、二、三、四级框架柱两端采用剪力增大系数确定剪力设计值：

$$V_c = \eta_{vc} \frac{M_c^b + M_c^t}{H_n} \tag{5.3.6a}$$

一级的框架结构及9度的一级框架可不符合上述要求，但应满足：

$$V_c = 1.2 \frac{M_{cua}^b + M_{cua}^t}{H_n} \tag{5.3.6b}$$

式中　　η_{vc}——柱剪力增大系数，对框架结构，一、二、三、四级可分别取1.5、1.3、1.2和1.1，其他结构类型中的框架，一级取1.4，二级取1.2，三、四级取1.1；

　　　　H_n——柱的净高；

　　M_c^t、M_c^b——分别为柱的上、下端截面的顺时针方向和逆时针方向弯矩设计值（应取调整增大后的设计值，包括角柱的内力放大），取顺时针方向之和或逆时针方向之和，取两者的较大值；

　M_{cua}^t、M_{cua}^b——分别为柱的上、下端顺时针或反时针方向按实配钢筋面积、材料强度标准值和重力荷载代表值产生的轴向压力设计值计算的正截面抗震受弯承载力所对应的弯矩值。

一、二、三级框架的长柱在箍筋加密区以外的部分取地震作用组合下的剪力设计值。

3. 控制剪跨比和轴压比，实现大偏心受压破坏

在竖向荷载和往复水平荷载共同作用下，钢筋混凝土框架柱的破坏性态大致分为下列几种形式：压弯破坏（大偏心受压破坏、小偏心受压破坏）、剪切受压破坏、剪切受拉破坏、剪切斜拉破坏、粘结开裂破坏等。后三种破坏性态属于脆性破坏，应避免；小偏心受压破坏和剪切受压破坏的延性很小，基本上是脆性破坏；大偏心受压破坏延性较大，耗能较多，柱的抗震设计应尽可能实现大偏压破坏。

剪跨比是影响柱破坏性态的主要因素。剪跨比（$\lambda = M/Vh_0$）反映了柱截面的作用弯矩和剪力的相对大小。不同的剪跨比确定柱在往复水平荷载作用下的破坏性态。剪跨比大于2的柱称为长柱，其弯矩相对较大，一般容易实现压弯破坏，延性及耗能性能较好；剪跨比不大于2、但大于1.5的柱称为短柱，短柱一般发生剪切破坏，若配置足够的箍筋，也可能实现略有延性的剪切受压破坏；剪跨比不大于1.5的柱称为极短柱，一般都会发生剪切斜拉破坏。工程设计中应尽可能设计长柱，如设计短柱，应采取措施改善其性能，而尽量避免采

用极短柱。

轴压比是影响柱延性的重要因素。轴压比不同，柱将呈现两种破坏性态，即受拉钢筋首先屈服的大偏心受压破坏和混凝土受压区压碎而受拉钢筋不屈服的小偏心受压破坏。框架柱的抗震设计一般应限制在大偏心受压破坏范围，以保证柱有一定的延性。轴压比是指柱的平均轴向压应力与混凝土轴心抗压强度设计值的比值：

$$\mu_N = \frac{N}{bhf_c} \tag{5.3.7}$$

式中　N——有地震作用组合的柱组合轴压力设计值；

　　　b、h——分别为柱截面的宽度和高度。

对 6 度设防烈度的一般建筑，规范允许不进行截面抗震验算，其轴压比计算中的轴向力，可取无地震作用组合的轴力设计值；对于 6 度设防烈度，建造于Ⅳ类场地上较高的高层建筑，在进行柱的抗震设计时，轴压比计算则应采用考虑地震作用组合的轴向力设计值。

一、二、三级抗震等级的各类结构的框架柱，其轴压比不宜大于表 5.3.3 规定的限值。轴压比愈大，剪跨比愈小，则柱愈容易产生脆性剪切破坏，因此对短柱应有较严的轴压比限值。考虑到框架-剪力墙结构、筒体结构，主要依靠剪力墙和内筒承受水平地震作用，因此，作为第二道防线的框架，反映延性要求的轴压比可适度放宽；而框支剪力墙结构中的框支柱则必须提高延性要求，其轴压比应加严。对Ⅳ类场地上较高的高层建筑，柱轴压比限值也应适当减小。

框架柱的轴压比限值　　　　　　表 5.3.3

类别	抗震等级			
	一	二	三	四
框架结构	0.65	0.75	0.85	0.90
板柱-抗震墙、框架-抗震墙及筒体	0.75	0.85	0.90	0.95
部分框支抗震墙	0.60	0.70	—	

注：1. 表内限值适用于剪跨比大于 2、混凝土强度等级不高于 C60 的柱；剪跨比 $\lambda \leqslant 2$ 的柱，其轴压比限值应按表中数值减小 0.05；对剪跨比 $\lambda < 1.5$ 的柱，轴压比限值应专门研究并采取特殊构造措施；

2. 沿柱全高采用井字复合箍，且箍筋间距不大于 100mm、肢距不大于 200mm、直径不小于 12mm，或沿柱全高采用复合螺旋箍，且螺距不大于 100mm、肢距不大于 200mm、直径不小于 12mm，或沿柱全高采用连续复合矩形螺旋箍，且螺距不大于 80mm、肢距不大于 200mm、直径不小于 10mm 时，轴压比限值均可按表中数值增加 0.10；上述三种箍筋的配箍特征值 λ_v 均应按增大的轴压比由表 5.3.4 确定；

3. 当柱截面中部设置由附加纵向钢筋形成的芯柱，且附加纵向钢筋的总面积不少于柱截面面积的 0.8% 时，其轴压比限值可按表中数值增加 0.05；此项措施与注 2 的措施同时采用时，轴压比限值可按表中数值增加 0.15，但箍筋的配箍特征值 λ_v 仍可按轴压比增加 0.10 的要求确定；

4. 柱经采用上述加强措施后，其最终的轴压比限值不应大于 1.05。

4. 控制截面尺寸，保证框架柱的延性

为了保证框架柱的抗震性能，规范给出了框架柱合理的截面尺寸限制条件：①柱的截面宽度和高度，层数不超过 2 层及四级时，抗震时均不宜小于 300mm；一、二、三级且层数超过 2 层时，均不宜小于 400mm；圆柱的截面直径，层数不超过 2 层及四级，不宜小于 350mm，一、二、三级且层数超过 2 层时，均不宜小于 450mm；②柱的剪跨比宜大于 2；③柱截面长边与短边的边长比不宜大于 3。此外，规范从剪压比的角度提出了截面尺寸的限制条件。规范规定，剪跨比宜大于 2。如果柱截面较小，截面的平均剪应力过大，则增加箍筋并不能防止柱早期出现斜裂缝，即使按照强剪弱弯设计，也有可能较早出现剪切破坏。对于剪跨比较小的柱，因为容易剪坏，限制更加严格。需要指出，在高层建筑中，一般情况下框架柱截面的剪压比限制比较容易满足，柱截面尺寸大多数是由轴压比控制的。

框架柱的受剪截面应符合下列要求：

剪跨比大于 2 的柱：

$$V \leqslant \frac{1}{\gamma_{RE}}(0.2\beta_c f_c bh_0) \tag{5.3.8a}$$

剪跨比不大于 2 的柱：

$$V \leqslant \frac{1}{\gamma_{RE}}(0.15\beta_c f_c bh_0) \tag{5.3.8b}$$

式中　V——柱计算截面的剪力设计值；

　　　β_c——混凝土强度影响系数；当混凝土强度等级不大于 C50 时取 1.0；当混凝土强度等级为 C80 时取 0.8；当混凝土强度等级在 C50 和 C80 之间时可按线性内插取用；

　　　f_c——混凝土轴心抗压强度设计值；

　　　b——矩形截面的宽度，T 形截面和工字形截面的腹板宽度；

　　　h_0——柱截面计算方向有效高度。

5. 设置箍筋加密区，改善框架柱的延性

框架柱的箍筋有三个作用：第一，承担柱子剪力。第二，为纵向钢筋提供侧向支承，防止纵筋压曲。试验表明，当箍筋间距小于 6～8 倍柱纵筋直径时，在受压混凝土压溃之前，一般不会出现钢筋压曲现象。第三，对混凝土提供约束。配置箍筋后，箍筋约束使核心混凝土处于三向受压的状态，混凝土的轴心抗压强度略有提高，而与其对应的峰值应变加大，更重要的是混凝土的极限压应变增大，推迟了柱的破坏。因此，设置箍筋加密区是改善柱延性的主要措施。

1）箍筋加密区范围

箍筋加密区是提高柱抗剪承载力和改善柱延性的综合构造措施。抗震设计时，根据框架柱的部位和重要性，箍筋加密区需要选用恰当的箍筋形式、箍筋直径、间距和肢距。箍筋加密区的范围应符合下列要求：

（1）底层柱的上端和其他各层柱的两端，应取矩形截面柱之长边尺寸（或圆形截面柱之直径）、柱净高之 1/6 和 500mm 三者之最大值范围；

（2）底层柱刚性地面上、下各 500mm 的范围；

（3）底层柱柱根以上 1/3 柱净高的范围；

（4）剪跨比不大于 2 的柱和因填充墙等形成的柱净高与截面高度之比不大于 4 的柱全高加密；

（5）一级及二级框架角柱的全高范围；

（6）需要提高变形能力的柱的全高范围。

2）箍筋加密区的体积配箍率

试验资料表明，在满足一定位移的条件下，约束箍筋的用量随轴压比的增大而增大，大致成线性关系。为经济合理地反映箍筋含量对混凝土的约束作用，直接引用配箍特征值。为了避免配箍率过小还规定了最小体积配箍率。柱箍筋加密区的体积配箍率应符合下列要求：

$$\rho_{v} = \frac{\sum a_{s}l_{s}}{l_{1}l_{2}s} \geqslant \frac{\lambda_{v}f_{c}}{f_{yv}} \tag{5.3.9}$$

式中　ρ_{v}——柱箍筋加密区的体积配箍率，一级不应小于 0.8%，二级不应小于 0.6%，三、四级不应小于 0.4%；

$\sum a_{s}l_{s}$——箍筋各段体积（面积×长度）的总和，计算复合箍的体积配箍率时，可不扣除重叠部分；

l_{1}、l_{2}——箍筋包围的混凝土核心的两个边长；

s——箍筋的间距；

f_{c}——混凝土轴心抗压强度设计值，当强度等级低于 C35 时，按 C35 取值；

f_{yv}——箍筋或拉筋抗拉强度设计值；

λ_{v}——柱最小配箍特征值，宜按表 5.3.4 采用。

柱箍筋加密区的箍筋最小配箍特征值　　　　表 5.3.4

抗震等级	箍筋形式	轴压比								
		≤0.3	0.4	0.5	0.6	0.7	0.8	0.9	1.0	1.05
一	普通箍、复合箍	0.10	0.11	0.13	0.15	0.17	0.20	0.23	—	—
	螺旋箍、复合或连续复合矩形螺旋箍	0.08	0.09	0.11	0.13	0.15	0.18	0.21	—	—
二	普通箍、复合箍	0.08	0.09	0.11	0.13	0.15	0.17	0.19	0.22	0.24
	螺旋箍、复合或连续复合矩形螺旋箍	0.06	0.07	0.09	0.11	0.13	0.15	0.17	0.20	0.22

续表

抗震等级	箍筋形式	轴压比								
		≤0.3	0.4	0.5	0.6	0.7	0.8	0.9	1.0	1.05
三、四	普通箍、复合箍	0.06	0.07	0.09	0.11	0.13	0.15	0.17	0.20	0.22
	螺旋箍、复合或连续复合矩形螺旋箍	0.05	0.06	0.07	0.09	0.11	0.13	0.15	0.18	0.20

注：1. 普通箍指单个矩形箍筋或单个圆形箍筋；螺旋箍指单个螺旋箍筋；复合箍指由矩形、多边形、圆形箍筋或拉筋组成的箍筋；复合螺旋箍指由螺旋箍与矩形、多边形、圆形箍筋或拉筋组成的箍筋；连续复合矩形螺旋箍指全部螺旋箍为同一根钢筋加工成的箍筋；

　　　2. 在计算复合螺旋箍的体积配筋率时，其中非螺旋箍筋的体积应乘以换算系数 0.8；

　　　3. 剪跨比 λ≤2 的柱宜采用复合螺旋箍或井字复合箍，其体积配箍率不应小于 1.2%；9 度一级时不应小于 1.5%。

3）箍筋加密区的箍筋直径、间距和肢距

抗震设计时，柱箍筋在规定的范围内应加密。一般情况下，箍筋加密区的最大间距和最小直径应符合表 5.3.5 的要求。

柱端加密区的构造要求　　　　　　　　　　　　表 5.3.5

抗震等级	箍筋最大间距（mm）	箍筋最小直径（mm）
一	6d 和 100 的较小值	10
二	8d 和 100 的较小值	8
三	8d 和 150（柱根 100）的较小值	8
四	8d 和 150（柱根 100）的较小值	6（柱根 8）

注：1. d 为柱纵筋最小直径；底层柱的柱根系指地下室的顶面或无地下室情况的基础顶面；

　　　2. 一级框架柱的箍筋直接大于 12mm 且箍筋肢距小于 150mm 及二级框架柱的箍筋直径不小于 10mm 且肢距不大于 200mm 时，除柱根外，箍筋间距应允许采用 150mm；三级抗震等级框架柱的截面尺寸不大于 400mm 时，箍筋最小直径应允许采用 6mm；四级抗震等级框架柱剪跨比不大于 2 时，箍筋直径不应小于 8mm；

　　　3. 剪跨比不大于 2 的柱，箍筋间距不应大于 100mm，一级时尚不应大于 6 倍的纵向钢筋直径。

柱箍筋加密区内的箍筋肢距：一级抗震等级不宜大于 200mm；二、三级抗震等级不宜大于 250mm；四级抗震等级不宜大于 300mm。此外，至少每隔一根纵向钢筋宜在两个方向有箍筋或拉筋约束；当采用拉筋时，拉筋宜紧靠纵向钢筋并勾住封闭箍筋。

考虑到柱在其层高范围内剪力值不变及可能的扭转影响，为避免非加密区抗剪能力突然降低很多而造成柱中段剪切破坏，柱非加密区的箍筋量不宜小于加密区的 50%，且箍筋间距、一、二级不应大于 10 倍纵向钢筋直径，三、四级不应大于 15 倍纵向钢筋直径。

6. 控制纵向钢筋面积，提高框架柱的延性

框架柱纵向钢筋最小配筋率是工程设计中较重要的控制指标。根据国内外 270 余根柱的试验资料，发现柱屈服位移角大小主要受受拉钢筋配筋率支配，并且大致随配筋率线性增

大。因此，为了避免地震作用下柱过早进入屈服，并获得较大的屈服变形，必须满足柱纵向钢筋的最小总配筋率表 5.3.6 的要求。总配筋率按柱截面中全部纵向钢筋的面积与截面面积之比计算。为防止每侧的配筋过少，每一侧配筋率不应小于 0.2%。

柱全部纵向受力钢筋最小配筋百分率（%） 表 5.3.6

抗震等级	一	二	三	四
框架中、边柱	0.9（1.0）	0.7（0.8）	0.6（0.7）	0.5（0.6）
框架角柱	1.1	0.9	0.8	0.7

注：1. 表中括号内数值用于框架结构的柱；
　　2. 钢筋强度标准值小于 400MPa 时，表中数值应增加 0.1；钢筋强度标准值为 400MPa 时，表中数值增加 0.05；
　　3. 混凝土强度等级高于 C60 时，上述数值应相应增加 0.1。

框架柱纵向钢筋的最大总配筋率也应受到控制。过大的配筋率容易产生粘结破坏并降低柱的延性。因此，框架柱全部纵向受力钢筋配筋率不应大于 5%。对一级抗震等级，且剪跨比不大于 2 的框架柱，规定其每侧的纵向受拉钢筋配筋率不宜大于 1.2%。此外，柱纵筋宜对称配置。截面尺寸大于 400mm 的柱，纵向钢筋间距不宜大于 200mm。边柱、角柱在地震作用组合产生小偏心受拉时，柱内纵筋总截面面积应比计算值增加 25%。

5.3.3.2　截面抗震验算

1. 正截面受弯承载力

矩形截面柱正截面受弯承载力应按下式验算：

$$\eta M \leqslant \frac{1}{\gamma_{RE}}\left[\alpha_1 f_c bx\left(h_0 - \frac{x}{2}\right) + f'_y A'_s(h_0 - a'_s)\right] + 0.5N(h_0 - a_s) \tag{5.3.10}$$

此时，受压区高度 x 由下式确定：

$$N = \frac{1}{\gamma_{RE}}(\alpha_1 f_c bx + f'_y A'_s - \sigma_s A_s) \tag{5.3.11}$$

式中　η——偏心距增大系数，一般不考虑；

　　　σ_s——受拉边或受压较小边钢筋的应力。

当 $\xi = x/h_0 \leqslant \xi_b$ 时（大偏心受压）取 $\sigma_s = f_y$；当 $\xi > \xi_b$ 时（小偏心受压）取：

$$\sigma_s = \frac{f_y}{\xi_b - 0.8}\left(\frac{x}{h_0} - 0.8\right)$$

当 $\xi > h/h_0$ 时，取 $x = h$，σ_s 仍用计算的 ξ 值按上式计算。

其中，对于有屈服点钢筋（热轧钢筋、冷拉钢筋）且混凝土强度等级不大于 C50 时：

$$\xi_b = \frac{0.8}{1 + \dfrac{f_y}{0.0033E_s}} \tag{5.3.12}$$

2. 斜截面受剪承载力

根据试验资料，反复荷载下框架柱的受剪承载力相比单调加载要降低 10%～30%，这主要是由于混凝土受剪承载力降低所致。为此，规范按与框架梁相同的处理原则，给出了考虑地震作用组合的框架柱受剪承载力计算公式，其中，混凝土项抗震受剪承载力相当于非抗震情况下混凝土受剪承载力的 60%，而箍筋项受剪承载力与非抗震情况相比不予降低。

矩形截面偏心受压框架柱，其斜截面受剪承载力按下式验算：

$$V \leqslant \frac{1}{\gamma_{RE}} \left(\frac{1.05}{\lambda+1} f_t b h_0 + f_{yv} \frac{A_{sv}}{s} h_0 + 0.056N \right) \tag{5.3.13}$$

式中　λ——框架柱的计算剪跨比，取 $\lambda = M/(Vh_0)$；此处，M 宜取柱上、下端考虑地震作用组合的弯矩设计值的较大值，V 取与 M 对应的剪力设计值，h_0 为柱截面有效高度；当框架结构中的框架柱的反弯点在柱层高范围内时，可取 $\lambda = H_n/(2h_0)$，此处，H_n 为柱净高；当 $\lambda < 1$ 时，取 $\lambda = 1$；当 $\lambda > 3$ 时，取 $\lambda = 3$；

N——考虑地震作用组合的柱轴向压力设计值，当 N 大于 $0.3f_cA$ 时，取 $N = 0.3f_cA$。

当矩形柱截面框架柱出现拉力时，其斜截面受剪承载力按下式验算：

$$V \leqslant \frac{1}{\gamma_{RE}} \left(\frac{1.05}{\lambda+1} f_t b h_0 + f_{yv} \frac{A_{sv}}{s} h_0 - 0.2N \right) \tag{5.3.14}$$

式中　N——与剪力设计值 V 对应的轴向拉力设计值，取正值；当上式右端括号内的计算值小于 $f_{yv}A_{sv}h_0/s$，应取等于 $f_{yv}A_{sv}h_0/s$，并且 $f_{yv}A_{sv}h_0/s$ 值不应小于 $0.36f_t b h_0$。

框架柱端截面的抗震设计基本步骤如图 5.3.5 所示。

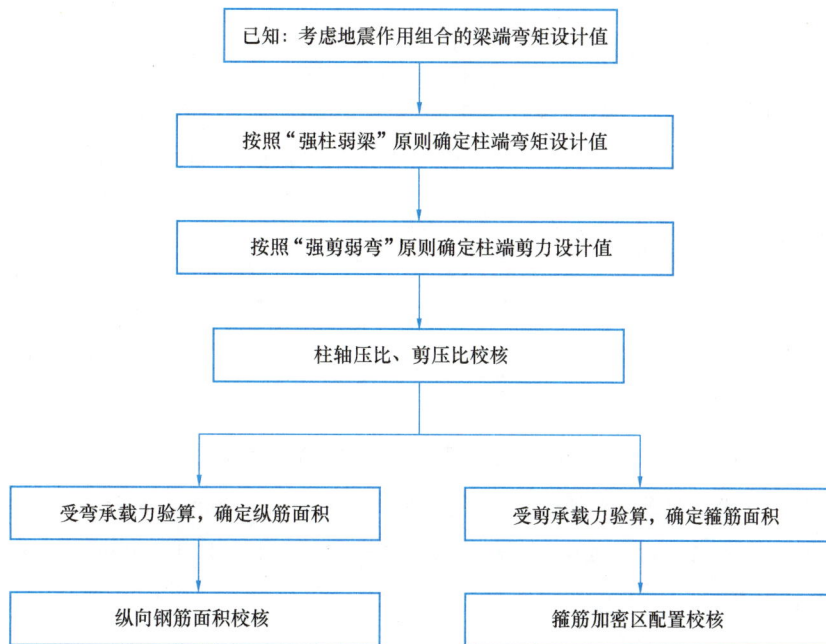

图 5.3.5　框架柱端截面抗震设计基本步骤

【例题 5.3.3】 某框架中柱，抗震等级二级。轴向压力组合设计值 $N=2690\mathrm{kN}$，柱端组合弯矩值设计值分别为 $M_\mathrm{c}^\mathrm{t}=728\mathrm{kN\cdot m}$ 和 $M_\mathrm{c}^\mathrm{b}=772\mathrm{kN\cdot m}$。梁端组合弯矩设计值之和 $\sum M_\mathrm{b}=890\mathrm{kN\cdot m}$。选用柱截面 $500\mathrm{mm}\times600\mathrm{mm}$，采用对称配筋，经配筋计算后每侧 5 Φ 25。梁截面 $300\mathrm{mm}\times750\mathrm{mm}$，层高 4.2m。混凝土强度等级 C30，主筋 HRB400 级钢筋，箍筋 HPB300 级钢筋。求：框架柱的抗震设计。

【解】 1）强柱弱梁验算

二级抗震，要求节点处梁柱端组合弯矩值应符合式（5.3.5a），$\sum M_\mathrm{c}\geq1.5\sum M_\mathrm{b}$。

$\sum M_\mathrm{c}=M_\mathrm{c}^\mathrm{t}+M_\mathrm{c}^\mathrm{b}=728+772=1500>1.5\times890=1335\mathrm{kN\cdot m}$，满足。

2）斜截面受剪承载力

（1）剪力设计值

$$V_\mathrm{c}=1.3\times\frac{M_\mathrm{c}^\mathrm{b}+M_\mathrm{c}^\mathrm{t}}{H_\mathrm{n}}=1.3\times\frac{728+772}{4.2-0.75}=1.3\times\frac{1500}{3.45}=565.22\mathrm{kN}$$

由于 $\lambda>2$，剪压比应满足式（5.3.8a），$V\leq\dfrac{1}{\gamma_\mathrm{RE}}(0.2\beta_\mathrm{c}f_\mathrm{c}bh_0)$。

$\dfrac{1}{\gamma_\mathrm{RE}}(0.2\beta_\mathrm{c}f_\mathrm{c}bh_0)=\dfrac{1}{0.85}(0.2\times14.3\times500\times560)=942.12\mathrm{kN}>565.22\mathrm{kN}$，满足。

（2）混凝土受剪承载力 V_c

$$V_\mathrm{c}=\frac{1.05}{\lambda+1}f_\mathrm{t}b_\mathrm{c}h_0+0.056N$$

由于柱反弯点在层高范围内，取 $\lambda=\dfrac{H_\mathrm{n}}{2h_0}=\dfrac{3.45}{2\times0.56}=3.08>3.0$，即 $\lambda=3.0$。

$N=2\,690\,000\mathrm{N}>0.3f_\mathrm{c}b_\mathrm{c}h=0.3\times14.3\times500\times600=1\,287\,000\mathrm{N}$，故取 $N=1287\mathrm{kN}$。

所以，$V_\mathrm{c}=\dfrac{1.05}{3+1}\times1.43\times500\times560+0.056\times1\,287\,000=177\,177\mathrm{N}$。

所需箍筋：$V_\mathrm{c}=\dfrac{1}{\gamma_\mathrm{RE}}\left[\dfrac{1.05}{\lambda+1}f_\mathrm{t}bh_0+f_\mathrm{yv}\dfrac{A_\mathrm{sh}}{s}h_0\right]$

$565\,220=\dfrac{1}{0.85}\times\left[177\,177+270\times\dfrac{A_\mathrm{sh}}{s}\times560\right]$

$\dfrac{A_\mathrm{sh}}{s}=2.01\mathrm{mm}^2/\mathrm{mm}$

则需 $A_\mathrm{sh}=100\times2.01=201\mathrm{mm}^2$，选用 Φ8，4 肢箍。$A_\mathrm{sh}=201\mathrm{mm}^2$，可以。

对柱端加密区尚应满足：$s<8d$（$8\times25=200\mathrm{mm}$）且 $s<100\mathrm{mm}$，取小值 $s=100\mathrm{mm}$。

对于非加密区，仍选用上述箍筋，而 $s=200\mathrm{mm}<10d=10\times25=250\mathrm{mm}$，满足。

3）轴压比验算

$$\mu_\mathrm{N}=\frac{N}{f_\mathrm{c}b_\mathrm{c}h_\mathrm{c}}=\frac{2\,690\,000}{14.3\times500\times600}=0.627<0.80，满足。$$

4）体积配箍率

根据 $\mu_N = 0.628$，由表 5.3.4 得 $\lambda_v = 0.13$，采用井字复合配筋，由式 (5.3.9) 其配筋率为：

$$\rho_v = \frac{\sum a_s l_s}{l_1 l_2 s} = \frac{4 \times 50.3 \times 444 + 4 \times 50.3 \times 544}{(444 \times 544) \times 100} = 0.82\% > \lambda_v \frac{f_c}{f_{yv}}$$

$$= 0.13 \times \frac{14.3}{270} = 0.69\%，满足。$$

5）柱端加密区

$$l_0 = \max\ (h_c = 600\text{mm},\ H_n/6 = 3450/6 = 575\text{mm},\ 500\text{mm}) = 600\text{mm}$$

6）其他

纵向钢筋的总配筋率、间距和箍筋肢距也都满足规范的要求，验算从略。

5.3.4 框架梁柱节点的抗震设计

1. 节点核心区的抗震概念设计

节点核心区是指框架梁与框架柱相交的部位。梁柱节点核心区的破坏为剪切破坏，可能导致框架失效；在地震往复作用下，伸入核心区的纵筋和混凝土之间的粘结破坏，会大大降低梁截面后期受弯承载力和节点刚度，造成破坏。因此，框架设计的重要内容之一是应当避免节点核心区在梁、柱构件破坏之前破坏，同时应保证梁、柱纵向钢筋在核心区内有可靠的锚固，即要求采取强节点、强锚固的设计措施。

图 5.3.6 表示在水平地震作用和竖向荷载的共同作用下，节点核心区所受到的各种力，主要是压力和剪力的组合作用。利用节点的平衡条件可得作用于节点核心区的剪力设计值 V_j 分别为：$T-V_c$（图 5.3.6a），$T_1 + C_{s2} + C_{c2} - V_c$（图 5.3.6b），$T$（图 5.3.6c）。节点核心区的破坏过程一般为：混凝土未开裂前，箍筋应力很小，基本由混凝土承受全部压力和绝大部分剪力。当剪力达到核心区受剪承载力的 60%～70% 时，混凝土突然发生对角贯通裂缝，节点刚度明显降低，箍筋应力增大。随着剪力的继续增大，箍筋陆续屈服，斜向裂缝增

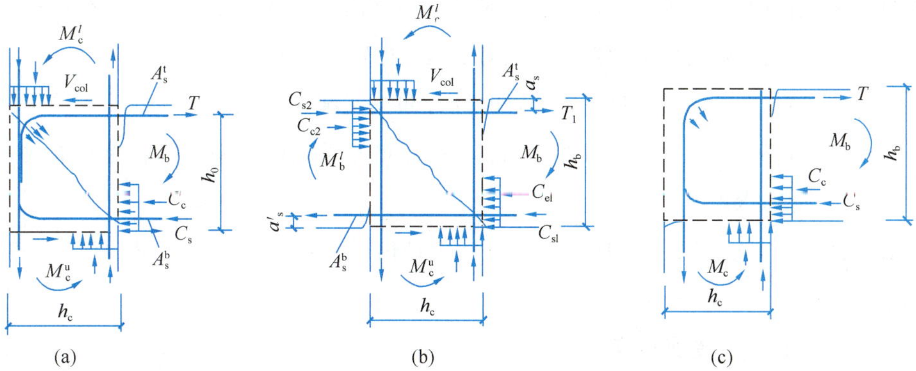

图 5.3.6 框架节点核心区受力示意图

(a) 边柱节点；(b) 中柱节点；(c) 顶层边柱节点

多，直至达到极限受剪承载力。如果箍筋配置较少，则可能在混凝土破碎后纵筋压屈。

我国规范采用了保证节点核心区的受剪承载力的设计方法，节点核心区配置足够的箍筋以抵抗斜裂缝的开展，并且要求在梁端钢筋屈服以前，核心区不发生剪切破坏，体现了强节点的要求。为此，取梁端截面达到受弯承载力时相应的核心区剪力作为核心区的剪力设计值，并按不同的抗震等级分别计算所需要的箍筋数量。抗震等级为四级时，核心区剪力较小一般不需验算，但要求按构造配置箍筋。

2. 节点核心区的剪力设计值

我国规范要求抗震等级一、二、三级时，根据剪力设计值验算框架节点核心区的抗剪承载力，并计算所需要的箍筋数量，四级抗震等级的框架节点核心区可不验算节点区抗剪承载力，只要求按构造设置箍筋。

一、二、三级框架梁柱节点核心区组合的剪力设计值，应按下列公式确定：

$$V_j = \frac{\eta_{jb} \sum M_b}{h_{b0} - a'_s} \left(1 - \frac{h_{b0} - a'_s}{H_c - h_b}\right) \quad (5.3.15)$$

一级框架结构和9度的一级框架可不按上式确定，但应符合

$$V_j = \frac{1.15 \sum M_{bua}}{h_{b0} - a'_s} \left(1 - \frac{h_{b0} - a'_s}{H_c - h_b}\right) \quad (5.3.16)$$

式中　V_j ——梁柱节点核心区组合的剪力设计值；

h_{b0} ——梁截面的有效高度，节点两侧梁高不等时可采用平均值；

a'_s ——梁受压钢筋合力点至受压边缘的距离；

H_c ——柱的计算高度，可采用节点上、下柱反弯点之间的距离；

h_b ——梁的截面高度，节点两侧梁高不等时可采用平均值；

η_{jb} ——节点剪力增大系数，对于框架结构，一级取1.5，二级取1.35，三级取1.2；对于其他结构类型中的框架，一级取1.35，二级取1.2，三级取1.1；

$\sum M_b$ ——节点左、右梁端反时针或顺时针方向截面组合的弯矩设计值之和；一级节点左右梁端均为负弯矩时，绝对值较小的弯矩应取零；

$\sum M_{bua}$ ——节点左、右梁端反时针或顺时针方向按实配钢筋截面面积（计入受压钢筋）、材料强度标准值，且考虑承载力抗震调整系数的正截面抗震受弯承载力所对应的弯矩值。

计算框架顶层梁柱节点核心区组合的剪力设计值时，式（5.3.15）、式（5.3.16）中括号项取消。

3. 节点核心区截面受剪验算

1）节点核心区的剪压比限值

为控制节点核心区的剪应力不致过高，以免过早出现裂缝而导致混凝土碎裂，规范同样

对节点核心区的剪压比作了限制。但节点核心周围一般都有梁的约束，抗剪面积实际比较大，故剪压比限值可放宽，一般应满足：

$$V_{\mathrm{j}} \leqslant \frac{1}{\gamma_{\mathrm{RE}}}(0.30\eta_{\mathrm{j}}\beta_{\mathrm{c}}f_{\mathrm{c}}b_{\mathrm{j}}h_{\mathrm{j}}) \tag{5.3.17}$$

式中　η_{j} ——正交梁对节点的约束影响系数；当楼板为现浇、梁柱中线重合、四侧各梁截面宽度不小于该侧柱截面宽度的 1/2，且正交方向梁高度不小于较高框架梁高度的 3/4 时，可取 $\eta_{\mathrm{j}}=1.5$，对 9 度设防烈度，宜取 $\eta_{\mathrm{j}}=1.25$；当不满足上述约束条件时，应取 $\eta_{\mathrm{j}}=1.0$；

　　　　b_{j} ——框架节点核心区的截面有效验算宽度，当 $b_{\mathrm{b}} \geqslant b_{\mathrm{c}}/2$ 时，可取 $b_{\mathrm{j}}=b_{\mathrm{c}}$；当 $b_{\mathrm{b}} < b_{\mathrm{c}}/2$ 时，可取 $(b_{\mathrm{b}}+0.5h_{\mathrm{c}})$ 和 b_{c} 中的较小值；当梁与柱的中线不重合，且偏心距 $e_0 \leqslant b_{\mathrm{c}}/4$ 时，可取 $(0.5b_{\mathrm{b}}+0.5b_{\mathrm{c}}+0.25h_{\mathrm{c}}-e_0)$、$(b_{\mathrm{b}}+0.5h_{\mathrm{c}})$ 和 b_{c} 三者中的最小值；此处，b_{b} 为验算方向梁截面宽度，b_{c} 为该侧柱截面宽度；

　　　　h_{j} ——框架节点核心区的截面高度，可取验算方向的柱截面高度，即 $h_{\mathrm{j}}=h_{\mathrm{c}}$。

2）节点核心区的受剪承载力

框架节点核心区的受剪承载力可以由混凝土和节点箍筋共同组成。影响受剪承载力的主要因素有：柱轴向力、直交梁约束、混凝土强度和节点配箍情况等。试验表明，与柱相似，在一定范围内，随着柱轴向压力的增加，不仅能提高节点的抗裂度，而且能提高节点极限承载力。另外，垂直于框架平面的直交梁如具有一定的截面尺寸，对核心区混凝土将具有明显的约束作用，实质上是扩大了受剪面积，因而也提高了节点的受剪承载力。《抗震规范》规定，现浇框架节点的受剪承载力按下式计算：

$$V_{\mathrm{j}} \leqslant \frac{1}{\gamma_{\mathrm{RE}}}\left(1.1\eta_{\mathrm{j}}f_{\mathrm{t}}b_{\mathrm{j}}h_{\mathrm{j}}+0.05\eta_{\mathrm{j}}N\frac{b_{\mathrm{j}}}{b_{\mathrm{c}}}+f_{\mathrm{yv}}A_{\mathrm{svj}}\frac{h_{\mathrm{b0}}-a_{\mathrm{s}}'}{s}\right) \tag{5.3.18a}$$

9 度的一级时：

$$V_{\mathrm{j}} \leqslant \frac{1}{\gamma_{\mathrm{RE}}}\left(0.9\eta_{\mathrm{j}}f_{\mathrm{t}}b_{\mathrm{j}}h_{\mathrm{j}}+f_{\mathrm{yv}}A_{\mathrm{svj}}\frac{h_{\mathrm{b0}}-a_{\mathrm{s}}'}{s}\right) \tag{5.3.18b}$$

式中　N ——对应于考虑地震作用组合剪力设计值的节点上柱底部的轴向力设计值；当 N 为压力时，取轴向压力设计值的较小值，且当 $N > 0.5f_{\mathrm{c}}b_{\mathrm{c}}h_{\mathrm{c}}$ 时，取 $N=0.5f_{\mathrm{c}}b_{\mathrm{c}}h_{\mathrm{c}}$；当 N 为拉力时，取 $N=0$；

　　　　f_{yv} ——箍筋抗拉强度设计值；

　　　　f_{t} ——混凝土轴心抗拉强度设计值；

　　　　A_{svj} ——核心区有效验算宽度范围内同一截面验算方向箍筋的全部截面面积。

4. 节点核心区的抗震构造要求

1）节点核心区的箍筋要求

为保证框架节点核心区的抗剪承载力，使框架梁、柱纵向钢筋有可靠的锚固条件，对节点核心区混凝土进行有效的约束，节点核心区内箍筋的最大间距和最小直径应满足柱端加密区的构造要求；另外，核心区内箍筋的作用与柱端有所不同，为便于施工，适当放宽构造要求。《抗震规范》规定，框架节点核心区箍筋的最大间距和最小直径宜按表5.3.5采用，一、二、三级框架节点核心区配箍特征值分别不宜小于0.12、0.10和0.08，且体积配箍率分别不宜小于0.6%、0.5%和0.4%。框架柱的剪跨比$\lambda \leqslant 2$的框架节点核心区配箍特征值不宜小于核心区上、下柱端配箍特征值中的较大值。

2）梁、柱纵筋在框架节点区的锚固和搭接要求

在反复荷载作用下，钢筋与混凝土的粘结强度将发生退化，梁和柱的纵筋锚固破坏是常见的脆性破坏之一。锚固破坏将大大降低梁、柱截面后期受弯承载力和节点刚度。纵向受拉钢筋的抗震锚固长度l_{aE}应按下列公式计算：

$$l_{aE} = \xi_a l_a \qquad\qquad (5.3.19)$$

式中　　l_a——纵向受拉钢筋非抗震设计的最小锚固长度，按《混凝土结构设计规范》
GB 50010—2010（2015年版）规定；

ξ_a——纵向受拉钢筋锚固长度修正系数，一、二级取1.15；三级取1.05；四级取1.0。

框架梁和框架柱的纵向受力钢筋在框架节点区的锚固和搭接应符合下列要求：

(1) 框架中间层的中间节点处，框架梁的上部纵向钢筋应贯穿中间节点；对一、二级抗震等级，梁的下部纵向钢筋伸入中间节点的锚固长度不应小于l_{aE}，且伸过中心线不应小于$5d$（图5.3.7a），此处，d为梁上部纵向钢筋的直径。梁内贯穿中柱的每根纵向钢筋直径，对一、二级抗震等级，不宜大于柱在该方向截面尺寸的1/20；对圆柱截面，不宜大于纵向钢筋所在位置柱截面弦长的1/20。

(2) 框架中间层的端节点处，当框架梁上部纵向钢筋用直线锚固方向锚入端节点时，其锚固长度除不应小于l_{aE}外，尚应伸过柱中心线不小于$5d$。当水平直线段锚固长度不足时，梁上部纵向钢筋应伸至柱外边并向下弯折。弯折前的水平投影长度不应小于$0.4l_{aE}$，弯折后的竖直投影长度取$15d$（图5.3.7b）。梁下部纵向钢筋在中间层端节点中的锚固措施与梁上部纵向钢筋相同，但竖直段应向上弯入节点。

(3) 框架顶层中间节点处，柱纵向钢筋应伸至柱顶。当采用直线锚固方式时，其自梁底边算起的锚固长度应不小于l_{aE}，当直线段锚固长度不足时，该纵向钢筋伸到柱顶后可向内弯折，弯折前的锚固段竖向投影长度不应小于$0.5l_{aE}$，弯折后的水平投影长度取$12d$；当楼盖为现浇混凝土，且板的混凝土强度不低于C20、板厚不小于80mm时，也可向外弯折，弯折后的水平投影长度取$12d$（图5.3.7c）。对一、二级抗震等级，贯穿顶层中间节点的梁上部纵向钢筋的直径，不宜大于柱在该方向截面尺寸的1/25。梁下部纵向钢筋在顶层中间节点中的锚固措施与梁下部纵向钢筋的中间层中间节点处的锚固措施相同。

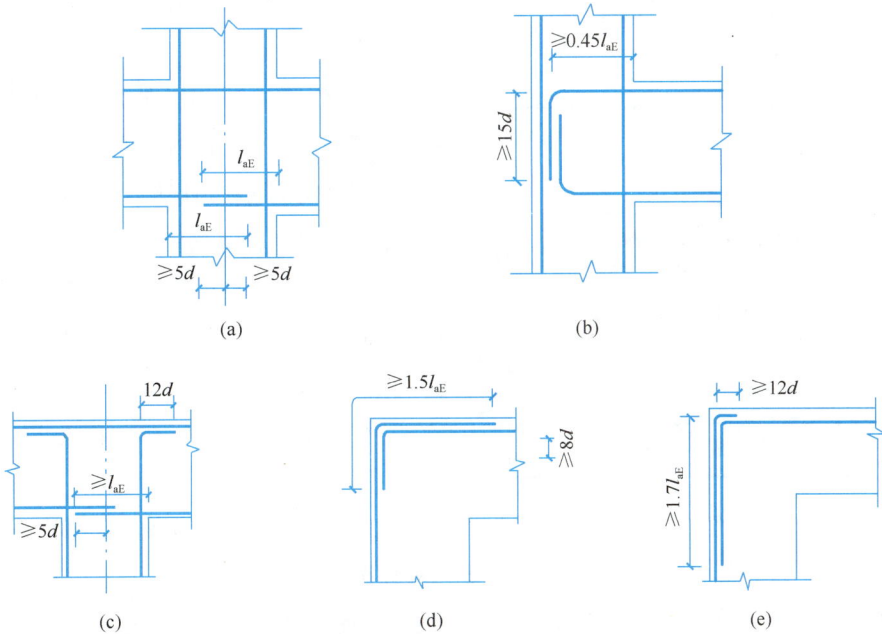

图 5.3.7　框架梁和柱的纵筋在节点区的锚固和搭接

（a）中间层中间节点；（b）中间层端节点；（c）顶层中间节点；

（d）顶层端节点（一）；（e）顶层端节点（二）

（4）框架顶层端节点处，柱外侧纵向钢筋可沿节点外边和梁上边与梁上部纵向钢筋搭接连接（图 5.3.7d），搭接长度不应小于 $1.5l_{aE}$，且伸入梁内的柱外侧纵向钢筋截面面积不宜少于柱外侧全部柱纵向钢筋截面面积的 65%，其中不能伸入梁内的外侧柱纵向钢筋，宜沿柱顶伸至柱内边；当该柱筋位于顶部第一层时，伸至柱内边后，宜向下弯折不小于 $8d$ 后截断；当该柱筋位于顶部第二层时，可伸至柱内边后截断；此处，d 为外侧柱纵向钢筋直径；当有现浇板时，且现浇板混凝土强度等级不低于 C20、板厚不小于 80mm 时，梁宽范围外的柱纵向钢筋可伸入板内，其伸入长度与伸入梁内的柱纵向钢筋相同。梁上部纵向钢筋应伸至柱外边并向下弯折到梁底标高。当柱外侧纵向钢筋配筋率大于 1.2% 时，伸入梁内的柱纵向钢筋应满足以上规定，且宜分两批截断，其截断点之间的距离不宜小于 $20d$。d 为梁上部纵向钢筋的直径。

当梁、柱配筋率较高时，顶层端节点处的梁上部纵向钢筋和柱外侧纵向钢筋的搭接连接也可沿柱外边设置（图 5.3.7e），搭接长度不应小于 $1.7l_{aE}$，其中，柱外侧纵向钢筋应伸至柱顶，并向内弯折，弯折段的水平投影长度不宜小于 $12d$。

梁上部纵向钢筋及柱外侧纵向钢筋在顶层端节点上角处的弯弧内半径，当钢筋直径 $d \leqslant$ 25mm 时，不宜小于 $6d$；当钢筋直径 $d > 25$mm 时，不宜小于 $8d$。当梁上部纵向钢筋配筋率大于 1.2% 时，弯入柱外侧的梁上部纵向钢筋除应满足以上搭接长度外，且宜分两批截断，

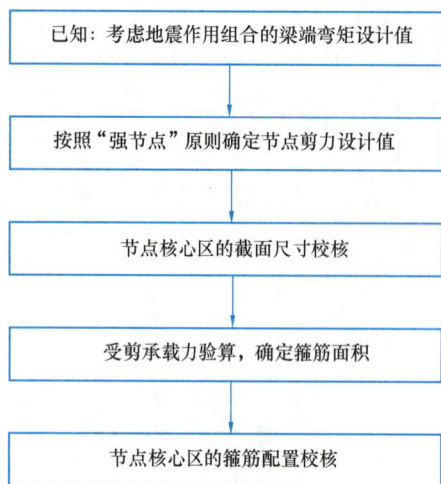

图 5.3.8　框架梁柱节点核心区
的抗震设计基本步骤

其截断点之间的距离不宜小于 $20d$，d 为梁上部纵向钢筋直径。

梁下部纵向钢筋在顶层端节点中的锚固措施与中间层端节点处梁上部纵向钢筋的锚固措施相同。柱内侧纵向钢筋在顶层端节点中的锚固措施与顶层中间节点处柱纵向钢筋的锚固措施相同。当柱为对称配筋时，柱内侧纵向钢筋在顶层端节点中的锚固要求可适当放宽，但柱内侧纵向钢筋应伸至柱顶。

（5）柱纵向钢筋不应在中间各层节点内截断。

一、二级框架梁柱节点核心区的抗震设计基本步骤如图 5.3.8 所示。

【例题 5.3.4】某框架结构，抗震等级为二级，楼板为现浇，首层顶的梁柱中节点，横向左侧梁截面尺寸为 300mm×800mm，右侧梁截面尺寸为 300mm×600mm，纵向梁截面尺寸为 300mm×700mm，柱截面尺寸为 600mm×600mm（图 5.3.9）。梁柱混凝土强度等级为 C30，$f_c = 14.3 \text{N/mm}^2$，$f_t = 1.43 \text{N/mm}^2$，节点左侧梁端弯矩设计值 $M_b^l = 430 \text{kN·m}$，右侧梁端弯矩设计值 $M_b^r = 245 \text{kN·m}$，上柱底部考虑地震作用组合的轴向压力设计值 $N = 3470 \text{kN}$，节点上下层柱反弯点之间距离 $H_c = 4.5 \text{m}$，$a_s = 65 \text{mm}$，箍筋 HPB300，$f_{yv} = 270 \text{N/mm}^2$。

试计算：（1）节点的剪力设计值；（2）验算节点的剪压比；（3）节点的受剪承载力。

【解】1）由式（5.3.15）求解

$$V_j = \frac{1.2 \sum M_b}{h_{b0} - a_s'} \left(1 - \frac{h_{b0} - a_s'}{H_c - h_b} \right),$$

$$h_b = \frac{800 + 600}{2} = 700 \text{mm}。$$

$$h_{b0} = h_b - a_s = 700 - 65 = 635 \text{mm},$$

$h_{b0} - a_s' = 635 - 65 = 570 \text{mm}$，$\sum M_b = 430 + 245 = 675 \text{kN·m}。$

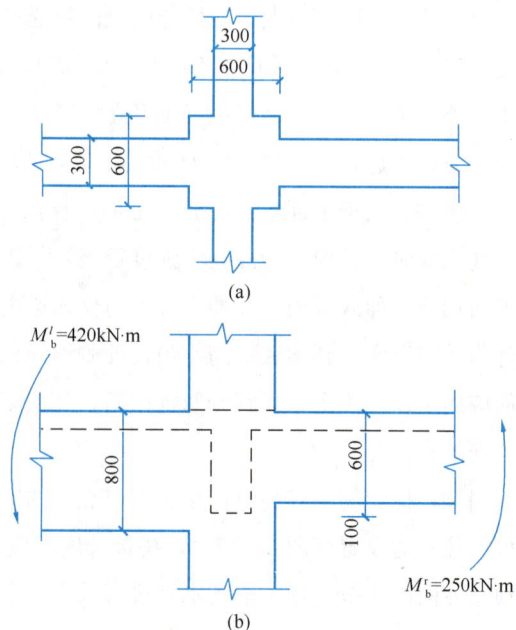

图 5.3.9　【例题 5.3.4】图
（a）平面；（b）剖面

$$V_j = \frac{1.2 \times 675 \times 10^6}{570} \times \left(1 - \frac{570}{4500 - 700}\right) = 1207.9 \times 10^3 \text{N} = 1208 \text{kN}。$$

2）验算节点的平均剪应力限制（剪压比）

由式（5.3.17），$V_j \leqslant \dfrac{1}{\gamma_{RE}}(0.30\eta_j\beta_c f_c b_j h_j)$。

节点核心区有效计算宽度取该柱侧柱的截面，即 $b_j = b_c = 600\text{mm}$。

因节点四边由梁约束，梁柱中心线重合，四侧各梁的宽度均等于柱宽的一半，正交方向梁高 700mm，与框架梁高的比值分别为 $\dfrac{700}{800} = 0.875$ 和 $\dfrac{700}{600} = 1.167$，均大于 0.75 且楼板为现浇，故 $\eta_j = 1.5$。

由　　　$\gamma_{RE} = 0.85$，$\dfrac{1}{\gamma_{RE}}(0.30\eta_j\beta_c f_c b_j h_j)$

$$= \frac{1}{0.85} \times (0.30 \times 1.5 \times 1.0 \times 14.3 \times 600 \times 600)$$

$$= 2725 \times 10^3 \text{N} = 2725 \text{kN} > V_j = 1208 \text{kN}，满足要求。$$

3）**按构造要求配置节点区箍筋**

根据《抗震规范》规定，框架节点核心区箍筋的最大间距和最小直径宜按表 5.3.5 采用。二级框架节点核心区配箍特征值 $\lambda_v = 0.10$，箍筋的最小直径 8mm，最大间距 100mm，最小箍筋体积配箍率 0.5%。

则：　　　　　　　$\rho_v = \lambda_v \dfrac{f_c}{f_{yv}} = 0.1 \dfrac{16.7}{270} = 0.62\% > 0.50\%$。

双向配置三肢Φ10@100 箍筋，$\rho_v = \dfrac{nA_{s1}l_1 + n_2 A_{s2}l_2}{A_{cor}s}$。

$A_{s1} = A_{s2} = 78.5\text{mm}^2$，$l_1 = l_2 = 600 - 2 \times 30 = 540\text{mm}$，$n_1 = n_2 = 3$。

$s = 100\text{mm}$，$A_{cor} = 540 \times 540 = 291\,600\text{mm}^2$。

$$\rho_v = \frac{3 \times 78.5 \times 540 + 3 \times 78.5 \times 540}{291\,600 \times 100} = 0.87\% > 0.80\%。$$

4）**计算节点受剪承载力**

由式（5.3.18a），$V_j \leqslant \dfrac{1}{\gamma_{RE}}\left(1.1\eta_j f_t b_j h_j + 0.05\eta_j N \dfrac{b_j}{b_c} + f_{yv}A_{svj}\dfrac{h_{b0} - a'_s}{s}\right)$。

$0.5 f_c b_c h_c = 0.5 \times 14.3 \times 600 \times 600 = 2574 \times 10^3 \text{N} = 2574 \text{kN} < N = 3470 \text{kN}$。

取 $N = 2574 \text{kN}$，$A_{svj} = 3 \times 78.5 = 236\text{mm}^2$。

$$V_j = \frac{1}{0.85} \times (1.1 \times 1.5 \times 1.43 \times 600 \times 600 + 0.05 \times 1.5 \times 2574$$

$$\times 10^3 \times \frac{600}{600} + 270 \times 236 \times \frac{570}{100})$$

$$= 1653.73 \times 10^3 = 1654 \text{kN} > V_j = 1199 \text{kN}，满足要求。$$

5.4 抗震墙结构的抗震设计

抗震墙在普通钢筋混凝土结构中又称为剪力墙，它是主要的抗震结构构件之一。抗震墙结构的刚度大，容易满足小震作用下结构尤其是高层建筑结构的位移限值；地震作用下抗震墙结构的变形小，破坏程度低；可以设计成延性结构，大震时通过连梁和墙肢底部塑性铰范围内的塑性变形，耗散地震能量；与其他结构（例如框架）同时使用时，抗震墙结构吸收大部分地震作用，降低其他结构构件的抗震要求。设防烈度较高地区（8度及以上）的高层建筑采用抗震墙结构，其优点更为突出。

钢筋混凝土抗震墙结构的设计要求是：在正常使用荷载及小震（或风载）作用下，结构处于弹性工作阶段，裂缝宽度不能过大；在中等强度地震作用下（设防烈度），允许进入弹塑性状态，但应具有足够的承载能力、延性及良好吸收地震能量的能力；在强烈地震作用（罕遇烈度）下，抗震墙不允许倒塌。此外还应保证抗震墙结构的稳定。

5.4.1 悬臂抗震墙的抗震性能

5.4.1.1 悬臂抗震墙的破坏形态

悬臂抗震墙（包括整截面墙和小开口整截面墙）是抗震墙的基本形式，是只有一个墙肢的构件，其抗震性能是抗震墙结构抗震设计的基础。悬臂抗震墙是承受压（拉）、弯、剪的构件，其破坏性态可以归纳为弯曲破坏、弯剪破坏、剪切破坏和滑移破坏等几种形态。弯曲破坏又分为大偏压破坏和小偏压破坏，大偏压破坏是具有延性的破坏形态，小偏压破坏的延性很小，而剪切破坏是脆性的。

1. 剪跨比

剪跨比（M/Vh_{w0}）表示截面上弯矩与剪力的相对大小，是影响抗震墙破坏形态的重要因素。$M/Vh_{w0} \geq 2$时，以弯矩作用为主，容易实现弯曲破坏，延性较好；$1 < M/Vh_{w0} < 2$时，很难避免出现剪切斜裂缝，视设计措施是否得当而可能弯坏，也可能剪坏，按照"强剪弱弯"合理设计，也可能实现延性尚好的弯剪破坏；$M/Vh_{w0} \leq 1$的抗震墙，一般都出现剪切破坏。在一般情况下，悬臂墙的剪跨比可通过高宽比 H_w/h_w 来间接表示。剪跨比大的悬臂墙表现为高墙（$H_w/h_w > 2$），剪跨比中等的称为中高墙（$H_w/h_w = 1 \sim 2$），剪跨比很小的为矮墙（$H_w/h_w < 1$）。

2. 轴压比

轴压比定义为截面轴向平均应力与混凝土轴向受压强度的比值（$N/A_c f_c$），是影响抗震墙破坏形态的另一个重要因素。轴压比大可能形成小偏心破坏，它的延性较小。设计时除了需要限制轴压比数值外，还需要在抗震墙压应力较大的边缘配置箍筋，形成约束混凝土以提高混凝土边缘的极限压应变，改善其延性。

在实际工程中，滑移破坏很少见，可能出现的位置是施工缝截面。

5.4.1.2　受弯抗震墙的抗震性能

受弯抗震墙受力性质是压弯构件，影响其抗震性能的最根本因素，是受压区的高度和混凝土的极限压应变值。受压区高度减小或混凝土极限压应变增大，都可以增大截面极限曲率，提高延性。为使受压区高度减小，在不对称配筋情况下，应注意不使受拉钢筋过多而增大受压区高度；在对称配筋情况下，尽可能降低轴向压力。为了使混凝土的极限压应变提高，可在混凝土压区形成端柱或暗柱。柱内箍筋不仅可以约束混凝土，提高混凝土极限压应变，而且可以使抗震墙具有较强的边框，阻止斜裂缝迅速贯通全墙。

但是，也应注意到不要使受压区高度与截面有效高度的比值过小，这时虽然受拉钢筋作用得以发挥，但沿抗震墙截面的水平裂缝会很长，使受拉边缘处的裂缝宽度过大，甚至造成受拉钢筋拉断的脆性破坏。因此，应当控制受拉钢筋及分布筋的最小配筋量。

5.4.1.3　矮墙的抗震性能

剪跨比 $M/Vh_{w0} \leqslant 1$ 的抗震墙属于矮墙，有两种情况可能形成矮墙：①在悬臂墙中 $H_w/h_w < 1$ 的抗震墙；②在底部大空间结构中落地抗震墙的底部，由于框支抗震墙底部的刚度减小，它承受的剪力将通过楼板传给落地抗震墙，使落地抗震墙下部受到较大剪力，造成底部的剪跨比很小。

矮墙几乎都是剪切破坏，然而矮墙也可以通过强剪弱弯设计使它具有一定的延性，但是如果截面上的名义剪应力较高，即使配置了很多抗剪钢筋，它们并不能充分发挥作用，会出现混凝土挤压破碎形成的剪切滑移破坏。因此在矮墙中限制名义剪应力并加大抗剪钢筋是防止其突然出现脆性破坏的主要措施。另外，当矮墙中出现斜裂缝后，应由水平钢筋和垂直钢筋共同维持被斜裂缝隔离成各斜向混凝土柱体的平衡，并共同阻止裂缝继续扩大。因此，矮墙的最小配筋率应当提高，竖向及水平分布筋配筋率都不应太小，并宜采用较细直径的钢筋和分布较密的配筋方式，以控制裂缝的宽度。

如果在多层和高层现浇混凝土结构中，采用宽度与高度接近的墙体，一般应沿墙体长度方向将墙"切断"，避免形成矮墙，同时也避免长度很长的抗震墙，长度很长的抗震墙在弯矩作用下形成的水平裂缝很长，裂缝宽度也相对较大。"切断"的方法一般是在抗震墙中开大洞，保留一个"弱连梁"，或仅有楼板作为各墙肢间的联系。

5.4.2　联肢抗震墙的抗震性能

5.4.2.1　联肢抗震墙的抗震性能

联肢抗震墙的抗震性能取决于墙肢的延性、连梁的延性及连梁的刚度和强度。最理想的情况是连梁先于墙肢屈服，且连梁具有足够的延性，待墙肢底部出铰以后形成机构。数量众多的连梁端部塑性铰既可较多地吸收地震能量，又能继续传递弯矩与剪力，而且对墙肢形成约束弯矩，使其保持足够的刚度和承载力。墙肢底部的塑性铰也具有延性，这样的联肢抗震墙延性最好。

若连梁的刚度及抗弯承载力较高时，连梁可能不屈服，这使联肢墙与整体悬臂墙类似，首先在墙底出现塑性铰并形成机构。只要墙肢不过早剪坏，这种破坏仍然属于有延性的弯曲破坏。但是与前者相比，耗能集中在墙肢底部铰上。这种破坏结构不如前者多铰破坏机构好。

当连梁先遭剪切破坏时，会使墙肢丧失约束而形成单独墙肢。此时，墙肢中的轴力减小，弯矩加大，墙的侧向刚度大大降低。但是，如果能保持墙肢处于良好的工作状态，那么结构仍可继续承载，直到墙肢屈服形成机构。只要墙肢塑性铰具有延性，则这种破坏也是属于延性的弯曲破坏，但同样没有多铰破坏机构好。

墙肢剪坏是一种脆性破坏，因而没有延性或者延性很小，应予避免。值得注意的是，设计中往往由于疏忽，将连梁设计过强而引起墙肢破坏。应注意，如果连梁较强而形成整体墙，则应与悬臂墙相类似加强塑性铰区的设计。

由此可见，按"强墙弱梁"原则设计联肢墙，并按"强剪弱弯"原则设计墙肢和连梁，可以得到较为理想的延性联肢墙结构。

5.4.2.2 连梁的抗震性能

为了能使联肢墙形成理想的多铰机构，具有较大的延性，连梁应具有良好的抗震性能。连梁与普通梁在截面尺寸和受力变形等方面有所不同。连梁通常是跨度小而梁高大（接近深梁），同时竖向荷载产生的弯矩和剪力不大，而在水平荷载下与墙肢相互作用产生的约束弯矩与剪力较大，且约束弯矩在梁两端方向相反。这种反弯作用使梁产生很大的剪切变形，对剪应力十分敏感，容易出现斜裂缝。在反复荷载作用下，连梁易形成交叉斜裂缝，使混凝土酥裂，延性较差。

改善连梁延性的主要措施是限制剪压比和提高配箍数量。限制连梁的平均剪应力，实际上是限制连梁纵筋的配筋数量。跨高比愈小，限制愈严格，有时甚至不能满足弹性计算所得设计弯矩的要求。此时，用加高连梁断面尺寸的做法是不明智的，应当设法降低连梁的弯矩，减小连梁截面高度或提高混凝土等级。

连梁降低弯矩后进行配筋可以使连梁抗弯承载力降低，较早地出现塑性铰，并且可以降低梁中的平均剪应力，改善其延性。连梁弯矩降低得愈多，就愈早出现塑性铰，塑性转动也会愈大，对连梁的延性要求就愈高。所以，连梁的弯矩调幅要适当，且应注意连梁在正常使用荷载作用下，钢筋不能屈服。

5.4.3　墙肢的抗震概念设计

1. 按强剪弱弯设计，尽量避免剪切破坏

为避免脆性的剪切破坏，应按照强剪弱弯的要求设计抗震墙墙肢。我国规范采用的方法是将抗震墙底部加强部位的剪力设计值增大，以防止墙底塑性铰区在弯曲破坏前发生剪切脆性破坏。抗震墙底部加强部位墙肢截面的剪力设计值，一、二、三级抗震等级时应按下式调整，四级抗震等级及无地震作用组合时可不调整：

$$V = \eta_{vw} V_w \tag{5.4.1}$$

9 度的一级可不按上式调整，但应符合：

$$V = 1.1 \frac{M_{wua}}{M_w} V_w \tag{5.4.2}$$

式中　V——考虑地震作用组合的抗震墙墙肢底部加强部位截面的剪力设计值；

　　　V_w——考虑地震作用组合的抗震墙墙肢底部加强部位截面的剪力计算值；

　　M_{wua}——考虑承载力抗震调整系数后的抗震墙墙肢正截面抗弯承载力，应按实际配筋面积和材料强度标准值和轴向力设计值确定，有翼墙时应计入两侧各 1 倍翼墙厚度范围内的纵向钢筋；

　　　M——考虑地震作用组合的抗震墙墙肢截面的弯矩设计值；

　　　η_v——剪力增大系数，一级为 1.6，二级为 1.4，三级为 1.2。

对于其他部位，则均采用计算截面组合的剪力设计值。

采用增大的剪力设计值计算抗剪配筋可以使设计的受剪承载力大于受弯承载力，达到受弯钢筋首先屈服的目的。但是抗震墙对剪切变形比较敏感，多数情况下抗震墙底部都会出现斜裂缝，当钢筋屈服形成塑性铰区以后，还可能出现剪切滑移破坏、弯曲屈服后的剪切破坏，也可能出现抗震墙平面外的错断而破坏。因此，抗震墙要做到完全的强剪弱弯，除了适当提高底部加强部位的抗剪承载力外，还需要考虑本节讨论的其他加强措施。

2. 加强墙底塑性铰区，提高墙肢的延性

抗震墙一般都在底部弯矩最大，底截面可能出现塑性铰，底截面钢筋屈服以后由于钢筋和混凝土的粘结力破坏，钢筋屈服范围扩大而形成塑性铰区。塑性铰区也是剪力最大的部位，斜裂缝常常在这个部位出现，且分布在一定范围，反复荷载作用就形成交叉斜裂缝，可能出现剪切破坏。在塑性铰区要采取加强措施，称为抗震墙的底部加强部位。由试验可知，一般情况下，塑性铰发展高度为墙底截面以上墙肢高度 h_w 的范围。为安全起见，设计抗震墙时将加强部位适当扩大。因此，抗震墙底部加强部位的范围应符合下列规定：

（1）底部加强部位的高度，从地下室顶板算起。当结构嵌固于基础顶时，底部加强部位尚宜向下延伸到地下部分的嵌固端。

（2）一般抗震墙结构底部加强部位的高度可取墙肢总高度的 1/10 和底部两层两者的较大值。

（3）房屋高度不大于 24m 时，可取底部一层。

为了迫使塑性铰发生在抗震墙的底部，以增加结构的变形和耗能能力，应加强抗震墙上部的受弯承载力，同时对底部加强区采取提高延性的措施。为此，一级抗震墙中的底部加强部位及其上一层，应按墙肢底部截面组合弯矩设计值采用；其他部位，墙肢截面的组合弯矩设计值应乘以增大系数，其值可采用 1.2。

3. 限制墙肢轴压比，保证墙肢的延性

为了保证抗震墙的延性，避免截面上的受压区高度过大而出现小偏压情况，应当控制抗震墙加强区截面的相对受压区高度，抗震墙截面受压区高度与截面形状有关，实际工程中抗震墙截面复杂，设计时计算受压区高度会增加困难。为此，我国规范采用了简化方法，要求限制截面的平均轴压比。一、二、三级抗震等级的抗震墙，其重力荷载代表值作用下的轴压比不宜超过表 5.4.1 的限值。

墙肢轴压比限值　　　　　　　　　　　　　　　　　表 5.4.1

轴压比	一级（9度）	一级（8度）	二、三级
$\dfrac{N}{f_cA}$	0.4	0.5	0.6

注：N 为重力荷载代表值下抗震墙墙肢的轴向压力设计值；A 为抗震墙墙肢截面面积。

计算墙肢的轴压比时，规范采用了重力荷载代表值作用下的轴力设计值（不考虑地震作用组合），即考虑重力荷载分项系数 1.2 后的最大轴力设计值，计算抗震墙的名义轴压比。应当说明的是，截面受压区高度不仅与轴压力有关，而且与截面形状有关，在相同的轴压力作用下，带翼缘的抗震墙受压区高度较小，延性相对要好些，矩形截面最为不利。但为了简化设计规定，规范未区分工形、T 形及矩形截面，在设计时，对矩形截面剪力墙墙肢应从严掌握其轴压比。

4. 设置边缘构件，改善墙肢的延性

抗震墙的墙肢两端应设置边缘构件，抗震墙截面两端设置边缘构件是提高墙肢端部混凝土极限压应变、改善抗震墙延性的重要措施。边缘构件分为约束边缘构件和构造边缘构件两类。约束边缘构件是指用箍筋约束的暗柱、端柱和翼墙，其箍筋较多，对混凝土的约束较强；构造边缘构件的箍筋较少，对混凝土约束较差或没有约束。

试验表明，抗震墙在周期反复荷载作用下的塑性变形能力，与截面纵向钢筋的配筋、端部边缘构件范围、端部边缘构件内纵向钢筋及箍筋的配置，以及截面形状、截面轴压比等因素有关，而墙肢的轴压比是更重要的影响因素。当轴压比较小时，即使在墙端部不设约束边缘构件，抗震墙也具有较好的延性和耗能能力；而当轴压比超过一定值时，不设约束边缘构件的抗震墙，其延性和耗能能力降低。因此，规范提出了根据不同的轴压比采用不同边缘构件的规定。

一、二级抗震墙底部加强部位及相邻的上一层应按规定设置约束边缘构件，以提供足够的约束，但墙肢底截面在重力荷载代表值作用下的轴压比小于表 5.4.2 的规定值时可按规定设置构造边缘构件，以提供适度约束。

抗震墙设置构造边缘构件的最大轴压比　　　　　　　表 5.4.2

抗震等级（设防烈度）	一级（9度）	一级（7、8度）	二、三级
轴压比	0.1	0.2	0.3

一、二级抗震设计抗震墙的其他部位以及三、四级抗震设计和非抗震设计的抗震墙墙肢端部均应按要求设置构造边缘构件。

1）约束边缘构件设计

抗震墙端部设置的约束边缘构件（暗柱、端柱、翼墙和转角墙）应符合下列要求（图 5.4.1）：约束边缘构件沿墙肢的长度 l_c 及配箍特征值 λ_v 宜满足表 5.4.3 的要求，且一、二级抗震设计时箍筋直径均不应小于 8mm、箍筋间距分别不应大于 100mm 和 150mm。箍筋的配置范围及相应的配箍特征值 λ_v 和 $\lambda_v/2$ 的区域如图 5.4.1 所示，其体积配筋率 ρ_v 应按下式计算：

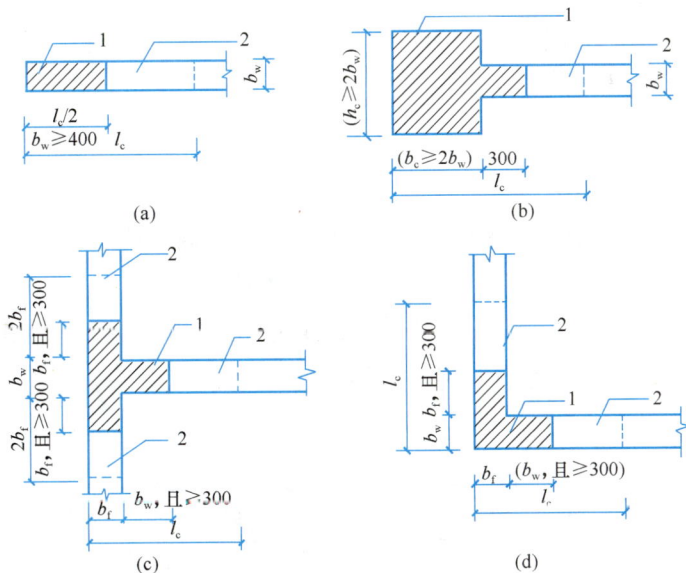

图 5.4.1　抗震墙的约束边缘构件（单位：mm）

（a）暗柱；（b）端柱；（c）翼墙；（d）转角墙

1—配箍特征值为 λ_v 的区域；2—配箍特征值为 $\lambda_v/2$ 的区域

$$\rho_v = \lambda_v \frac{f_c}{f_{yv}} \qquad\qquad (5.4.3)$$

式中　λ_v——约束边缘构件的配筋特征值，对图 5.4.1 中 $\lambda_v/2$ 的区域，可计入拉筋。

约束边缘构件纵向钢筋的配置范围不应小于图 5.4.1 中阴影面积，其纵向钢筋最小截面面积，一、二级抗震设计时分别不应小于图中阴影面积的 1.2% 和 1.0% 并分别不应小于 6Φ16和6Φ14。

约束边缘构件沿墙肢的长度 l_c 及其配箍特征值 λ_v 表 5.4.3

抗震等级（设防烈度）		一级（9度）	一级（7、8度）	二级
	λ_v	0.2	0.2	0.2
l_c (mm)	暗柱	$0.25 h_w$、$1.5 b_w$、450 中的最大值	$0.2 h_w$、$1.5 b_w$、450 中的最大值	$0.2 h_w$、$1.5 b_w$、450 中的最大值
	端柱、翼墙或转角墙	$0.2 h_w$、$1.5 b_w$、450 中的最大值	$0.15 h_w$、$1.5 b_w$、450 中的最大值	$0.15 h_w$、$1.5 b_w$、450 中的最大值

注：1. 翼墙长度小于其厚度 3 倍时，视为无翼墙抗震墙；端柱截面边长小于墙厚 2 倍时，视为无端柱抗震墙；端柱有集中荷载时，配筋构造尚应满足与墙相同抗震等级框架柱的要求；

2. 约束边缘构件沿墙肢长度 l_c 除满足表 5.4.3 的要求外，当有端柱、翼墙或转角墙时，尚应不小于翼墙厚度或端柱沿墙肢方向截面高度加 300mm；

3. 约束边缘构件的箍筋直径不应小于 8mm，箍筋间距对一级抗震等级不宜大于 100mm，对二级抗震等级不宜大于 150mm；

4. h_w 为抗震墙墙肢的长度。

2）构造边缘构件设计

抗震墙端部设置的构造边缘构件（暗柱、端柱、翼墙和转角墙）的范围，应按图 5.4.2 采用，构造边缘构件的纵向钢筋除应满足受弯承载力计算要求外，尚应符合表 5.4.4 的要求。其他部位的拉筋，水平间距不应大于纵向钢筋间距的 2 倍；转角处宜采用箍筋。当端柱承受集中荷载时，其纵向钢筋及箍筋应满足柱的相应要求。

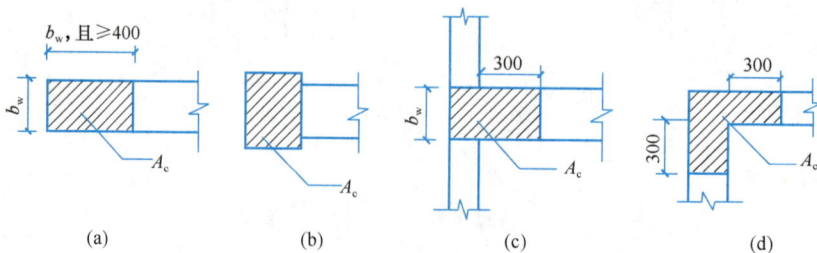

图 5.4.2　抗震墙的构造边缘构件（单位：mm）

（a）暗柱；（b）端柱；（c）翼墙；（d）转角墙

构造边缘构件的配筋要求　　　　　　　　　表 5.4.4

抗震等级	底部加强部位			其他部位		
	纵向钢筋最小值（取较大值）	箍筋或拉筋		纵向钢筋最小配筋量	箍筋、拉筋	
		最小直径（mm）	最大间距（mm）		最小直径（mm）	最大间距（mm）
一	$0.010A_c$, 6Φ16	8	100	$0.008A_c$, 6Φ14	8	150
二	$0.008A_c$, 6Φ14	8	150	$0.006A_c$, 6Φ12	8	200
三	$0.006A_c$, 6Φ12	6	150	$0.005A_c$, 4Φ12	6	200
四	$0.005A_c$, 4Φ12	6	200	$0.005A_c$, 4Φ12	6	250

注：A_c为图5.4.2中所示的阴影面积；暗柱沿墙肢的长度，不应小于墙肢厚度、翼墙向墙肢内伸200mm，且不宜小于400mm。

5. 控制墙肢截面尺寸，避免过早剪切破坏

1）抗震墙截面的最小厚度

墙肢截面厚度，除了应满足承载力的要求外，还要满足稳定和避免过早出现剪切斜裂缝的要求。通常把稳定要求的厚度称为最小厚度，通过构造要求确定。在实际结构中，楼板是抗震墙的侧向支承，可防止抗震墙由于侧向变形而失稳，与抗震墙平面外相交的抗震墙也是侧向支承，也可防止抗震墙平面外失稳。因此，一般来说，抗震墙的最小厚度由楼层高度控制。

按一、二级抗震等级设计的抗震墙的截面厚度，底部加强部位不宜小于层高或无支长度的1/16，且不应小于200mm；其他部位不宜小于层高或无支长度的1/20，且不应小于160mm；按三、四级抗震等级设计的抗震墙的截面厚度，底部加强部位不宜小于层高或无支长度的1/20，且不应小于160mm；其他部位不宜小于层高或无支长度的1/25，且不应小于140mm。

2）高宽比限制

抗震墙结构若内纵墙很长，且连梁的跨高比小、刚度大，则墙的整体性好，在水平地震作用下，墙的剪切变形较大，墙肢的破坏高度可能超过底部加强部位的高度。在抗震设计中抗震墙结构应具有足够的延性，细高的抗震墙（高宽比大于2）容易设计成弯曲破坏的延性剪力墙，从而可避免脆性的剪切破坏。当墙的长度很长时，为了满足每个墙段高宽比大于2的要求，可通过开设洞口将长墙分成长度较小、较均匀的联肢墙或整体墙，洞口连梁宜采用约束弯矩较小的弱连梁。弱连梁是指连梁刚度小、约束弯矩很小的连梁（其跨高比宜大于6），目的是设置了刚度和承载力比较小的连梁后，地震作用下连梁有可能先开裂、屈服，使墙段成为抗震单元，因为连梁对墙肢内力的影响可以忽略，才可近似认为长墙分成了以弯曲变形为主的独立墙段。

此外，墙段长度较小时，受弯产生的裂缝宽度较小；墙体的配筋能够较充分地发挥作用。因此墙段的长度（即墙段截面高度）不宜大于8m。

3）剪压比限制

墙肢截面的剪压比是截面的平均剪应力与混凝土轴心抗压强度的比值。试验表明，墙肢的剪压比超过一定值时，将较早出现斜裂缝，增加横向钢筋并不能有效提高其受剪承载力，很可能在横向钢筋未屈服的情况下，墙肢混凝土发生斜压破坏，或发生受弯钢筋屈服后的剪切破坏。为了避免这些破坏，应按下列公式限制墙肢剪压比，剪跨比较小的墙（矮墙），限制更加严格。限制剪压比实际上是要求抗震墙墙肢的截面达到一定厚度。

有地震作用组合时，当剪跨比 λ 大于 2.5 时：

$$V \leqslant \frac{1}{\gamma_{RE}}(0.20\beta_c f_c b_w h_{w0}) \tag{5.4.4a}$$

当剪跨比 λ 不大于 2.5 时：

$$V \leqslant \frac{1}{\gamma_{RE}}(0.15\beta_c f_c b_w h_{w0}) \tag{5.4.4b}$$

式中 V ——墙肢端部截面组合的剪力设计值；

λ ——计算截面处的剪跨比，$\lambda = M/Vh_w$，M 和 V 取未调整的弯矩和剪力计算值。

6. 配置分布钢筋，提高墙肢的受力性能

墙肢应配置竖向和横向分布钢筋，分布钢筋的作用是多方面的：抗剪、抗弯、减少收缩裂缝等。如果竖向分布钢筋过少，墙肢端部的纵向受力钢筋屈服以后，裂缝将迅速开展，裂缝的长度大且宽度也大；如果横向分布钢筋过少，斜裂缝一旦出现，就会迅速发展成一条主要斜裂缝，抗震墙将沿斜裂缝被剪坏。因此，墙肢的竖向和横向分布钢筋的最小配筋率是根据限制裂缝开展的要求确定的。在温度应力较大的部位（例如房屋顶层和端山墙，长矩形平面房屋的楼梯间和电梯间抗震墙，端开间的纵向抗震墙等）和复杂应力部位，分布钢筋要求也较多。

抗震墙分布钢筋的配置应符合下列要求：①一般抗震墙竖向和水平分布筋的配筋率，一、二、三级抗震设计时均不应小于 0.25%，四级抗震设计和非抗震设计时均不应小于 0.20%；②一般抗震墙竖向和水平分布钢筋间距均不应大于 300mm；分布钢筋直径均不应小于 8mm；③抗震墙竖向、水平分布钢筋的直径不宜大于墙肢截面厚度的 1/10；④房屋顶层抗震墙以及长矩形平面房屋的楼梯间和电梯间抗震墙、端开间的纵向抗震墙、端山墙的水平和竖向分布钢筋的最小配筋率不应小于 0.25%，钢筋间距不应大于 200mm。

为避免墙表面的温度收缩裂缝，同时使抗震墙具有一定的出平面抗弯能力，墙肢分布钢筋不允许采用单排配筋。当抗震墙截面厚度不大于 400mm 时，可采用双排配筋；当厚度大于 400mm，但不大于 700mm 时，宜采用三排配筋；当厚度大于 700mm 时，宜采用四排配筋。受力钢筋可均匀分布成数排。各排分布钢筋之间的拉结筋间距不应大于 600mm，直径不应小于 6mm，在底部加强部位，约束边缘构件以外的拉结筋间距尚应适当加密。

抗震墙竖向及水平分布钢筋的搭接连接，一级、二级抗震等级抗震墙的加强部位，接头位置应错开，每次连接的钢筋数量不宜超过总数量的 50%，错开净距不宜小于 500mm；其他情况抗震墙的钢筋可在同一部位连接。抗震设计时，分布钢筋的搭接长度不应小于 $1.2l_{aE}$。

7. 加强墙肢平面外抗弯能力，避免平面外错断

抗震墙平面外错断主要发生在没有侧向支承的抗震墙中，错断通常发生在一字形抗震墙的塑性铰区，当混凝土在反复荷载作用下挤压破碎形成一个混凝土破碎带时，在竖向重力荷载作用下，纵筋和箍筋几乎没有抵抗平面外错断的能力，容易出现平面外的错断破坏。设置翼缘是改善抗震墙平面外性能的有效措施。

抗震墙的另一种平面外受力是来自与抗震墙垂直相交的楼面梁，抗震墙平面外刚度及承载力相对很小，当抗震墙与平面外方向的梁连接时，会造成墙肢平面外弯矩，而一般情况下并不验算墙肢的平面外的刚度及承载力。因此，当抗震墙墙肢与其平面外方向的楼面梁连接时，应至少采取以下措施中的一个措施，减小梁端部弯矩对墙的不利影响：①沿梁轴线方向设置与梁相连的剪力墙，抵抗该墙肢平面外弯矩；②当不能设置与梁轴线方向相连的剪力墙时，宜在墙与梁相交处设置扶壁柱；扶壁柱宜按计算确定截面及配筋；③当不能设置扶壁柱时，应在墙与梁相交处设置暗柱，并宜按计算确定配筋；④必要时，剪力墙内可设置型钢。另外，对截面较小的楼面梁可设计为铰接或半刚接，减小墙肢平面外弯矩。铰接端或半刚接端可通过弯矩调幅或梁变截面来实现，此时应相应加大梁跨中弯矩。

5.4.4　连梁的抗震概念设计

抗震墙开洞形成的跨高比小于 5 的梁，应按连梁的有关要求进行设计；当跨高比不小于 5 时，宜按框架梁进行设计。这是因为，跨高比小于 5 的连梁，竖向荷载下的弯矩所占比例较小，水平荷载作用下产生的反弯使它对剪切变形十分敏感，容易出现剪切裂缝。连梁应与抗震墙取相同的抗震等级。

设计连梁的特殊要求是：在小震和风荷载作用的正常使用状态下，它起着联系墙肢、加大抗震墙刚度的作用，不能出现裂缝；在中震下它应当首先出现弯曲屈服，耗散地震能量；在大震作用下，可能、也允许它剪切破坏。连梁的设计成为抗震墙结构抗震设计的重要环节。

1. 按强剪弱弯设计，尽量避免剪切破坏

为了实现连梁的强剪弱弯、推迟剪切破坏，连梁要求按"强剪弱弯"进行设计。有地震作用组合的一、二、三级抗震等级时，跨高比大于 2.5 的连梁的剪力设计值应按下式进行调整：

$$V_b = \eta_{vb}(M_b^l + M_b^r)/l_n + V_{Gb} \tag{5.4.5a}$$

9 度抗震设计时尚应符合:

$$V_b = 1.1(M_{bua}^l + M_{bua}^r)/l_n + V_{Gb} \tag{5.4.5b}$$

式中　V_b——连梁端截面的剪力设计值;

　　　l_n——连梁的净跨;

　　　V_{Gb}——连梁在重力荷载代表值(9 度时还应包括竖向地震作用标准值)作用下,按简支梁分析的梁端截面剪力设计值;

　M_b^l、M_b^r——分别为梁左、右端截面顺时针或反时针方向考虑地震作用组合的弯矩设计值,对一级抗震等级且两端弯矩均为负弯矩时,绝对值较小的弯矩应取零;

M_{bua}^l、M_{bua}^r——分别为连梁梁左、右端截面顺时针或反时针方向实配的受弯承载力所对应的弯矩值,应按实配钢筋面积(计入受压钢筋)和材料强度标准值并考虑承载力抗震调整系数计算;

　　　η_{vb}——梁端剪力增大系数,一级取 1.3,二级取 1.2,三级取 1.1。

2. 控制连梁截面尺寸,避免过早剪切破坏

虽然可以通过强剪弱弯设计使连梁的受弯钢筋先屈服,但是如果截面平均剪应力过大,在受弯钢筋屈服之后,连梁仍会发生剪切破坏。此时,箍筋并没有充分发挥作用。这种剪切破坏可称为剪切变形破坏,因为它并不是受剪承载力不足,而是剪切变形超过了混凝土变形极限而出现的剪坏,有一定延性,属于弯曲屈服后的剪坏。试验表明,在普通配筋的连梁中,改善屈服后剪切破坏性能、提高连梁延性的主要措施是控制连梁的剪压比,其次是多配一些箍筋。剪压比是主要因素,箍筋的作用是限制裂缝开展,推迟混凝土的破碎,推迟连梁破坏。因此,规范对连梁的截面尺寸提出了剪压比的限制要求,对小跨高比的连梁限制更加严格。

规范对有地震作用组合时,连梁的截面尺寸应满足下列要求:

跨高比大于 2.5 时:

$$V_b \leqslant \frac{1}{\gamma_{RE}}(0.2\beta_c f_c b_b h_{b0}) \tag{5.4.6a}$$

跨高比不大于 2.5 时:

$$V_b \leqslant \frac{1}{\gamma_{RE}}(0.15\beta_c f_c b_b h_{b0}) \tag{5.4.6b}$$

式中　V_b——连梁剪力设计值;

　　　β_c——混凝土强度影响系数;

　　　b_b——连梁截面宽度;

　　　h_{b0}——连梁截面有效高度。

3. 调整连梁内力，满足抗震性能要求

抗震墙在水平荷载作用下，其连梁内通常产生很大的剪力和弯矩。由于连梁的宽度往往较小（通常与墙厚相同），这使得连梁的截面尺寸和配筋往往难以满足设计要求，即存在连梁截面尺寸不能满足剪压比限值、纵向受拉钢筋超筋、不满足斜截面受剪承载力要求等问题。若加大连梁截面尺寸，则因连梁刚度的增加而导致其内力也增加。当连梁不满足剪压比的限制要求时，可采用下列方法来处理：

（1）减小连梁截面高度。

（2）抗震设计的剪力墙中连梁弯矩及剪力可进行塑性调幅，以降低其剪力设计值。但在内力计算时已经将连梁刚度进行了折减，其调幅范围应当限制或不再继续调幅。当部分连梁降低弯矩设计值后，其余部位连梁和墙肢的弯矩设计值应相应提高。

连梁塑性调幅可采用两种方法：一是在内力计算前就将连梁刚度进行折减（规范规定折减系数不宜小于 0.5）；二是在内力计算之后，将连梁弯矩和剪力组合值直接乘以折减系数。两种方法的效果都是减小连梁内力和配筋。无论用什么方法，连梁调幅后的弯矩、剪力设计值不应低于使用状况下的值，也不宜低于比设防烈度低一度的地震作用组合所得的弯矩设计值，其目的是避免在正常使用条件下或较小的地震作用下连梁上出现裂缝。因此建议一般情况下，连梁调幅后的弯矩不小于调幅前弯矩（完全弹性）的 0.8 倍（6～7 度）和 0.5 倍（8～9 度）。在一些由风荷载控制设计的抗震墙结构中，连梁弯矩不宜折减。

（3）当连梁破坏对承受竖向荷载无明显影响时，可考虑在大震作用下该连梁不参与工作，按独立墙肢进行第二次多遇地震作用下结构内力分析，墙肢应按两次计算所得的较大内力进行配筋设计。这时就是抗震墙的第二道防线，这种情况往往使墙肢的内力及配筋加大，以保证墙肢的安全。

4. 加强连梁配筋，提高连梁的延性

一般连梁的跨高比都比较小，容易出现剪切斜裂缝，为防止斜裂缝出现后的脆性破坏，除了采取限制其剪压比、加大箍筋配置的措施外，规范还规定了在构造上的一些特殊要求，例如钢筋锚固、箍筋加密区范围、腰筋配置等。抗震设计时的连梁配筋应满足下列要求：

（1）连梁顶面、底面纵向受力钢筋伸入墙内的锚固长度，抗震设计时不应小于 l_{aE}。

（2）抗震设计时，沿连梁全长箍筋的构造应按框架梁梁端加密区箍筋的构造要求采用；非抗震设计时，沿连梁全长的箍筋直径不应小于 6mm，间距不应大于 150mm。

（3）顶层连梁纵向钢筋伸入墙体的长度范围内，应配置间距不大于 150mm 的构造箍筋，箍筋直径应与该连梁的箍筋直径相同。

（4）墙体水平分布钢筋应作为连梁的腰筋在连梁范围内拉通连续配置；当连梁截面高度大于 700mm 时，其两侧面沿梁高范围设置的纵向构造钢筋（腰筋）的直径不应小于 10mm，间距不应大于 200mm；对跨高比不大于 2.5 的连梁，梁两侧的纵向构造钢筋（腰筋）的面积配筋率不应小于0.3%。

5.4.5 抗震墙结构的截面抗震验算

1. 墙肢正截面偏心受压承载力验算

抗震墙墙肢在竖向荷载和水平荷载作用下属偏心受力构件，它与普通偏心受力柱的区别在于截面高度大、宽度小，有均匀的分布钢筋。因此，截面设计时应考虑分布钢筋的影响并进行平面外的稳定验算。

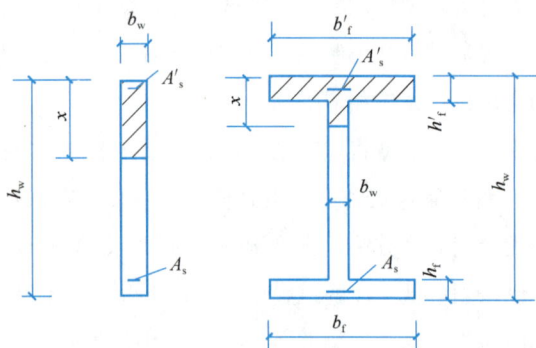

图 5.4.3　抗震墙截面

偏心受压墙肢可分为大偏压和小偏压两种情况。当发生大偏压破坏时，位于受压区和受拉区的分布钢筋都可能屈服。但在受压区，考虑到分布钢筋直径小，受压易屈曲，因此设计中可不考虑其作用。受拉区靠近中和轴附近的分布钢筋，其拉应力较小，可不考虑，而设计中仅考虑距受压区边缘 $1.5x$（x 为截面受压区高度）以外的受拉分布钢筋屈服。当发生小偏压破坏时，墙肢截面大部分或全部受压，因此可认为所有分布钢筋均受压易屈曲或部分受拉但应变很小而忽略其作用，故设计时可不考虑分布筋的作用，即小偏压墙肢的计算方法与小偏压柱完全相同，但需验算墙体平面外的稳定。大、小偏压墙肢的判别可采用与大、小偏压柱完全相同的判别方法。

建立在上述分析基础上，矩形、T 形、工形偏心受压墙肢的正截面受压承载力可按下列公式计算（图 5.4.3）：

$$N \leqslant \frac{1}{\gamma_{RE}}(A'_s f'_y - A_s \sigma_s - N_{sw} + N_c) \tag{5.4.7}$$

$$N\left(e_0 + h_{w0} - \frac{h_w}{2}\right) \leqslant \frac{1}{\gamma_{RE}}\left[A'_s f'_y(h_{w0} - a'_s) - M_{sw} + M_c\right] \tag{5.4.8}$$

当 $x > h'_f$ 时：

$$N_c = \alpha_1 f_c b_w x + \alpha_1 f_c (b'_f - b_w) h'_f \tag{5.4.9a}$$

$$M_c = \alpha_1 f_c b_w x \left(h_{w0} - \frac{x}{2}\right) + \alpha_1 f_c (b'_f - b_w) h'_f \left(h_{w0} - \frac{h'_f}{2}\right) \tag{5.4.9b}$$

当 $x \leqslant h'_f$ 时：

$$N_c = \alpha_1 f_c b'_f x \tag{5.4.10a}$$

$$M_{c} = \alpha_{1} f_{c} b'_{f} x \left(h_{w0} - \frac{x}{2} \right) \tag{5.4.10b}$$

当 $x \leqslant \xi_{b} h_{w0}$ 时：

$$\sigma_{s} = f_{y} \tag{5.4.11a}$$

$$N_{sw} = (h_{w0} - 1.5x) b_{w} f_{yw} \rho_{w} \tag{5.4.11b}$$

$$M_{sw} = \frac{1}{2} (h_{w0} - 1.5x)^2 b_{w} f_{yw} \rho_{w} \tag{5.4.11c}$$

当 $x > \xi_{b} h_{w0}$ 时：

$$\sigma_{s} = \frac{f_{y}}{\xi_{b} - \beta_{1}} \left(\frac{x}{h_{w0}} - \beta_{1} \right) \tag{5.4.12a}$$

$$N_{sw} = 0 \tag{5.4.12b}$$

$$M_{sw} = 0 \tag{5.4.12c}$$

$$\xi_{b} = \frac{\beta_{1}}{1 + \dfrac{f_{y}}{E_{s} \varepsilon_{cu}}} \tag{5.4.12d}$$

式中　　　γ_{RE} ——承载力抗震调整系数；

N_{c} ——受压区混凝土受压合力；

M_{c} ——受压区混凝土受压合力对端部受拉钢筋合力点的力矩；

σ_{s} ——受拉区钢筋应力；

N_{sw} ——受拉区分布钢筋受拉合力；

M_{sw} ——受拉区分布钢筋受拉合力对端部受拉钢筋合力点的力矩；

f_{y}、f'_{y}、f_{yw} ——分别为抗震墙端部受拉、受压钢筋和墙体竖向分布钢筋强度设计值；

α_{1}、β_{1} ——计算系数，当混凝土强度等级不超过 C50 时分别取 1.0 和 0.8；

f_{c} ——混凝土轴向抗压强度设计值；

e_{0} ——偏心距，$e_{0} = M/N$；

h_{w0} ——抗震墙截面有效高度，$h_{w0} - h_{w} - a'_{s}$；

a'_{s} ——抗震墙受压区端部钢筋合力点到受压区边缘的距离；

ρ_{w} ——抗震墙竖向分布钢筋配筋率；

ξ_{b} ——界限相对受压区高度；

ε_{cu} ——混凝土极限压应变。

2. 墙肢正截面偏心受拉承载力验算

抗震设计的双肢抗震墙中，墙肢不宜出现小偏心受拉。这是因为，墙肢小偏心受拉时，墙肢全截面可能会出现水平通缝开裂，刚度降低，甚至失去抗剪能力，此时荷载产生的剪力将全部转移到另一个墙肢而导致其抗剪承载力不足，使之也破坏。当双肢抗震墙的一个墙肢为大偏拉时，墙肢易出现裂缝，使其刚度降低，剪力将在墙肢中重新分配，此时，可将另一受压墙肢的弯矩、剪力设计值乘以增大系数 1.25，以提高受弯、受剪承载力，推迟其屈服。

矩形截面偏心受拉墙肢的正截面承载力，建议按下列近似公式计算：

$$N \leqslant \frac{1}{\gamma_{RE}} \cdot \frac{1}{\dfrac{1}{N_{0u}} + \dfrac{e_0}{M_{wu}}} \tag{5.4.13}$$

$$N_{0u} = 2A_s f_y + A_{sw} f_{yw} \tag{5.4.14a}$$

$$M_u = A_s f_y (h_{w0} - a'_s) + A_{sw} f_{yw} \frac{h_{w0} - a'_s}{2} \tag{5.4.14b}$$

式中 A_{sw} ——抗震墙腹板竖向分布钢筋的全部截面面积。

3. 墙肢斜截面受剪承载力验算

在抗震墙设计时，通过构造措施防止发生剪拉破坏或斜压破坏，通过计算确定墙中水平钢筋，防止发生剪切破坏。偏压构件中，轴压力有利于抗剪承载力，但压力增大到一定程度后，对抗剪的有利作用减小，因此需对轴力的取值加以限制。偏心受压墙肢斜截面受剪承载力按下列公式计算：

$$V_w \leqslant \frac{1}{\gamma_{RE}} \left[\frac{1}{\lambda - 0.5} \left(0.4 f_t b_w h_{w0} + 0.1 N \frac{A_w}{A} \right) + 0.8 f_{yh} \frac{A_{sh}}{s} h_{w0} \right] \tag{5.4.15}$$

式中 N ——考虑地震作用组合的抗震墙轴向压力设计值中的较小值，当 $N > 0.2 f_c b_w h_w$ 时，取 $N = 0.2 f_c b_w h_w$；

     A ——抗震墙全截面面积；

     A_w ——T 形或 I 形墙肢截面腹板的面积，矩形截面时，取 $A_w = A$；

     λ ——计算截面处的剪跨比，$\lambda = M_w/(V_w h_{w0})$；当 $\lambda < 1.5$ 时，取 $\lambda = 1.5$，当 $\lambda > 2.2$ 时，取 $\lambda = 2.2$；此处 M_w 为与 V_w 相应的弯矩值，当计算截面与墙底之间的距离小于 $0.5 h_{w0}$ 时，λ 应按距墙底 $0.5 h_{w0}$ 处的弯矩值与剪力值计算；

     A_{sh} ——配置在同一截面内的水平分布钢筋截面面积之和；

     f_{yh} ——水平分布钢筋抗拉强度设计值；

     s ——水平分布钢筋间距。

偏拉构件中，考虑了轴向拉力的不利影响，轴力项用负值。偏心受拉墙肢斜截面受剪承载力按下列公式计算：

$$V_w \leqslant \frac{1}{\gamma_{RE}} \left[\frac{1}{\lambda - 0.5} \left(0.4 f_t b_w h_{w0} - 0.1 N \frac{A_w}{A} \right) + 0.8 f_{yh} \frac{A_{sh}}{s} h_{w0} \right] \tag{5.4.16}$$

上式右端方括号内的计算值小于 $0.8 f_{yh} \dfrac{A_{sh}}{s} h_{w0}$ 时，取 $0.8 f_{yh} \dfrac{A_{sh}}{s} h_{w0}$。

4. 墙肢施工缝的抗滑移验算

抗震墙的施工，是分层浇筑混凝土的，因而层间留有水平施工缝。唐山大地震灾害调查和抗震墙结构模型试验表明，水平施工缝在地震中容易开裂。按一级抗震等级设计的抗震墙，要防止水平施工缝处发生滑移。考虑了摩擦力的有利影响后，要验算通过水平施工缝的竖向钢筋是否足以抵抗水平剪力，已配置的端部和分布竖向钢筋不够时，可设置附加插筋，附加插筋在上、下层抗震墙中都要有足够的锚固长度。

规范规定，一级抗震等级的剪力墙，其水平施工缝处的受剪承载力应符合下列规定：

当 N 为轴向压力时：

$$V_w \leqslant \frac{1}{\gamma_{RE}}(0.6f_y A_s + 0.8N) \tag{5.4.17}$$

当 N 为轴向拉力时：

$$V_w \leqslant \frac{1}{\gamma_{RE}}(0.6f_y A_s - 0.8N) \tag{5.4.18}$$

式中　V_w——水平施工缝处考虑地震作用组合的剪力设计值；

　　　　N——考虑地震作用组合的水平施工缝处的轴向力设计值；

　　　　A_s——抗震墙水平施工缝处全部竖向钢筋截面积，包括竖向分布钢筋、附加竖向插筋以及边缘构件（不包括两侧翼墙）纵向钢筋的总截面面积；

　　　　f_y——竖向钢筋抗拉强度设计值。

5. 连梁正截面受弯和斜截面受剪承载力验算

连梁截面验算包括正截面受弯及斜截面受剪承载力两部分。受弯验算与普通框架梁相同，由于一般连梁都是上下配相同数量钢筋，可按双筋截面验算，受压区很小，通常用受拉钢筋对受压钢筋取矩，就可得到受弯承载力，即：

$$M \leqslant \frac{1}{\gamma_{RE}} f_y A_s (h_{b0} - a'_s) \tag{5.4.19}$$

连梁有地震作用组合时的斜截面受剪承载力，应按下列公式计算：

跨高比大于 2.5 时：

$$V \leqslant \frac{1}{\gamma_{RE}}\left(0.42f_t b_b h_{b0} + f_{yv}\frac{A_{sv}}{s}h_{b0}\right) \tag{5.4.20a}$$

跨高比不大于 2.5 时：

$$V \leqslant \frac{1}{\gamma_{RE}}\left(0.38f_t b_b h_{b0} + 0.9f_{yv}\frac{A_{sv}}{s}h_{b0}\right) \tag{5.4.20b}$$

式中　b_b、h_{b0}——分别为连梁截面的宽度和有效高度。

【例题 5.4.1】某多层框架-剪力墙结构，经验算其底层剪力墙应设约束边缘构件（有翼墙）。该剪力墙抗震等级为二级，结构的环境类别为一类，钢材采用 HPB300 和 HRB400；混凝土强度等级为 C40。该约束边缘翼墙设置箍筋范围（即图中阴影部分）的尺寸及配筋如图 5.4.4 所示。试校审该剪力墙。

【解】由图 5.4.4 找到约束边缘构件范围 $l_c = 900\text{mm}$。

1）纵向钢筋的配筋范围

翼柱尺寸 max $(b_f + b_w, b_f + 300) = 300 + 300 = 600$mm；

翼墙尺寸 max $(b_w + 2b_f, b_w + 2 \times 300) = 300 + 2 \times 300 = 900$mm；满足要求。

2）纵向钢筋最小截面面积

由《抗震规范》：

$$A_{s,min} = 1.0\% \times (300 \times 600 + 600 \times 300) = 3600 \text{ mm}^2$$

实际：$A_s = 20 \; \Phi \; 16 = 4020 \text{ mm}^2 > A_{s,min}$，满足。

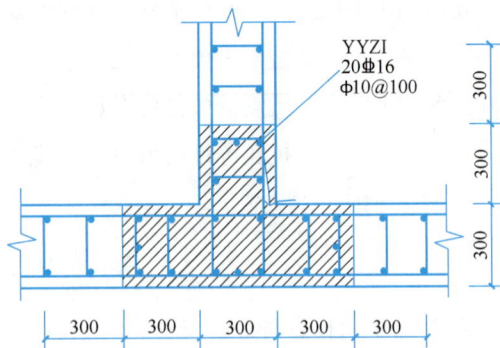

图 5.4.4   ［例题 5.4.1］图

3）箍筋直径、间距

由《抗震规范》规定，$\Phi \geqslant 8$mm、$s \leqslant 150$mm；实际配箍 Φ 10@100，满足。

4）箍筋的配筋范围

箍筋约束范围没有约束到整个阴影面积，不符合《抗震规范》中的规定。

5）体积配箍率 ρ_v

一类环境，墙的保护层厚度 $c = 15$mm，求出实际的体积配箍率：

$$\rho_v = \frac{\sum A_{svi} n_i l_i}{A_{cor} S} = \frac{78.5 \times (6 \times 270 + 585 \times 2 + 900 \times 2)}{(270 \times 900 + 315 \times 270) \times 100} = 1.098\%$$

所需的最小体积配箍率 $\rho_v = \lambda_v \dfrac{f_c}{f_{yv}} = 0.2 \times \dfrac{19.1}{270} = 1.415\%$。

实际的体积配箍率偏低，不符要求。

【例题 5.4.2】有一矩形截面剪力墙，总高 50m，$b_w = 250$mm，$h_w = 6000$mm，抗震等级为二级。纵筋 HRB400 级，$f_y = 360$N/mm²，箍筋 HPB300 级，$f_y = 270$N/m，C30，$f_c = 14.3$N/mm²，$f_t = 1.43$N/mm²，$\xi_b = 0.55$，竖向分布钢筋为双排 Φ 10@200mm，墙肢底部加强部位的截面作用有考虑地震作用组合的弯矩设计值 $M = 18\,000$kN·m，轴力设计值 $N = 3200$kN。重力荷载代表值作用下墙肢轴向压力设计值 $N = 2980$kN。求解：（1）验算轴压比；（2）确定纵向钢筋（对称配筋）。

【解】1）根据表 5.4.1 得墙肢轴压比限值为 0.6

$$\frac{N}{f_c A} = \frac{3000 \times 10^3}{14.3 \times 250 \times 6000} = 0.140 < 0.60，满足要求。$$

2）根据图 5.4.1（a）纵向钢筋配筋范围沿墙肢方向的高度

$$b_w = 250 \text{mm}$$

$$\frac{l_c}{2} = \frac{0.2 h_w}{2} = \frac{0.2 \times 6000}{2} = 600 \text{mm} > 400 \text{mm}$$

取最大值为 600mm。

纵向受力钢筋合力点到近边缘的距离 $a'_s = \dfrac{600}{2} = 300$mm。

剪力墙截面有效高度 $h_{w0} = h_w - a'_s = 6000 - 300 = 5700$mm。

3）剪力墙竖向分布钢筋配筋率

$$\rho_w = \frac{nA_{sv}}{bs} = \frac{2 \times 78.5}{250 \times 200} = 0.314\% > \rho_w^{\min} = 0.25\%$$

4）配筋计算

假定 $x < \xi_b h_{w0}$，即 $\sigma_s = f_y$。因 $A_s = A'_s$，故 $A'_s f_y - A_s \sigma_s = 0$，应用式（5.4.7）：

$$N \leqslant \frac{1}{\gamma_{RE}}(A'_s f'_y - A_s \sigma_s - N_{sw} + N_c)$$

由式（5.4.9a）：

$$N_c = \alpha_1 f_c b_w x = 1.0 \times 14.3 \times 250x = 3575x$$

由式（5.4.11b）：

$$\begin{aligned}
N_{sw} &= (h_{w0} - 1.5x)b_w f_{yw}\rho_w \\
&= (5700 - 1.5x) \times 250 \times 270 \times 0.314\% \\
&= 1\,208\,115 - 317.9x
\end{aligned}$$

合并三式得：

$$3200 \times 10^3 = \frac{1}{0.85} \times (0 - 1\,208\,115 + 317.9x + 3575x)$$

得：$x = 1009 < \xi_b h_{w0} = 0.55 \times 5700 = 3135$，原假定符合。

由式（5.4.9b）：

$$M_c = \alpha_1 f_c b_w x\left(h_{w0} - \frac{x}{2}\right) = 1.0 \times 14.3 \times 250 \times 1009 \times \left(5700 - \frac{1009}{2}\right)$$

$$= 18\,741 \times 10^6 \, \text{N} \cdot \text{mm}$$

由式（5.4.11c）：

$$M_{sw} = \frac{1}{2}(h_{w0} - 1.5x)^2 b_w f_{yw}\rho_w$$

$$= \frac{1}{2} \times (5700 - 1.5 \times 1009)^2 \times 250 \times 270 \times 0.314\%$$

$$= 1857 \times 10^6 \, \text{N} \cdot \text{mm}$$

$$e_0 = \frac{M}{N} = \frac{18\,000 \times 10^6}{3200 \times 10^3} = 5625\text{mm}$$

由式（5.4.8）：

$$N\left(e_0 + h_{w0} - \frac{h_w}{2}\right) \leqslant \frac{1}{\gamma_{RE}}\left[A'_s f'_y (h_{w0} - a'_s) - M_{sw} + M_c\right]/\gamma_{RE}$$

$$A_s = A'_s = \frac{\gamma_{RE} N(e_0 + h_{w0} - h_w/2) + M_{sw} - M_c}{f'_y(h_{w0} - a'_s)}$$

$$= \frac{0.85 \times 3200 \times 10^3 \times (5625 + 5700 - 6000/2) + 1857 \times 10^6 - 18\,741 \times 10^6}{360 \times (5700 - 300)}$$

$$= 2963 \text{mm}^2$$

由《抗震规范》要求，纵向钢筋的最小截面面积：

$$A_{s,\min} = 1\% \times (250 \times 600) = 1500 \text{ mm}^2$$

并不应小于 6 Φ 14，取 8 Φ 22，$A_s = 3041 \text{mm}^2$。

【例题 5.4.3】有一矩形截面剪力墙，基本情况同［例题 5.4.2］，已知距墙底 $0.5 h_{w0}$ 处的内力设计值，弯矩 $M = 15\,980$ kN·m，剪力 $V = 2600$kN，轴力 $N = 2980$kN。求解：(1) 验算剪压比；(2) 根据受剪承载力的要求确定水平分布钢筋。

【解】1）规范要求

$$\lambda = \frac{M}{V h_{w0}} = \frac{15\,980 \times 10^6}{2600 \times 10^3 \times 5700} = 1.1$$

2）确定剪力设计值

由式（5.4.1）：

$$V = 1.4 V_w = 1.4 \times 2600 = 3640 \text{kN}$$

3）验算剪压比

因为 $\lambda = 1.1 < 2.5$，由式（5.4.6b）：

$$V_b \leqslant \frac{1}{\gamma_{RE}}(0.15\beta_c f_c b_b h_{b0}), \quad \gamma_{RE} = 0.85, \quad \beta_c = 1.0$$

$$\frac{1}{\gamma_{RE}}(0.15\beta_c f_c b_b h_{b0}) = \frac{1}{0.85} \times (0.15 \times 1 \times 14.3 \times 250 \times 5700)$$

$$= 3596 \times 10^3 \text{N} = 3596 \text{kN} < 3640 \text{kN}$$

因 $\frac{3640 - 3596}{3596} = 1.2\%$，基本满足要求。

4）确定水平分布钢筋

由式（5.4.15）：

$$V_w \leqslant \frac{1}{\gamma_{RE}}\left[\frac{1}{\lambda - 0.5}\left(0.4 f_t b_w h_{w0} + 0.1 N \frac{A_w}{A}\right) + 0.8 f_{yh} \frac{A_{sh}}{s} h_{w0}\right]$$

因 $\lambda = 1.1 < 1.5$，取 $\lambda = 1.5$。

$A_w = A$，取 $\frac{A_w}{A} = 1.0$。

$0.2 f_c b_w h_w = 0.2 \times 14.3 \times 250 \times 6000 = 4290 \times 10^3 \text{N} > N = 2980 \times 10^3 \text{N}$，取 $N = 2980 \times 10^3 \text{N}$。

$$\frac{1}{\gamma_{RE}}\left[\frac{1}{\lambda-0.5}\left(0.4f_t b_w h_{w0}+0.1N\frac{A_w}{A}\right)+0.8f_{yh}\frac{A_{sh}}{s}h_{w0}\right]$$

$$=\frac{1}{0.85}\times\left[\frac{1}{1.5-0.5}\times(0.4\times1.43\times250\times5700+0.1\right.$$

$$\left.\times2980\times10^3\times1)+0.8\times270\times\frac{A_{sh}}{s}\times5700\right]$$

$$=1\ 309\ 529+1\ 448\ 471\frac{A_{sh}}{s}$$

$$V=3640\times10^3\leqslant1\ 309\ 529+1\ 448\ 471\frac{A_{sh}}{s}$$

解得：$\dfrac{A_{sh}}{s}=1.61\text{mm}$。

取双排Φ12钢筋：

$$s=\frac{2\times113}{1.61}=140.4\text{mm}，取\ s=140\text{mm}。$$

【例题 5.4.4】已知连梁的截面尺寸为 $b=160\text{mm}$，$h=900\text{mm}$，$l_n=900\text{mm}$，C30，$f_c=14.3\text{N/mm}^2$，$f_t=1.43\text{N/mm}^2$，纵筋 HRB400，$f_y=360\text{N/mm}^2$，箍筋 HPB300，$f_y=270\text{N/mm}^2$，抗震等级为二级。由楼层荷载传到连梁上的剪力 V_{GB} 很小，略去不计。由地震作用产生的连梁剪力设计值 $V=152\text{kN}$。求配置钢筋。

【解】1）连梁弯矩

$$M_b=V\frac{l_n}{2}=152\times10^3\times\frac{900}{2}=68.4\times10^6\ \text{N}\cdot\text{mm}=68.4\text{kN}\cdot\text{m}$$

$\gamma_{RE}=0.75$，$M\leqslant\dfrac{1}{\gamma_{RE}}f_y A_s(h-a_s-a'_s)$。

取 $a_s=a'_s=35\text{mm}$。

$$A_s=\frac{\gamma_{RE}M}{f_y(h-a_s-a'_s)}-\frac{0.75\times68.4\times10^6}{360\times(900-35-35)}=171.7\ \text{mm}^2$$

选用 2$\underline{\Phi}$12，$A_s=226\text{mm}^2$。

2）根据式（5.4.5a）

$$V_b=\frac{1.2\times(M_b^l+M_b^r)}{l_n}=\frac{1.2\times(2\times68.4\times10^6)}{900}=182.4\times10^3\ \text{N}$$

因 $\dfrac{l_n}{h}=\dfrac{900}{900}=1.0<2.5$，$\gamma_{RE}=0.85$，$\beta_c=1.0$，$h_0=865\text{mm}$，

$$\frac{1}{\gamma_{RE}}(0.15\beta_c f_c b_b h_{b0})=\frac{1}{0.85}\times(0.15\times1.0\times14.3\times160\times865)$$

$$=349\times10^3\text{N}>V_b=182.4\times10^3\text{N}，满足要求。$$

3）由式（5.4.20b）

$$V \leqslant \frac{1}{\gamma_{RE}}(0.38 f_t b_b h_{b0} + 0.9 f_{yv} \frac{A_{sv}}{s} h_{b0})$$

$$\frac{A_{sv}}{s} = \frac{\gamma_{RE} V_b - 0.38 f_t b_b h_{b0}}{0.9 f_{yv} h_{b0}}$$

$$= \frac{0.85 \times 182.4 \times 10^3 - 0.38 \times 1.43 \times 160 \times 865}{0.9 \times 270 \times 865}$$

$$= 0.380 \text{mm}^2/\text{mm}$$

4）抗震设计

沿连梁全长箍筋的构造应按框架梁梁端加密区箍筋的构造要求采用。由表5.3.2，箍筋最小直径8mm、二肢箍筋最大间距：

$$s = \min\left\{\frac{h_b}{4}, 8d, 100\right\} = \min\{900/4, 8 \times 14, 100\} = 100 \text{mm}$$

$$\frac{A_{sv}}{s} = \frac{2 \times 50.3}{100} = 1.006 \text{mm} > 0.488 \text{mm}，可以。$$

5.5 框架-抗震墙结构的抗震设计

5.5.1 框架-抗震墙结构的抗震性能

1. 框架-抗震墙的共同工作特性

框架-抗震墙结构是通过刚性楼盖使钢筋混凝土框架和抗震墙协调变形共同工作的。对于纯框架结构，柱轴向变形所引起的倾覆状的变形影响是次要的。由 D 值法可知，框架结构的层间位移与层间总剪力成正比，因层间剪力自上而下越来越大，故层间位移也是自上而下越来越大，这与悬臂梁的剪切变形相一致，故称为剪切型变形。对于纯抗震墙结构，其在各楼层处的弯矩等于外荷载在该楼面标高处的倾覆力矩，该力矩与抗震墙纵向变形的曲率成正比，其变形曲线凸向原始位移，这与悬臂梁的弯曲变形相一致，故称为弯曲型变形。当框架与抗震墙共同作用时，两者变形必须协调一致，在下部楼层，抗震墙位移较小；它使得框架必须按弯曲形曲线变形，使之趋于减少变形，抗震墙协助框架工作，

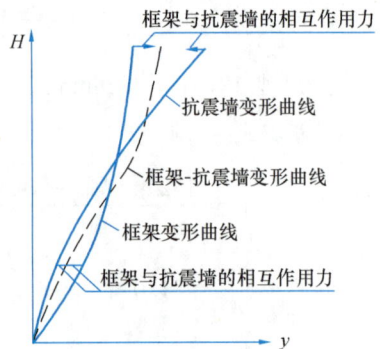

图 5.5.1 侧移曲线

外荷载在结构中引起的总剪力将大部分由抗震墙承受；在上部楼层，抗震墙外倾，而框架内收，协调变形的结果是框架协助抗震墙工作，顶部较小的总剪力主要由框架承担，而抗震墙仅承受来自框架的负剪力。上述共同工作结果对框架受力十分有利，其受力比较均匀。故其总的侧移曲线为弯剪型，见图5.5.1。

2. 抗震墙的合理数量

一般来讲，多设抗震墙可以提高建筑物的抗震性能，减轻震害。但是，如果抗震墙超过了合理的数量，就会增加建筑物的造价。这是因为随着抗震墙的增加，结构刚度也随之增大，周期缩短，于是作用于结构的地震作用也加大所造成的。这样，必有一个合理的抗震墙数量，能兼顾抗震性能和经济性两方面的要求。基于国内的设计经验，表5.5.1列出了底层结构截面面积（即抗震墙截面面积 A_w 和柱截面面积 A_c 之和）与楼面面积之比 A_f、抗震墙截面面积 A_w 与楼面面积 A_f 之比的合理范围。

底层结构截面面积与楼面面积之比　　　　表5.5.1

设计条件	$\dfrac{A_w + A_c}{A_f}$	$\dfrac{A_w}{A_f}$
7度，Ⅱ类场地	3%～5%	2%～3%
8度，Ⅱ类场地	4%～6%	3%～4%

抗震墙纵横两个方向总量应在表5.5.1范围内，两个方向抗震墙的数量宜相近。抗震墙的数量还应满足对建筑物所提出的刚度要求。在地震作用下，一般标准的框架-抗震墙结构顶点位移与全高之比 u/H 不宜大于 $1/700$；较高装修标准时不宜超过 $1/850$。

5.5.2　框架-抗震墙结构的抗震设计

1. 水平地震作用

对于规则的框架-抗震墙结构，与框架结构相同，作为一种近似计算，建议采用底部剪力法来确定计算单元的总水平地震作用标准值 F_{Ek}、各层的水平地震作用标准值 F_i 和顶部附加水平地震作用标准值 ΔF_n。采用顶点位移法公式来计算框架-抗震墙结构的基本周期，其中：结构顶点假想位移 u_T（m）应为，假想地把集中各层楼层处的重力荷载代表值 G_i 按等效原则化为均匀水平荷载；考虑非结构墙体刚度影响的周期折减系数 ψ_T 采用 $0.7～0.8$。

2. 内力与位移计算

框架-抗震墙结构在水平荷载作用下的内力与位移计算方法可分为电算法和手算法。采用电算法时，先将框架-抗震墙结构转换为壁式框架结构，然后采用矩阵位移法借助计算机进行计算，其计算结果较为准确。手算法，即微分方程法，该方法将所有框架等效为综合框架，所有抗震墙等效为综合抗震墙，所有连梁等效为综合连梁，并把它们移到同一平面内，通过自身平面内刚度为无穷大的楼盖的联结作用而协调变形共同工作。

框架-抗震墙结构是按框架和抗震墙协同工作原理来计算的，计算结果往往是抗震墙承受大部分荷载，而框架承受的水平荷载则很小。工程设计中，考虑到抗震墙的间距较大，楼板的变形会使中间框架所承受的水平荷载有所增加；由于抗震墙的开裂、弹塑性变形的发展或塑性铰的出现，使得其刚度有所降低，致使抗震墙和框架之间的内力分配中，框架承受的水平荷载亦有所增加；另外，从多道抗震设防的角度来看，框架作为结构抗震的第二道防线（第一道防线是抗震墙），也有必要保证框架有足够的安全储备。故框架-抗震墙结构中，框架所承受的地震剪力不应小于某一限值，以考虑上述影响。为此，《抗震规范》规定，侧向刚度沿竖向分布基本均匀的框架-抗震墙结构，任一层框架部分的剪力值，不应小于结构底部总地震剪力的 20% 和按框架-抗震结构侧向刚度分配的框架部分各楼层地震剪力中最大值 1.5 倍两者的较小值。

3. 截面设计与构造措施

1）截面设计的原则

框架-抗震墙结构的截面设计，框架部分按框架结构进行设计，抗震墙部分按抗震墙结构进行设计。

周边有梁柱的抗震墙（包括现浇柱、预制梁的现浇抗震墙），当抗震墙与梁柱有可靠连接时，柱可作为抗震墙的翼缘，截面设计按抗震墙墙肢进行设计。主要的竖向受力钢筋应配置在柱截面内。抗震墙上的框架梁不必进行专门的截面设计计算，钢筋可按构造配置。

2）构造措施

框架-抗震墙墙板的抗震构造措施除采用框架结构和抗震墙结构的有关构造措施外，还应满足下列要求：

（1）截面尺寸

框架-抗震墙墙板厚度不应小于 160mm 且不应小于层高的 1/20，底部加强部位的抗震墙厚度不应小于 200mm 且不应小于层高的 1/16。有端柱时，墙体在楼盖处应设置暗梁，暗梁的高度不宜小于墙厚和 400mm 的较大值；端柱截面宜与同层框架柱相同，并应满足对框架柱的要求；抗震墙底部加强部位的端柱和紧靠抗震墙洞口的端柱宜按柱箍筋加密区的要求沿全高加密箍筋。

（2）分布钢筋

抗震墙的竖向和横向分布钢筋的配筋率均不应小于 0.25%，钢筋直径不宜小于 10mm，间距不宜大于 300mm，并应双排布置，双排分布钢筋间应设置拉筋。

思考题与习题

5-1　举例说明现浇钢筋混凝土高层建筑结构抗震等级的确定。

5-2　试分析钢筋混凝土框架结构、框架-抗震墙结构和抗震墙结构的受力特点、结构布置原则和各自的适用范围。

5-3　简述框架结构内力和位移计算的方法和步骤。

5-4　试说明框架梁抗震设计的要点和抗震的构造措施。

5-5　试说明框架柱抗震设计的要点和抗震的构造措施。

5-6　试说明框架梁柱节点抗震设计的要点和抗震的构造措施。

5-7　简述抗震墙结构的抗震设计要点和抗震构造措施。

5-8　简述框架-抗震墙结构的抗震设计要点和抗震构造措施。

5-9　某幢6层现浇钢筋混凝土框架，抗震设防烈度为8度、设计基本地震加速度0.2g、设计地震分组为第二组、建筑场地为Ⅱ类，框架平面和各楼层的梁柱截面尺寸以及各层梁柱按实际配筋和材料强度标准值所计算的梁端、柱端实际截面极限承载力如图5.6.1所示，多遇地震作用下的楼层剪力标准值和层间侧移刚度值如表5.6.1所示。要求：(1) 计算各楼层受剪承载力 V_y；(2) 计算各

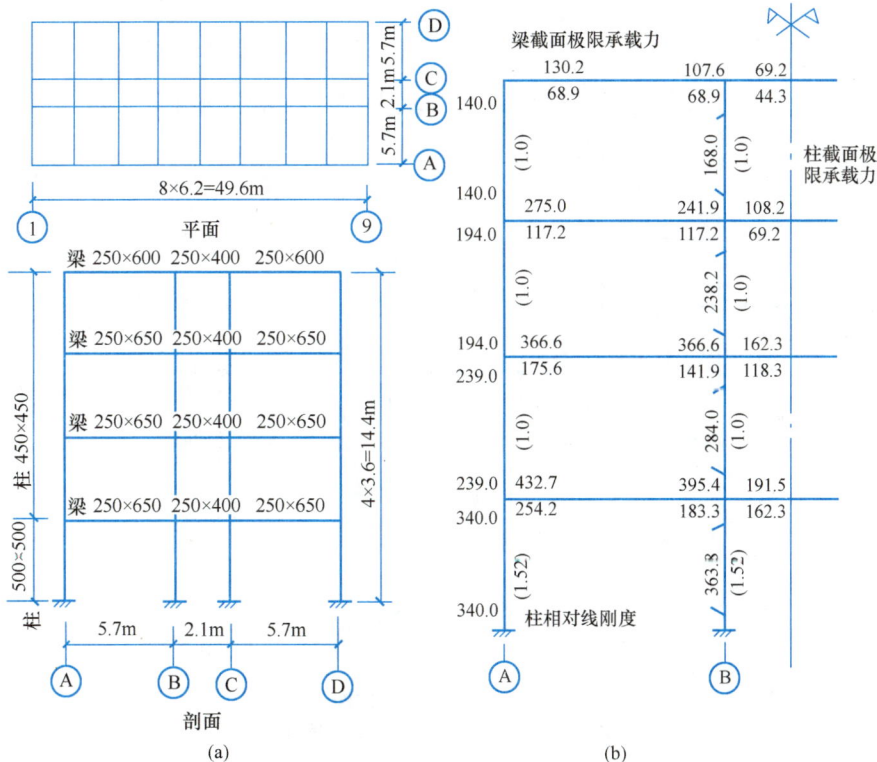

图5.6.1　题5-9用图

(a) 结构平面、剖面图；(b) 梁、柱截面极限抗弯承载力（kN·m）

楼层在罕遇地震下的弹性楼层剪力 V_e；（3）计算楼层屈服承载力系数，确定薄弱层；（4）计算薄弱层弹塑性位移；（5）层间弹塑性位移验算。

题 5-9 用表　　　　　　　　　　　　　　　　表 5.6.1

V_i（kN）	$\sum D$（kN/m）	V_i（kN）	$\sum D$（kN/m）
1076	454580	2749	474280
2003	474280	3314	583960

5-10 某幢 6 层现浇钢筋混凝土框架，屋顶有局部突出的楼梯间和水箱。抗震设防烈度为 8 度、设计基本加速度为 0.2g、设计地震分组为第二组、建筑场地为 Ⅱ 类。混凝土强度等级：梁为 C20、柱为 C25。主筋采用 HRB400 级钢筋，箍筋采 HPB300 级钢筋。框架平剖面、构件尺寸和各层重力荷载代表值如图 5.6.2 所示。试验算横向中间框架。

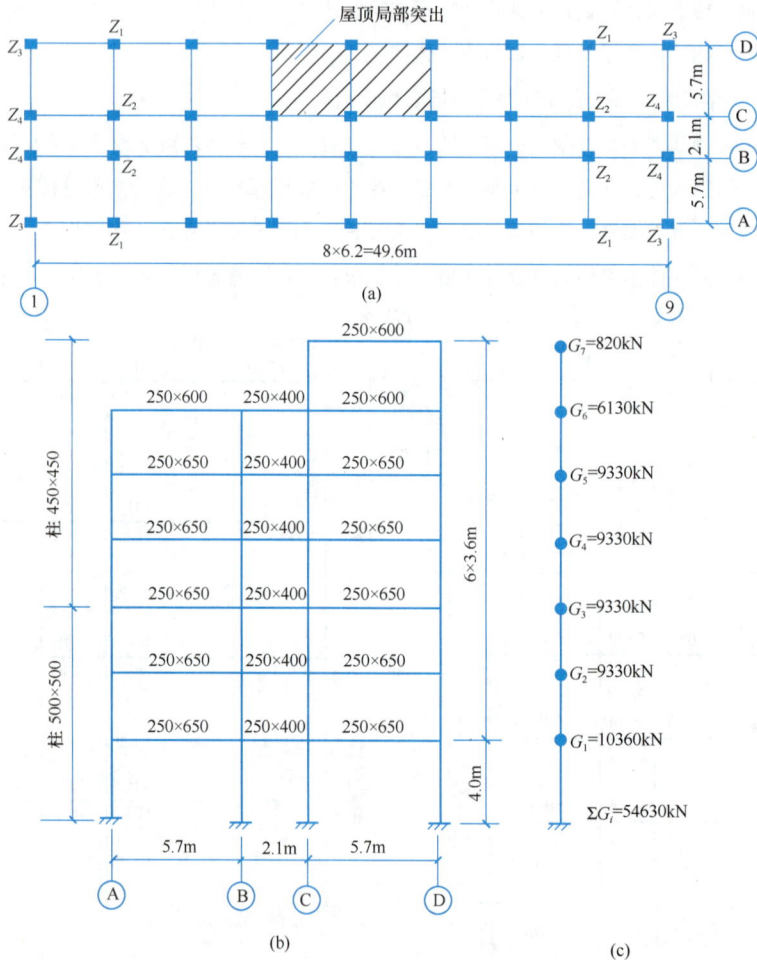

图 5.6.2　题 5-10 用图
（a）平面图；（b）剖面图；（c）计算简图

第6章
砌体结构房屋抗震设计

6.1　砌体房屋抗震设计的一般规定

　　砌体结构房屋是指用普通砖（包括烧结、蒸压、混凝土普通砖）、多孔砖（包括烧结、混凝土多孔砖）和混凝土小型空心砌块等承重块材，通过砂浆砌筑而成的房屋。砌体结构在我国建筑工程中，特别是在住宅建筑中应用广泛。但由于砌体结构材料的脆性性质，其抗剪、抗拉和抗弯强度很低，所以未经合理设计的砌体结构房屋的抗震能力较差。砌体结构的主要震害特征包括：

　　1. 预制楼板的倒塌（图6.1.1）

　　预制楼板由于施工方便、周期短、造价低等特点，被普遍使用，使其抗震性能弱，特别是锚固长度不足时，当发生地震时极易发生倒塌，使人无法及时逃生。在汶川地区，很多使用预制楼板的中小学教学楼都发生倒塌，导致严重后果。

图6.1.1　预制楼板的倒塌

2. 墙角处破坏

房屋的转角部位受力复杂，在强震中出现不同程度的破坏，轻者裂缝，重者局部垮塌，这在郊区农民修建的三层砖房中为最常见的震害现象之一。在横纵墙交接处没有设置构造柱的砌体结构往往会发生拉开破坏，并容易导致纵墙整体倒塌。

图 6.1.2 楼梯间坍塌

3. 楼梯间坍塌（图 6.1.2）

楼梯间因楼板错层影响了结构整体性，易造成转换结构的倒塌；同时因存在梯板这样刚度不小的斜向受力构件，在地震下起到很大的作用，而设计中又基本没有考虑，存在很大的不确定性。因此，地震中可以看到很多楼梯间和楼梯的破坏，影响了逃生通道，也可以看到楼梯引起的其他结构构件的破坏，应引起重视。

4. 顶部坍塌

砖混结构顶部局部突出部位，特别是水箱结构，在强烈地震中遭受较为严重破坏，有的水箱底部架立结构全部断裂。顶层楼梯间四面墙体不同程度开裂，在一些未加设构造柱的楼梯间则全部毁坏。屋顶有太阳能热水器的型钢支架底部焊接开裂倒塌，震害调查表明一般是蓄水满、竖向受力柱未加斜向支撑的型钢支架易发生中部折弯震害。

5. 墙体开裂（图 6.1.3）

砖混结构经圈梁与构造柱加固后，其抗震能力明显增强，使其在强烈地震作用下不易倒塌或遭受严重破坏，而某些未加设圈梁、构造柱或加设不当的砖混结构遭受不同程度的破坏。砖混结构墙体的破坏部位和形式，与砖墙的布置、砌体强度和房屋构造等因素有密切关系。在汶川地震中，破坏最多、最严重的墙体主要为山墙，大多数山墙呈 X 形开裂。

6. 整体坍塌（图 6.1.4）

图 6.1.3 墙体开裂

图 6.1.4 砖混结构房屋倒塌严重

汶川地震中砖混结构房屋倒塌现象十分严重，类似情况在巴基斯坦地震中有过报道。以极震区北川县城为例，整个县城砖混结构的房屋倒塌约占了整个房屋倒塌的 70% 以上。老旧房屋未经过抗震设计、未采取有效抗震构造措施、房屋整体性差等，是本次地震中大量砖混结构倒塌的主要原因。

虽然砌体房屋的破坏率比较高，但是震害调查表明，只要设计合理、构造得当，保证施工质量，则在中、强地震区，砌体结构房屋仍具有一定抗震能力。为此，《抗震规范》给出了砌体结构房屋的抗震计算方法和抗震构造措施。

6.1.1　多层砌体房屋的结构体系

多层砌体房屋比其他结构更要注意保持平面、立面规则的体型和抗侧力墙的均匀布置。由于多层砌体房屋一般都采用简化的抗震计算方法，对于体型复杂的结构和抗侧力构件布置不均匀的结构，其应力集中和扭转的影响，以及抗震薄弱部位均难以估计，细部的构造也较难处理。因此，《抗震规范》规定，多层砌体房屋的结构体系，应符合下列要求：

1）应优先采用横墙承重或纵横墙共同承重的结构体系，不应采用砌体墙和混凝土墙混合承重的结构体系。

2）纵横墙的布置应符合下列要求：

（1）宜均匀对称，沿平面内宜对齐，沿竖向应上下连续；且纵横墙体的数量不宜相差过大。

（2）平面轮廓凹凸尺寸，不应超过典型尺寸的 50%；当超过典型尺寸的 25% 时，房屋转角处应采取加强措施。

（3）楼板局部大洞口的尺寸不宜超过楼板宽度的 30%，且不应在墙体两侧同时开洞。

（4）房屋错层的楼板高差超过 500mm 时，应按两层计算；错层部位的墙体应采取加强措施。

（5）同一轴线上的窗间墙宽度宜均匀；在满足房屋局部尺寸限值的前提下，洞口立面面积，6、7 度时不宜大于墙面面积的 55%，8、9 度时不宜大于 50%。

（6）在房屋宽度方向的中部应设置内纵墙，其累计长度不宜少于房屋总长度的 60%（高宽比大于 4 的墙段不计入）。

3）房屋有下列情况之一时宜设置防震缝，缝两侧均应设置墙体，缝宽应根据烈度和房屋高度确定，可采用 70～100mm：

（1）房屋立面高差在 6m 以上。

（2）房屋有错层，且楼板高差大于层高的 1/4。

（3）各部分结构刚度、质量截然不同。

4）楼梯间不宜设置在房屋的尽端和转角处；不应在房屋转角处设置转角窗。

5）教学楼、医院等横墙较少、跨度较大的房屋，宜采用现浇钢筋混凝土楼、屋盖。

6.1.2 房屋的层数和高度的限制

多层砌体房屋的抗震能力，除取决于横墙间距、砖和砂浆强度等级、结构的整体性和施工质量等因素外，还与房屋的总高度有直接的联系。国内外历次地震表明，在一般场地下，砌体房屋的层数越多、高度越高，它的震害程度和破坏率越大。因此，国内外建筑抗震设计规范均对砌体房屋的层数和总高度加以限制。

《抗震规范》规定，多层砌体房屋的层数和总高度应符合下列要求：

（1）一般情况下，房屋的层数和总高度不超过表6.1.1的规定。

（2）横墙较少（指同一楼层内开间大于4.20m的房间占该层总面积的40%以上）的多层砌体房屋，总高度应比表6.1.1的规定降低3m，层数相应减少1层；各层横墙很少（指同一楼层内开间不大于4.20m的房间占该层总面积不到20%且开间大于4.8m的房屋占该层总面积的50%以上）的多层砌体房屋，还应再减少1层。

（3）6、7度时，横墙较少的丙类多层砌体房屋，当按规定采取加强措施并满足抗震承载力要求时，其高度和层数应允许仍按表6.1.1的规定采用。

（4）采用蒸压灰砂砖和蒸压粉煤灰砖砌体的房屋，当砌体的抗剪强度仅达到普通黏土砖砌体的70%时，房屋的层数应比普通砖房屋减少1层，高度应减少3m。当砌体的抗剪强度达到普通黏土砖砌体的取值时，房屋层数和总高度的要求同普通砖房屋。

砌体房屋的层数和总高度（m）限值   **表 6.1.1**

房屋类型	最小墙厚度(mm)	烈度										
		6度		7度				8度				9度	
		0.05g		0.10g		0.15g		0.20g		0.30g		0.40g	
		高度	层数	高度	层数	高度	层数	高度	层数	高度	层数	高度	层数
普通砖	240	21	7	21	7	21	7	18	6	15	5	12	4
多孔砖	240	21	7	21	7	18	6	18	6	15	5	9	3
多孔砖	190	21	7	18	6	15	5	15	5	12	4	—	—
小砌块	190	21	7	21	7	18	6	18	6	15	5	9	3

注：1. 房屋的总高度指室外地面到主要屋面板板顶或檐口的高度，半地下室从地下室内地面算起，全地下室和嵌固条件好的半地下室应允许从室外地面算起；对带阁楼的坡屋面应算到山尖墙的1/2高度处。

    2. 室内外高差大于0.6m时，房屋总高度应允许比表中数据适当增加，但应少于1m；

    3. 乙类的多层砌体房屋按本地区设防烈度查表时，其层数应减少一层且总高度应降低3m；

    4. 本表小砌块砌体房屋不包括配筋混凝土小型空心砌块砌体房屋。

表6.1.1关于多层砌块房屋的总高度限值，主要是依据计算分析、部分震害调查和足尺

模型试验，并参照多层砖房的规定确定的。《抗震规范》还规定，普通砖、多孔砖和小砌块砌体房屋的层高，不应超过 3.6m。

6.1.3　多层砌体房屋的最大高宽比

为了防止多层砌体房屋的整体弯曲破坏，《抗震规范》未规定对这类房屋进行整体弯曲验算，而只提出了表 6.1.2 所示的房屋最大高宽比的规定来加以限制。

多层砌体房屋的房屋最大高宽比　　　　　　　表 6.1.2

烈度	6 度	7 度	8 度	9 度
最大高宽比	2.5	2.5	2.0	1.5

注：1. 单面走廊房屋的总宽度不包括走廊宽度；
　　2. 建筑平面接近正方形时，其高宽比宜适当减小。

6.1.4　抗震横墙的最大间距

多层砌体房屋的横向水平地震作用主要由横墙承担。对于横墙，除了要求满足抗震承载力外，还要使横墙间距能够保证楼盖对传递水平地震作用所需的刚度要求。前者可通过抗震承载力验算来解决，而横墙间距则必须根据楼盖的水平刚度要求给予一定的限值。当横墙间距大，纵向砖墙会因楼盖水平刚度不足而产生过大的变形导致其出平面的弯曲破坏，应予防止。《抗震规范》规定，砌体房屋的横墙间距不应超过表 6.1.3 的要求。

砌体房屋抗震横墙的最大间距（m）　　　　表 6.1.3

房屋类别	烈度			
	6	7	8	9
现浇或装配整体式钢筋混凝土楼、屋盖	15	15	11	7
装配式钢筋混凝土楼、屋盖	11	11	9	4
木屋盖	9	9	4	—

注：1. 多层砌体房屋的顶层，除木屋盖外的最大横墙间距应允许适当放宽，但应采取相应加强措施；
　　2. 多孔砖抗震横墙厚度为 190mm 时，最大横墙间距应比表中数值减小 3m。

6.1.5　房屋局部尺寸的限制

墙体是多层砌体房屋最基本的承重构件和抗侧力构件，地震时房屋倒塌往往是从墙体破坏开始的。应保证房屋的各道墙体能同时发挥它们的最大抗剪承载力，并避免由于薄弱部位抗震承载力不足发生破坏，导致逐个破坏，进而造成整栋房屋的破坏，甚至倒塌。表 6.1.4 系根据震害宏观调查而提出的房屋局部尺寸限值。如果采用增设构造柱等措施，则局部尺寸可适当放宽。

房屋局部尺寸限值（m）　　　　　　　　　　　表 6.1.4

部位	6 度	7 度	8 度	9 度
承重窗间墙最小宽度	1.0	1.0	1.2	1.5
承重外墙尽端至门窗洞边的最小距离	1.0	1.0	1.2	1.5
非承重外墙尽端至门窗洞边的最小距离	1.0	1.0	1.0	1.0
内墙阳角至门窗洞边的最小距离	1.0	1.0	1.5	2.0
无锚固女儿墙（非出入口处）的最大高度	0.5	0.5	0.5	0.0

注：1. 个别或少数墙段的局部尺寸不足时，应采取局部加强措施弥补，且最小宽度不得小于 1/4 层高和表列数据的 80%；

　　2. 出入口处的女儿墙应有锚固。

6.2　多层砌体房屋的抗震验算

对于多层砌体房屋，一般只需验算房屋在横向和纵向水平地震作用下，横墙和纵墙在其自身平面内的抗剪承载力。同时《抗震规范》规定，可只选择从属面积较大或竖向应力较小的不利墙段进行截面抗震承载力的验算。

6.2.1　水平地震作用和层间剪力的计算

多层砌体结构房屋，刚度沿高度的分布一般比较均匀，并以剪切变形为主，因此可采用底部剪力法计算水平地震作用。考虑到多层砌体房屋中纵向或横向承重墙体的数量较多，房屋的侧移刚度很大，因而其纵向和横向基本周期短，一般均不超过 0.25s。所以《抗震规范》规定，对于多层砌体房屋，确定水平地震作用时采用 $\alpha_1 = \alpha_{max}$，$\delta_n = 0$。计算结构的总水平地震作用标准值 F_{Ek}：

$$F_{Ek} = \alpha_{max} G_{eq} \tag{6.2.1}$$

作用于第 i 层质点处的水平地震作用标准值 F_i（图 6.2.1）：

$$F_i = \frac{G_i H_i}{\sum_{k=1}^{n} G_k H_k} F_{Ek} \tag{6.2.2}$$

作用于第 i 层的地震剪力 V_i（图 6.2.1）：

$$V_i = \sum_{k=i}^{n} F_k \tag{6.2.3}$$

对于有突出屋面的楼梯间、水箱间等小屋以及女儿墙、烟囱等附属建筑的多层砌体房屋（图 6.2.2），F_{Ek} 仍按式（6.2.1）计算，F_i 和 V_i 则分别按下列公式计算：

$$F_i = \frac{G_i H_i}{\sum_{k=1}^{n+1} G_k H_k} F_{Ek} \tag{6.2.4}$$

$$V_{n+1} = 3F_{n+1} \tag{6.2.5}$$

$$V_i = \sum_{k=i}^{n+1} F_k (i=1,2,\cdots,n) \tag{6.2.6}$$

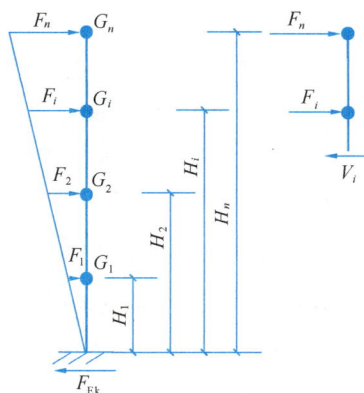

图 6.2.1　多层砌体结构计算简图　　　图 6.2.2　有突出屋顶结构的计算简图

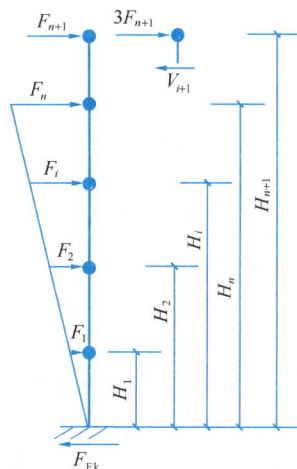

6.2.2　楼层水平地震剪力在各抗侧力墙体间的分配

由于多层砌体房屋墙体平面内的抗侧力等效刚度很大，而平面外的刚度很小，所以一个方向的楼层水平地震剪力主要由平行于地震作用方向的墙体来承担，而与地震作用相垂直的墙体，其承担的水平地震剪力很小。因此，横向楼层地震剪力全部由各横向墙体来承担，而纵向楼层地震剪力由各纵向墙体来承担。

1. 横向楼层地震剪力的分配

横向楼层地震剪力在横向各抗侧力墙体之间的分配，不仅取决于每片墙体的层间抗侧力等效刚度，而且取决于楼盖的整体刚度。

1）刚性楼盖

刚性楼盖是指现浇钢筋混凝土楼盖及装配整体式钢筋混凝土楼盖。当横墙间距符合表6.1.3 的规定时，则刚性楼盖在其平面内可视作弹性支座（各横墙）上的刚性连续梁，并假定房屋的刚度中心与质量中心重合，而不发生扭转。于是，楼盖发生整体相对平移运动时，各横墙将发生相等的层间位移（图 6.2.3）。

若已知第 i 层横向墙体的层间等效刚度之和为 K_i，则在第 i 层层间地震剪力 V_i 作用下产生层间位移 u 可按下式计算：

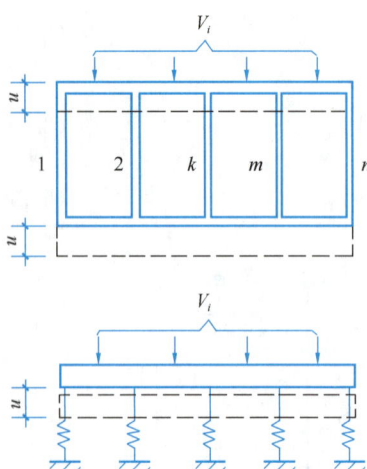

图 6.2.3 刚性楼盖的计算简图

$$u = \frac{V_i}{K_i} = \frac{V_i}{\sum\limits_{k=1}^{n} K_{ik}} \quad (6.2.7)$$

第 i 层第 m 片横墙所分配的水平地震剪力 V_{im} 按式（6.2.8）计算：

$$V_{im} = K_{im}u = K_{im}\frac{V_i}{\sum\limits_{k=1}^{n} K_{ik}} = \frac{K_{im}}{\sum\limits_{k=1}^{n} K_{ik}}V_i$$

$$(6.2.8)$$

式中　K_{im}、K_{ik}——分别为第 i 层第 m、k 片墙体的层间等效侧向刚度；

V_i——房屋第 i 层的横向水平地震作用。

2）柔性楼盖

对于木结构楼盖等柔性楼盖，由于其水平刚度很小，在横向水平地震作用下，各片横墙产生的位移，主要取决于其邻近从属面积上楼盖重力荷载代表值所引起的地震作用。因而可近似地视整个楼盖为分段简支于各片横墙的多跨简支梁（图 6.2.4），各片横墙可独立地变形。这样，第 i 层第 m 片横墙所承担的地震剪力 V_{im}，可根据该墙从属面积上的重力荷载代表值的比例进行分配，即：

$$V_{im} = \frac{G_{im}}{G_i}V_i \quad (6.2.9)$$

式中　G_{im}——第 i 层第 m 片墙从属面积上重力荷载代表值；

G_i——第 i 层楼盖总重力荷载代表值。

当楼盖单位面积上的重力荷载代表值相等时，式（6.2.9）可进一步写成：

$$V_{im} = \frac{F_{im}}{F_i}V_i \quad (6.2.10)$$

式中　F_{im}——第 i 层第 m 片墙从属荷载面积，等于该墙两侧相邻墙之间各一半建筑面积之和（图 6.2.4）；

F_i——第 i 层楼盖的建筑面积。

3）中等刚度楼盖

装配式钢筋混凝土楼盖属于中等刚度楼盖，在横向水平地震作用下，其楼盖的变形状态介于刚性楼盖和柔性楼盖之间。因此，在一般多层砌体房屋设计中，《抗震规范》建议，对于中等刚度楼盖的房屋，第 i 层第 m 片

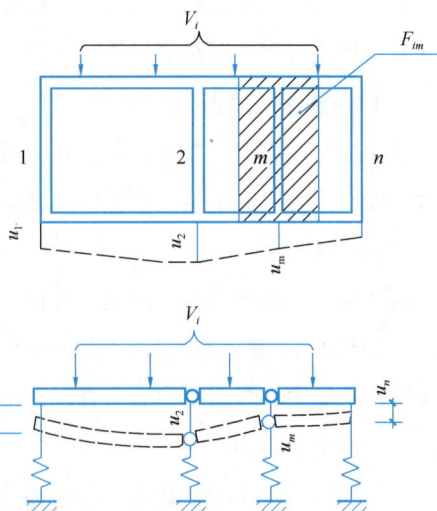

图 6.2.4　柔性楼盖计算简图

墙所承担的地震剪力 V_{im}，可取刚性楼盖和柔性楼盖房屋两种计算结果的平均值，即：

$$V_{im} = \frac{1}{2}\left[\frac{K_{im}}{\sum\limits_{k=1}^{n} K_{ik}} + \frac{F_{im}}{F_i}\right]V_i \qquad (6.2.11)$$

2. 纵向楼层地震剪力的分配

由于房屋的宽度小，而长度大，因此无论何种类型的楼盖，其纵向水平刚度均很大，可视为刚性楼盖。对于柔性楼盖、中等刚度楼盖和刚性楼盖的房屋，其各片纵墙所承担的地震剪力均按式（6.2.8）计算。

规则结构不进行扭转耦联计算时，为考虑水平地震作用扭转影响，平行于地震作用方向的两边墙体，其分配地震剪力应乘以增大系数。一般情况下，横、纵外墙可分别按 1.15 和 1.05 采用。

3. 同一片墙各墙段间地震剪力的分配

当求得第 i 层第 m 片墙的地震剪力 V_{im} 后，对于具有开洞的墙片，还要把地震剪力分配给该墙片洞口间和墙端的墙段，以便验算各墙段截面的抗震承载力。

各墙段分配的地震剪力值，与各墙段的等效侧向刚度成正比。第 m 片墙的第 r 片墙段所分配的地震剪力（图 6.2.5）为：

$$V_{mr} = \frac{K_{mr}}{\sum\limits_{r=1}^{s} K_{mr}} V_{im} \qquad (6.2.12)$$

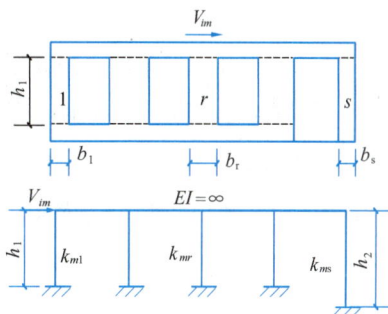

图 6.2.5 开洞墙片计算简图

式中 V_{mr} ——第 i 层第 m 片墙的第 r 片墙段所分配地震剪力；

V_{im} ——第 i 层第 m 片墙所分担的地震剪力；

K_{mr} ——第 i 层第 m 片墙的第 r 片墙段的等效侧向刚度，根据墙段高宽比 (h_r/b_r)，按式（6.2.15）和式（6.2.16）计算；当 $h_r/b_r > 4$ 时，取 $K_{mr} = 0$。

4. 墙体层间等效侧向刚度的计算

由上述可知，在进行楼层地震剪力的分配时，要知道各片墙体及墙段的层间等效侧向刚度，因此，必须讨论墙体的层间等效侧向刚度的计算方法。

1）无洞墙体

在多层砖房的抗震分析中，如各层楼盖仅发生平移而不发生转动，确定墙体的层间等效侧向刚度时，视其为下端固定、上端嵌固的构件，因而其侧移柔度（即单位水平力地震作用下的总变形）一般应包括层间弯曲变形 δ_b 和剪切变形 δ_s（图 6.2.6）：

$$\delta = \delta_b + \delta_s = \frac{h^3}{12EI} + \frac{\zeta h}{GA} \qquad (6.2.13)$$

式中　A、I——分别为墙体的水平截面面积和水平截面惯性矩；

　　　E、G——分别为砖砌体受压时的弹性模量和剪切模量，一般取 $G = 0.4E$；

　　　ζ——剪应变不均匀系数，对矩形截面取 $\zeta = 1.2$。

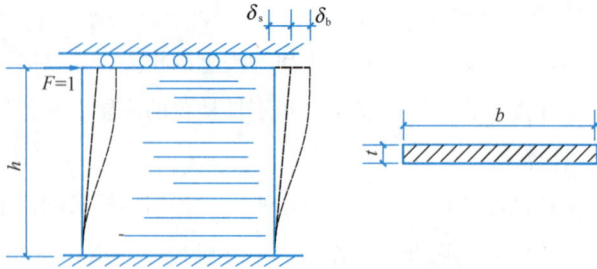

图 6.2.6　墙体的计算简图与墙体截面

将 A、I、G 的表达式和 ζ 值代入式（6.2.13），经整理后得：

$$\delta = \frac{1}{Et}\left[\left(\frac{h}{b}\right)^3 + 3\left(\frac{h}{b}\right)\right] \tag{6.2.14}$$

图 6.2.7 给出了墙体的不同高宽比与其弯曲变形 δ_b、剪切变形 δ_s、总变形 δ 的关系曲线。从图中可以看出：当 $h/b < 1$ 时，弯曲变形占总变形的 10% 以下；当 $h/b > 4$ 时，剪切变形在总变形所占的比例很小，其侧移柔度值很大；当 $1 \leqslant h/b \leqslant 4$ 时，剪切变形和弯曲变形在总变形中均占有相当的比例。为此，《抗震规范》规定：

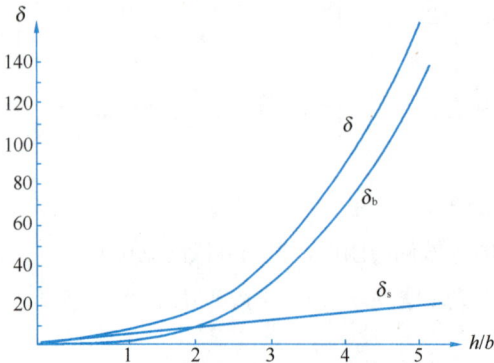

图 6.2.7　不同高宽比墙体与变形的关系

当 $h/b < 1$ 时，确定层间等效侧向刚度可只计算剪切变形，则：

$$K = \frac{1}{\delta} = \frac{Etb}{3h} \tag{6.2.15}$$

当 $1 \leqslant h/b \leqslant 4$ 时，层间等效侧向刚度的计算应同时考虑弯曲和剪切变形，则：

$$K = \frac{Et}{\dfrac{h}{b}\left[\left(\dfrac{h}{b}\right)^2 + 3\right]} \tag{6.2.16}$$

当 $h/b > 4$ 时，等效侧向刚度可取为 0。

2）有洞口的墙体

一片有门、窗洞口的纵墙或横墙称为有洞口的墙体（图 6.2.8），其窗间墙或门间墙称为墙段。门、窗间墙段的高度 h 取门、窗洞口净高，其等效侧向刚度按式（6.2.15）、式（6.2.16）计算。

确定有洞口墙体的层间等效侧向刚度时，不仅应考虑门、窗间墙段变形的影响，而且应考虑洞口上、下的水平砖墙带变形的影响。

对于图 6.2.8（a）所示开有规则洞口的多洞口墙体，墙顶在单位力（$F = 1$）的作用下，

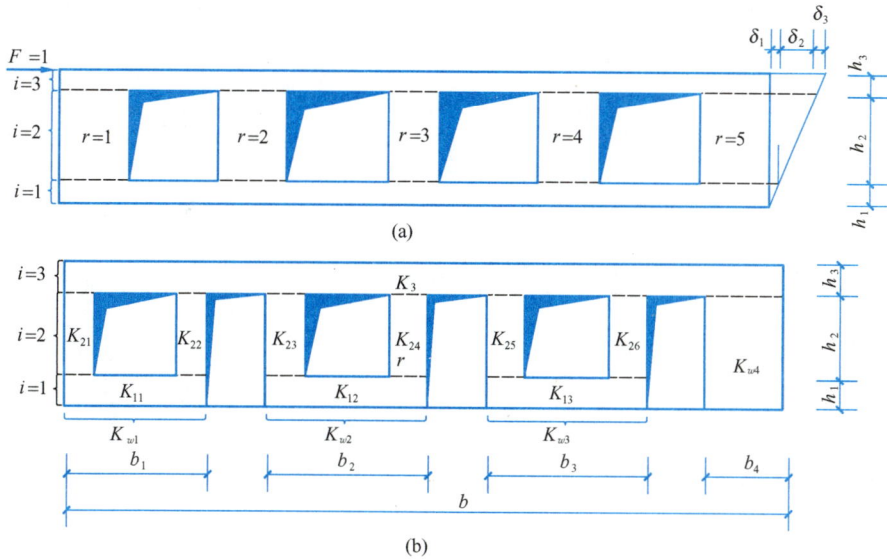

图 6.2.8　多洞口墙体

（a）开有规则洞口；（b）开有不规则洞口

墙顶侧移 δ 应等于沿墙高各墙带的侧移 δ_i 之和，即：

$$\delta = \sum_{i=1}^{n} \delta_i \tag{6.2.17}$$

$$\delta_i = \frac{1}{K_i} \tag{6.2.18}$$

式中　n ——多洞口墙体所划分的墙带总数；

　　对于洞口上、下的水平实心墙带，因其高宽比 $h/b < 1$，故此时式（6.2.18）中的墙带刚度 K_i 按式（6.2.15）计算；窗间墙带的刚度 K_i 应等于各窗洞间墙段刚度 K_{ir} 之和，即：

$$K_i = \sum_{r=1}^{s} K_{ir} \tag{6.2.19}$$

式中　s ——窗间墙段的总数；

　　K_{ir} ——应根据墙段的高宽比 h/b，由式（6.2.15）（当 $h/b < 1$ 时）和式（6.2.16）（当 $1 \leqslant h/b \leqslant 4$ 时）计算。

　　多洞口墙体的层间等效侧向刚度按式（6.2.20）计算：

$$K = \frac{1}{\delta} = \frac{1}{\displaystyle\sum_{i=1}^{n} \delta_i} \tag{6.2.20}$$

　　对于开有不规则洞口的多洞口墙体（图 6.2.8b），在第一层至第二层的范围划分为 4 个单元墙片，其等效侧向刚度分别为 K_{w1}、K_{w2}、K_{w3}、K_{w4}，其中 K_{w1}、K_{w2}、K_{w3} 的确定方法与上述规则有洞口墙相同。洞口上的实心墙带刚度 K_3 和第 4 单元墙片刚度 K_{w4} 的确定方法与墙段相同。这样，开有不规则洞口的多洞口墙体的层间等效侧向刚度按下式计算：

$$K = \cfrac{1}{\cfrac{1}{K_{w1} + K_{w2} + K_{w3} + K_{w4}} + \cfrac{1}{K_3}} \tag{6.2.21}$$

$$K_{w1} = \cfrac{1}{\cfrac{1}{K_{11}} + \cfrac{1}{K_{21} + K_{22}}} \tag{6.2.22a}$$

$$K_{w2} = \cfrac{1}{\cfrac{1}{K_{12}} + \cfrac{1}{K_{23} + K_{24}}} \tag{6.2.22b}$$

$$K_{w3} = \cfrac{1}{\cfrac{1}{K_{13}} + \cfrac{1}{K_{25} + K_{26}}} \tag{6.2.22c}$$

式中，符号意义如图 6.2.8 所示。

3）小开口墙体

对于小开口墙体，《抗震规范》规定按毛墙面计算其层间等效刚度，即按无洞墙体公式计算，但应根据开洞率乘以表 6.2.1 的洞口影响系数。

墙体洞口影响系数 表 6.2.1

开洞率	0.10	0.20	0.30
影响系数	0.98	0.94	0.88

注：开洞率为洞口水平面积与墙段水平毛面积之比；门洞高度不大于层高的 80%，窗洞高度大于层高 50% 时，按门洞对待；相邻洞口之间墙段净宽小于 500mm 时，视为洞口；偏置洞口，系数折减 0.9。

6.2.3 墙体截面的抗震承载力验算

砌体结构墙体抗震受剪承载力的计算，有两种半理论半经验的方法，即主拉应力强度和剪切摩擦强度理论法。从试算结果与试验结果对比看，在砂浆强度等级高于 M2.5 且竖向重力荷载引起的正应力 σ_0 与砌体抗剪强度设计值 f_v 之比符合 $1 < \sigma_0/f_v \leqslant 4$ 时，两者计算结果相近；在 f_v 较低且 σ_0/f_v 相对较大时（对于砌块砌体），两者的结果差异增大。从墙体破坏机理来进行分析，两者都符合地震区墙体开裂时呈现交叉斜裂缝，但解释各异。《抗震规范》建议，考虑历史的连续性，对砖砌体的验算仍采用主拉应力强度公式；考虑砌块砌体房屋的震害经验较少，对砌块砌体的验算则采用基于试验结果的剪切摩擦强度公式。

1. 砌体沿阶梯形截面破坏的抗震抗剪强度

《抗震规范》规定，各类砌体沿阶梯形截面破坏的抗震抗剪强度设计值，应按下式确定：

$$f_{vE} = \zeta_N f_v \tag{6.2.23}$$

式中　f_{vE}——砌体沿阶梯形截面破坏的抗震抗剪强度设计值；

　　　　f_v——非抗震设计的砌体抗剪强度设计值；

　　　　ζ_N——砌块抗震抗剪强度的正应力影响系数，应按表 6.2.2 采用。

砌体强度的正应力影响系数　　　　　　　　　　　　　　　　表 6.2.2

砌体类别	σ_0/f_{v}							
	0.0	1.0	3.0	5.0	7.0	10.0	12.0	≥16.0
普通砖、多孔砖	0.80	0.99	1.25	1.47	1.65	1.90	2.05	—
小砌块	—	1.23	1.69	2.15	2.57	3.02	3.32	3.92

注：σ_0 为对应于重力荷载代表值的砌体截面平均压应力。

　　对于普通砖、多孔砖砌体沿阶梯形截面破坏的抗震抗剪强度系按主拉应力强度理论确定的。由水平地震作用引起的剪应力 τ 和竖向重力荷载引起的正应力 σ_0，在其共同作用下，在阶梯形截面上产生的主拉应力应不大于砖砌体的主拉应力强度。经推导，砖砌体沿阶梯形截面破坏的抗震抗剪强度设计值由式（6.2.23）表达，其中的砖砌体强度正应力影响系数 ζ_{N} 可表示为：

$$\zeta_{\mathrm{N}} = \frac{1}{1.2}\sqrt{1+0.45\frac{\sigma_0}{f_{\mathrm{v}}}} \tag{6.2.24}$$

由式（6.2.24）可得表 6.2.2 中普通砖、多孔砖的 ζ_{N} 值。

　　混凝土小砌块砌体沿阶梯形截面破坏的抗震抗剪强度由剪切摩擦强度理论确定，即认为抗震抗剪强度设计值 f_{vE} 随 σ_0/f_{v} 的增加而线性增加，考虑阶梯形破坏截面上摩擦力的影响。《抗震规范》规定，f_{vE} 仍由式（6.2.23）计算，ζ_{N} 按（6.2.25）计算，并列于表 6.2.2 中。

$$\zeta_{\mathrm{N}} = \begin{cases} 1+0.25\dfrac{\sigma_0}{f_{\mathrm{v}}} & \left(\dfrac{\sigma_0}{f_{\mathrm{v}}} \leqslant 5\right) \\[3mm] 2.25+0.17\left(\dfrac{\sigma_0}{f_{\mathrm{v}}}-5\right) & \left(\dfrac{\sigma_0}{f_{\mathrm{v}}} > 5\right) \end{cases} \tag{6.2.25}$$

　　2. 砖砌体的截面受剪承载力验算

　　《抗震规范》规定，普通砖、多孔砖墙体的截面抗震受剪承载力，应按下列规定验算：

　　一般情况下，应按下式验算：

$$V \leqslant f_{\mathrm{vE}}A/\gamma_{\mathrm{RE}} \tag{6.2.26}$$

式中　V ——墙体地震剪力设计值，对第 i 层 m 片墙，$V = 1.3V_{im}$；

　　　　A ——墙体横截面面积，多孔砖取毛截面面积；

　　　　γ_{RE} ——承载力抗震调整系数，对于两端均有构造柱、芯柱的承重墙，$\gamma_{\mathrm{RE}} = 0.9$，以考虑构造柱、芯柱对抗震承载力的影响；对于其他承重墙，$\gamma_{\mathrm{RE}} = 1.0$；对于自承重墙体，$\gamma_{\mathrm{RE}} = 0.75$，以适当降低抗震安全性的要求。

　　当按照式（6.2.26）验算不满足要求时，可计入设置于墙段中部、截面不小于 240mm×240mm（墙厚 190mm 为 240mm×190mm）且间距不大于 4m 的构造柱对受剪承载力的提高作用，按下列简化方法验算：

$$V \leqslant \frac{1}{\gamma_{RE}} \big[\eta_c f_{vE}(A - A_c) + \zeta f_t A_c + 0.08 f_y A_s \big] \tag{6.2.27}$$

式中　A_c——中部构造柱的横截面总面积，对横墙和内纵墙，$A_c > 0.15A$ 时，取 $0.15A$；
对外纵墙，$A_c > 0.25A$ 时，取 $0.25A$；

　　　　f_t——中部构造柱的混凝土轴心抗拉强度设计值；

　　　　A_s——中部构造柱的纵向钢筋截面总面积，配筋率不小于 0.6%，大于 1.4% 时
取 1.4%；

　　　　f_y——钢筋抗拉强度设计值；

　　　　ζ——中部构造柱参与工作系数；居中设一根时取 0.5，多于一根时取 0.4；

　　　　η_c——墙体约束修正系数；一般情况取 1.0，构造柱间距不大于 $3.0m$ 时取 1.1。

3. 配筋砖砌体的截面受剪承载力验算

为了提高砖砌体的抗剪强度，增强其变形能力，有效措施之一是在砌体的水平灰缝中设置横向配筋。试验表明，配置水平钢筋的砌体，在配筋率为 $0.03\% \sim 0.167\%$ 范围内时，极限承载力较无筋墙体可提高 $5\% \sim 25\%$。若配筋墙体的两端设有构造柱，由于水平钢筋锚固于柱中，使钢筋的效应发挥得更为充分，则可比无构造柱同样配筋率的墙体还可提高 13%左右。另外，配筋砌体受力后的裂缝分布均匀，变形能力大大增加，配筋墙体的极限变形为无筋墙体的 $2 \sim 3$ 倍。由于水平配筋和墙体两端构造柱的共同作用，使配筋墙体具有极好的抗倒塌能力。基于试验结果，经过统计分析，《抗震规范》建议采用下列公式验算水平配筋普通砖、多孔砖墙体的截面抗震受剪承载力：

$$V \leqslant \frac{1}{\gamma_{RE}} (f_{vE}A + \zeta_s f_y A_s) \tag{6.2.28}$$

式中　A——墙体横截面面积，多孔砖取毛截面面积；

　　　　f_y——钢筋抗拉强度设计值；

　　　　A_s——层间墙体竖向截面的钢筋总面积，其配筋率不小于 0.07% 且不大于 0.17%；

　　　　ζ_s——钢筋参与工作系数，可按表 6.2.3 采用。

钢筋参与工作系数　　　　　　　　　　　　　　　表 6.2.3

墙体高宽比	0.4	0.6	0.8	1.0	1.2
ζ_s	0.10	0.12	0.14	0.15	0.12

4. 小砌块墙体的截面受剪承载力验算

《抗震规范》规定，小砌块墙体的截面抗震受剪承载力，应按式（6.2.29）验算。式（6.2.29）中的第一部分反映无筋混凝土小砌块砌体的抗剪强度，第二部分反映芯柱钢筋混凝土的抗剪强度。当同时设置芯柱和构造柱时，构造柱截面可作为芯柱截面，构造柱钢筋可作为芯柱钢筋。

$$V \leqslant \frac{1}{\gamma_{RE}}[f_{vE}A + (0.3f_t A_c + 0.05f_y A_s)\zeta_c] \qquad (6.2.29)$$

式中　A_c ——芯柱截面总面积；

　　　f_t ——芯柱混凝土轴心抗拉强度设计值；

　　　A_s ——芯柱纵向钢筋截面总面积；

　　　f_y ——钢筋抗拉强度设计值；

　　　ζ_c ——芯柱参与工作系数，可按表 6.2.4 采用。

芯柱参与工作系数　　　　　　　　　　表 6.2.4

填孔率 ρ	$\rho < 0.15$	$0.15 \leqslant \rho < 0.25$	$0.25 \leqslant \rho < 0.5$	$\rho \geqslant 0.5$
ζ_c	0.0	1.0	1.10	1.15

注：填孔率指芯柱根数（含构造柱和填实孔洞数量）与孔洞总数之比。

6.3　砌体结构房屋的抗震构造措施

多层砖房在强烈地震袭击下极易倒塌，因此，防倒塌是多层砖房抗震设计的重要问题。多层砌体房屋的抗倒塌，不是依靠罕遇地震作用下的抗震变形验算来保障，而主要是从前述的总体布置和下面讨论的细部构造措施方面来解决。

6.3.1　多层黏土砖房抗震构造措施

1. 钢筋混凝土构造柱

根据震害经验和大量试验研究，可知构造柱的设置对墙体的初裂荷载并无明显提高；对砖砌体的抗剪承载力只能提高 10%～30% 左右，其提高的幅度与墙体高宽比、竖向压力和开洞情况有关；构造柱的主要作用是对砌体起约束作用，使之有较高的变形能力，是一种有效的抗倒塌措施；构造柱应当设置在震害较重、连接构造比较薄弱和易于应力集中的部位。

1）构造柱的设置要求

多层普通砖、多孔砖房屋，应按下列要求设置现浇钢筋混凝土构造柱：

（1）构造柱设置部位，一般情况下应符合表 6.3.1 的要求。

（2）外廊式和单面走廊式的多层房屋，应根据房屋增加 1 层后的层数，按表 6.3.1 的要求设置构造柱，且单面走廊两侧的纵墙均应按外墙处理。

（3）教学楼、医院等横墙较少的房屋，应根据房屋增加 1 层后的层数，按表 6.3.1 的要求设置构造柱。当教学楼、医院等横墙较少的房屋为外廊式和单面走廊时，应按第（2）款要求设置构造柱，但 6 度不超过 4 层、7 度不超过 3 层和 8 度不超过 2 层时，应按增加 2 层后的层数对待。

（4）各层横墙很少的房屋，应按增加二层的层数设置构造柱。

（5）采用蒸压灰砂砖和蒸压粉煤灰砖砌体的房屋，当砌体的抗剪强度仅达到普通黏土砖砌体的 70% 时，应按增加 1 层的层数按（1）～（4）款要求设置构造柱；但 6 度不超过四层、7 度不超过三层和 8 度不超过二层时应按增加二层的层数对待。

多层砖砌体房屋构造柱设置要求 表 6.3.1

房屋层数				设置部位	
6 度	7 度	8 度	9 度		
四、五	三、四	二、三	一	楼、电梯间四角；楼梯段上下端对应的墙体处；外墙四角和对应转角；错层部位横墙与外纵墙交接处；大房间内外墙交接处；较大洞口两侧	隔 12m 或单元横墙与外纵墙交接处；楼梯间对应的另一侧内横墙与外纵墙交接处
六	五	四	二		隔开间横墙（轴线）与外纵墙交接处，山墙与内纵墙交接处
七	≥六	≥五	≥三		内墙（轴线）与外纵墙交接处，内墙的局部较小墙垛处；内纵墙与横墙（轴线）交接处

注：较大洞口，内墙指不小于 2.1m 的洞口；外墙在内外墙交接处已设置构造柱时允许适当放宽，但洞侧墙体应加强。

2）构造柱的构造要求

多层普通砖、多孔砖房屋的构造柱应符合下列要求：

（1）构造柱最小截面可采用 180mm × 240mm（墙厚为 190mm 时为 180mm × 190mm），纵向钢筋宜采用 4Φ12，箍筋间距不宜大于 250mm，且在柱上下端宜适当加密；6、7 度时超过 6 层、8 度时超过 5 层和 9 度时，构造柱纵向钢筋宜采用 4Φ14，箍筋间距不应大于 200mm，房屋四角的构造柱可适当加大截面及配筋。

（2）设置构造柱处应先砌砖墙后浇柱，构造柱与墙连接处应砌成马牙槎，并应沿墙高每隔 500mm 设 2Φ6 水平钢筋和 Φ4 分布短筋组成的拉结网片或 Φ4 点焊钢筋网片，每边伸入墙内不宜小于 1m。6、7 度时底部 1/3 楼层，8 度时底部 1/2 楼层，9 度时全部楼层，上述拉结钢筋网片应沿墙体水平通长设置。

（3）构造柱与圈梁连接处，构造柱的纵筋应穿过圈梁，保证构造柱纵筋上下贯通。

（4）构造柱可不单独设置基础，但应伸入室外地面下 500mm，或与埋深小于 500mm 的基础圈梁相连。

（5）房屋高度和层数接近表 6.3.1 的限值时，纵、横墙内构造柱间距尚应符合：横墙内的构造柱间距不宜大于层高的 2 倍；下部 1/3 楼层的构造柱间距适当减小；当外纵墙开间大于 3.9m 时，应另设加强措施。内纵墙的构造柱间距不宜大于 4.2m。

2. 钢筋混凝土圈梁

多次震害调查表明，圈梁是多层砖房的一种经济有效的措施，可提高房屋的抗震能力，减轻震害。从抗震观点分析，圈梁的作用包括：圈梁的约束作用使楼盖与纵横墙构成整体的箱形结构，防止预制楼板散开和砖墙出平面的倒塌，充分发挥各片墙体的抗震能力，增强房屋的整体性；作为楼盖的边缘构件，对装配式楼盖在水平面内进行约束，提高楼板的水平刚度，保证楼盖起整体横隔板的作用，以传递并分配层间地震剪力；与构造柱一起对墙体在竖向平内进行约束，限制墙体斜裂缝的开展，且不延伸超出两道圈梁之间的墙体，并减小裂缝与水平的夹角，保证墙体的整体性与变形能力，提高墙体的抗剪能力；可以减轻地震时地基不均匀沉陷和地表裂缝对房屋的影响，特别是屋盖处和基础地面处的圈梁，具有提高房屋的竖向刚度和抗御不均匀沉陷的能力。

1）圈梁的设置要求

多层普通砖、多孔砖房屋的现浇钢筋混凝土圈梁设置应符合下列要求：

（1）装配式钢筋混凝土楼、屋盖或木屋盖的砖房，横墙承重时应按表 6.3.2 的要求设置圈梁；纵墙承重时，抗震横墙上的圈梁间距应比表内要求适当加密。

砖房现浇钢筋混凝土圈梁设置要求   表 6.3.2

墙类	烈度		
	6、7	8	9
外墙和内纵墙	屋盖处及每层楼盖处	屋盖处及每层楼盖处	屋盖处及每层楼盖处
内横墙	同上；屋盖处间距不应大于 4.5m；楼盖处间距不应大于 7.2m；构造柱对应部位	同上；各层所有横墙，且间距不应大于 4.5m；构造柱对应部位	同上；各层所有横墙

（2）现浇或装配式钢筋混凝土楼、屋盖与墙体有可靠连接的房屋，应允许不另设圈梁，但楼板沿墙体周边应加强配筋并应与相应的构造柱钢筋可靠连接。

2）圈梁的构造要求

多层普通砖、多孔砖房屋的现浇钢筋混凝土圈梁构造应符合下列要求：

（1）圈梁应闭合，遇有洞口，圈梁应上、下搭接。圈梁宜与预制板设在同一标高处或紧靠板底。

（2）圈梁在表 6.3.2 要求的间距内无横墙时，应利用梁或板缝中配筋替代圈梁。

（3）圈梁的截面高度不应小于 120mm，配筋应符合表 6.3.3 的要求；当地基为软弱黏性土．液化土．新近填土或严重不均匀土层时，为加强基础整体性而增设的基础梁，其截面高度不应小于 180mm，配筋不应少于 4Φ12。

砖房圈梁配筋要求   表 6.3.3

配筋	烈度		
	6、7	8	9
最小纵筋	4Φ10	4Φ12	4Φ14
最大箍筋间距（mm）	250	200	150

3. 连接

1）墙体间的拉结

6、7 度时长度大于 7.2m 的大房间，及 8 度和 9 度时外墙转角及内外墙交接处，应沿墙高每隔 500mm 配置 2Φ6 通长钢筋和Φ4 分布短筋组成的拉结网片或Φ4 点焊网片。

2）楼板搁置长度

现浇钢筋混凝土楼板或屋面板伸进纵、横墙内的长度，均不应小于 120mm；装配式钢筋混凝土楼板或屋面板，当圈梁未设在板的同一标高时，板端伸进外墙的长度不应小于 120mm，伸进内墙的长度不应小于 100mm，在梁上不应小于 80mm。

3）楼板与圈梁、墙体的拉结

当板的跨度大于 4.8m 并与外墙平行时，靠外墙的预制板侧边应与墙或圈梁拉结。对于房屋端部大房间的楼盖，6 度时房屋的屋盖和 7～9 度时房屋的楼、屋盖，当圈梁设在板底时，钢筋混凝土预制板应相互拉结，并应与梁、墙或圈梁拉结。

预制阳台，6、7 度时应与圈梁和楼板的现浇板带可靠连接；8、9 度时不应采用预制阳台。

4）屋架、梁与墙柱的锚拉

楼、屋盖的钢筋混凝土梁或屋架应与墙、柱（包括构造柱）或圈梁可靠连接；不得采用独立砖柱。跨度不小于 6m 的大梁的支承构件应采用组合砌体等加强措施，并满足承载力要求。

坡屋顶房屋的屋架应与顶层圈梁可靠连接，檩条或屋面板应与墙及屋架可靠连接，房屋出入口处的檐口瓦应与屋面构件锚固；采用硬山搁檩时，顶层内纵墙顶宜增砌支承山墙的踏步式墙垛，并设置构造柱。

门窗洞处不应采用无筋砖过梁；过梁支承长度在 6～8 度时不应小于 240mm，9 度时不应小于 360mm。

4. 加强楼梯间的整体性

历次地震震害表明，楼梯间由于比较空旷而常常破坏严重，在 9 度及 9 度以上的地区曾多处发生楼梯间的局部倒塌，当楼梯间设在房屋尽端时破坏尤为严重。因此，《抗震规范》规定楼梯间应符合下列要求：

（1）顶层楼梯间墙体应沿墙高每隔 500mm 设 2Φ6 通长钢筋和Φ4 分布短筋组成的拉结网片或Φ4 点焊网片；7～9 度时其他各层楼梯间墙体应在休息平台和楼层半高处设置 60mm 厚的钢筋混凝土带或配筋砖带，其砂浆强度等级不应低于 M7.5，纵向钢筋不应小于 2Φ10。

（2）楼梯间及门厅内墙阳角处的大梁支承长度不应小于 500mm，并应与圈梁连接。

（3）装配式楼梯段应与平台板的梁可靠连接，8 度和 9 度时不应采用装配式楼梯段；不应采用墙中悬挑式踏步和踏步竖肋插入墙体的楼梯，不应采用无筋砖砌栏板。

（4）突出屋顶的楼、电梯间的构造柱应伸到顶部，并与顶部圈梁连接，所有墙体应沿墙高每隔 500mm 设 2Φ6 通长钢筋和Φ4 分布短筋组成的拉结网片或Φ4 点焊网片。

5. 采用同一类型的基础

多层砖房同一结构单元的基础（或桩承台），宜采用同一类型的基础，地面宜埋置在同一标高上，否则应埋设基础圈梁，并应按 1:2 的台阶逐步放坡。

6. 横墙少、层数多、高度高房屋的加强措施

横墙较少的丙类多层砌体住宅楼等房屋的总高度和层数接近或达到表 6.1.1 规定限值时，应采取下列加强措施：

（1）房屋的最大开间尺寸不宜大于 6.6m。

（2）同一结构单元横墙错位数量不宜超过横墙总数的 1/3，且连续错位不宜多于两道；错位的墙体交接处均应增设构造柱，且楼、屋面板应采用现浇钢筋混凝土楼板。

（3）横墙和内纵墙上洞口的宽度不宜大于 1.5m；外纵墙上洞口的宽度不宜大于 2.1m 或开间尺寸的一半；内外墙上洞口位置不应影响内外纵墙与横墙的整体连接。

（4）所有纵横墙均应在楼、屋盖标高处设置加强的现浇钢筋混凝土圈梁，圈梁的截面高度不宜小于 150mm，上下纵筋均不应少于 3Φ10，箍筋不小于Φ6，间距不大于 300mm。

（5）所有纵横墙交接处及横墙的中部，均应增设满足下列要求的构造柱：在纵横墙内的柱距不宜大于 3.0m，最小截面尺寸不宜小于 240mm×240mm（墙厚 190mm 时为 240mm×190mm），配筋宜符合表 6.3.4 的要求。

增设构造柱的纵筋和箍筋设置要求　　　　表 6.3.4

位置	纵向钢筋			箍筋		
	最大配筋率（%）	最小配筋率（%）	最小直径（mm）	加密区范围（mm）	加密间距（mm）	最小直径（mm）
角柱	1.8	0.8	14	全高	100	6
边柱			14	上端 700 下端 500		
中柱	1.4	0.6	12			

（6）同一结构单元的楼、屋面板应设置在同一标高处。

（7）房屋底层和顶层的窗台标高处，宜设置沿纵横墙通长的水平现浇钢筋混凝土带；其截面高度不小于 60mm，宽度不小于墙厚，纵向钢筋不少于 2Φ10，横向分布筋不小于Φ6，间距不大于 200mm。

6.3.2 多层砌块房屋抗震构造措施

小砌块房屋的抗震构造措施，除应符合上述的有关要求外，尚应满足下述构造措施。

1. 钢筋混凝土芯柱的设置

混凝土小砌块房屋应按表 6.3.5 的要求设置钢筋混凝土芯柱，对外廊式和单面走廊式的

多层房屋、横墙较少的房屋、各层横墙很少的房屋，尚应按前述关于增加层数的对应要求，按表 6.3.5 的设置芯柱。

小砌块房屋芯柱设置要求 　　　　　　　　　　　　　　　　　　　表 6.3.5

房屋层数				设置部位和设置数量	
6 度	7 度	8 度	9 度		
四、五	三、四	二、三	—	外墙转角，楼、电梯间四角；楼梯段上下端对应的墙体处；大房间内外墙交接处；错层部位横墙与外纵墙交接处；隔 12m 或单元横墙与外纵墙交接处	外墙转角，灌实 3 个孔；内外墙交接处，灌实 4 个孔；楼梯斜段上下端对应的墙体处，灌实 2 个孔
六	五	四	—	同上；隔开间横墙（轴线）与外纵墙交接处	
七	六	五	二	同上；各内墙（轴线）与外纵墙交接处；内纵墙与横墙（轴线）交接处和洞口两侧	外墙转角，灌实 5 个孔；内外墙交接处，灌实 4 个孔；内墙交接处，灌实 4～5 个孔；洞口两侧各灌实 1 个孔
—	七	≥六	≥三	同上；横墙内芯柱间距不宜大于 2m	外墙转角，灌实 7 个孔；内外墙交接处，灌实 5 个孔；内墙交接处，灌实 4～5 个孔；洞口两侧各灌实 1 个孔

注：外墙转角、内外墙交接处和楼电梯间四角等部位，应允许采用钢筋混凝土构造柱替代部分芯柱。

小砌块房屋芯柱截面不宜小于 120mm×120mm，芯柱混凝土强度等级不应低于 C20，芯柱的竖向插筋应贯通墙身且与圈梁连接，插筋不应小于 1Φ12；6、7 度时超过 5 层，8 度时超过 4 层和 9 度时，插筋不应小于 1Φ14。芯柱应伸入室外地面下 500mm，或与埋深小于 500mm 的基础圈梁相连。为提高墙体抗震受剪承载力而设置的芯柱，宜在墙体内均匀布置，最大净距不宜大于 2.0m。砌块墙交接处或芯柱与墙体连接处应沿墙高每隔 600mm 设置通长水平拉结钢筋网片。6、7 度时底部 1/3 楼层，8 度时底部 1/2 楼层，9 度时全部楼层，沿墙高间距不大于 400mm。

2. 构造柱代替芯柱的构造要求

小砌块房屋中替代芯柱的钢筋混凝土构造柱应符合下列构造要求：

（1）构造柱最小截面可采用 190mm×190mm，纵向钢筋宜采用 4Φ12，箍筋间距不宜大于 250mm，且在柱上下端宜适当加密；6、7 度时超过 5 层，8 度时超过 4 层和 9 度时，构造柱纵向钢筋宜采用 4Φ14，箍筋间距不应大于 200mm；外墙转角的构造柱可适当加大截面及配筋。

（2）构造柱与砌块墙连接处应砌马牙槎，与构造柱相邻的砌块孔洞，6 度时宜填实，7

度时应填实，8、9 度时应填实并插筋。构造柱与砌块墙之间沿墙高每隔 600mm 设置通长水平拉结钢筋网片。6、7 度时底部 1/3 楼层，8 度时底部 1/2 楼层，9 度时全部楼层，沿墙高间距不大于 400mm。

（3）构造柱与圈梁连接处，构造柱的纵筋应穿过圈梁，保证构造柱纵筋上下贯通。

（4）构造柱可不单独设置基础，但应伸入室外地面下 500mm，或与埋深小于 500mm 的基础圈梁相连。

3. 圈梁的设置要求

小砌块房屋的现浇钢筋混凝土圈梁应按表 6.3.2 的要求设置，圈梁宽度不应小于 190mm，配筋不应少于 4Φ12，箍筋间距不应大于 200mm。

4. 其他构造措施

小砌块房屋的层数，6 度时超过 5 层、7 度时超过 4 层、8 度时超过 3 层和 9 度时，在底层和顶层的窗台标高处，沿纵横墙应设置通长的水平现浇钢筋混凝土带；其截面高度不小于 60mm，纵筋不少于 2Φ10，并应有分布拉结钢筋；其混凝土强度等级不应低于 C20。6～8 度时，水平现浇混凝土带亦可采用槽形砌块替代，纵筋和拉结钢筋不变。

思考题与习题

6-1　分析砌体房屋抗震设计的一般规定及其理由和依据。
6-2　列出砌体房屋水平地震作用计算的基本步骤。
6-3　分析砌体房屋的楼层水平地震剪力在各抗侧力墙体间的分配原理和不同楼盖对其分配的影响。
6-4　分析砌体房屋墙体截面的抗震承载力验算公式及其有关影响因素。
6-5　分析砌体房屋的抗震构造措施。
6-6　选取某多层砌体房屋，列出设计计算步骤，验算其底层横墙及外纵墙的抗震承载力。

第 7 章

钢结构房屋抗震设计

7.1 钢结构房屋的震害

根据震害调查，一些多层及高层钢结构房屋，即使在设计时并未考虑抗震，在强震下承载力仍足够，但其侧向刚度一般不足，以致窗户及隔墙受到破坏。在世界历次地震中，钢结构的多层及高层建筑，只要是合理进行设计、制造和安装的，均未发生倒塌。钢结构在地震作用下虽极少整体倒塌，但常发生局部破坏，如梁、柱的局部失稳与整体失稳，交叉支撑的破坏，节点的破坏等。例如，型钢支撑受压时由于失稳而导致屈曲破坏（图7.1.1），受拉时在端部连接处拉脱或拉断（图7.1.2）。此外，还可能发生柱与基础连接的破坏，此时锚栓拔出，或在水平向剪坏。

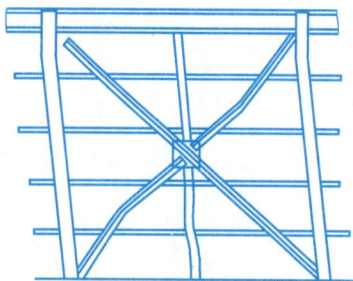

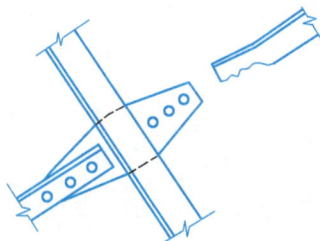

图 7.1.1　支撑杆失稳　　　　图 7.1.2　角钢支撑连接破坏

对于空间钢结构，例如网架结构、网壳结构等，由于其自重轻、刚度好，在经历了汶川地震这样的强震考验后，调查结果表明，空间钢结构抵御地震的能力比较强，震害主要发生在围护结构。图7.1.3为绵阳九洲体育馆，其主体结构和支座均无明显损伤，仅在围护结构和钢结构的结合处有轻微碰撞破坏。图7.1.4为江油市体育馆，主体结构轻微损伤，网架结构无明显损伤，网架结构支座松动严重。

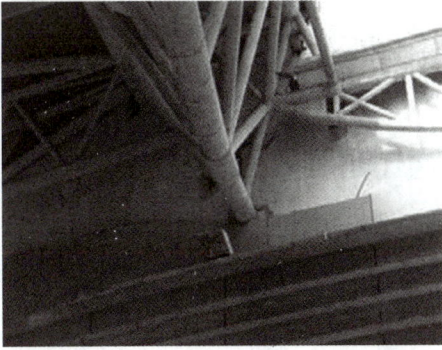

图 7.1.3　绵阳九洲体育馆　　　　　　　　　图 7.1.4　江油市体育馆

7.2　高层钢结构房屋抗震设计

7.2.1　高层钢结构体系

高层钢结构体系包括纯框架体系、框架-支撑（剪力墙板）体系和筒体体系等。在地震区，当设防烈度为 7 度、8 度、9 度时，纯框架体系的适用高度分别为 90m、90～70m 和 50m，后两种体系的适用高度较纯框架体系可分别提高 2 倍和 3 倍左右。

1. 纯框架体系

纯框架体系由于在柱子之间不设置支撑或墙板之类的构件，故建筑平面布置及窗户开设等有较大的灵活性。这类结构的抗侧力能力有赖于梁柱构件及其节点的强度与延性，故节点必须做成可靠的刚接，这将导致节点构造的复杂化，增加制作和安装费用。

2. 框架-支撑体系

纯框架结构抗侧刚度较小，高度较大时，为了满足使用荷载下的刚度要求往往加大截面，使承载能力过大。为了提高结构的侧向刚度，对于高层建筑，比较经济的办法是在框架的一部分开间中设置支撑，支撑与梁、柱组成一竖向的支撑桁架体系，它们通过楼板体系可以与无支撑框架共同抵抗侧力，以减小侧向位移。

支撑体系的布置由建筑要求及结构功能来确定，一般布置在端框架中、电梯井周围等处。支撑桁架的形式如图 7.2.1 及图 7.2.2 所示。

图 7.2.1 中的支撑桁架在水平力作用下，其柱脚受到很大的拉力，即使在中等高度的建筑物中这一作用力亦难于处理。同时由于支撑架两边柱子受到很大的轴力，因而轴向伸缩较大，使支撑架产生很大的弯曲变形而在上层发生很大的位移，进而使其周围的横梁也相应产

生很大的弯曲变形，如图 7.2.1（a）中虚线所示。为了克服上述缺点，改善结构的工作性能，在实际高层框架中常采用图 7.2.2 所示的支撑布置形式。

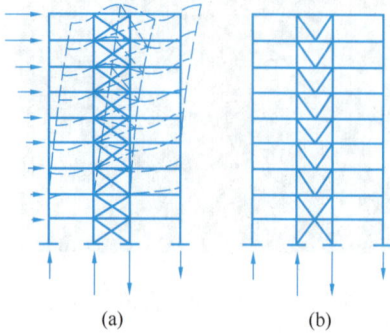

图 7.2.1　支撑桁架腹杆形式

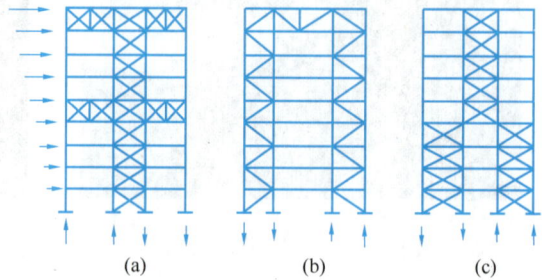

图 7.2.2　常用支撑布置形式

支撑桁架腹杆的形式主要有交叉式和 K 式两种（图 7.2.1），也有采用华伦式的（图 7.2.2b）。腹杆在桁架节点上与梁、柱中心交会或偏心交会。偏心支撑的形式如图 7.2.3 所示，这种体系是在梁上设置一较薄弱部位，如图中的梁段 e，使这部位在支撑失稳之前就进入弹塑性阶段，从而避免支撑的屈曲，因杆件在地震作用下反复屈曲将引起承载力的下降和刚度的退化。偏心支撑体系在弹塑性阶段的变形如图 7.2.3 虚线所示。偏心支撑与中心支撑相比具有较大的延性，它是适宜用于高烈度地震区的一种新型支撑体系。

3. 框架-剪力墙板体系

框架-剪力墙板体系是在钢框架中嵌入剪力墙板而成。剪力墙板可采用钢板，也可用钢筋混凝土板，后者较经济，应用更普遍。框架-剪力墙板体系也是一种有效的结构形式，墙板对提高框架结构的承载能力和刚度，以及在强震时吸收地震能量方面均有重要作用。

考虑到普通整块钢筋混凝土墙板初期刚度过高，地震时它们将首先斜向开裂，发生脆性破坏而退出工作，造成框架超载而破坏，所以提出了延性剪力墙板，如带竖缝的剪力墙板（图 7.2.4），它将墙板分割成一系列延性较好的壁柱，这种墙板在强震时能与钢框架一起工作。

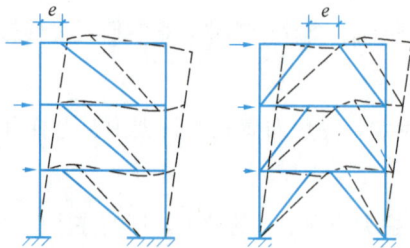

图 7.2.3　偏心支撑

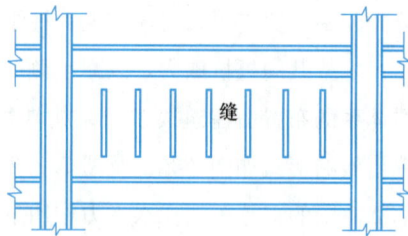

图 7.2.4　带竖缝的钢筋混凝土剪力墙

4. 筒体体系

筒体体系对于超高层建筑是一种经济有效的结构形式，它既能满足结构刚度的要求，又能形成较大的使用空间。筒体体系根据结构布置和组成方式的不同，可以分为框架筒、桁架筒、筒中筒以及束筒等体系。

框架筒：柱网布置如图 7.2.5（a）所示。结构外围的框架由密柱深梁组成，形成一个筒体来抵抗侧向荷载，结构内部的柱子只承受重力荷载而不考虑其抗侧力作用。框架筒作为悬臂的筒体结构，在水平荷载作用下结构如能整体变形，其截面上的应力分布将如图 7.2.5（a）右图中虚线所示，但由于横梁的弯曲变形及剪切变形，产生剪力滞后现象，截面上弯曲应力的分布将不再呈直线，而如图 7.2.5（a）右图中实线所示，这样，使得房屋的角柱要承受比中柱更大的轴力。

桁架筒：在框架筒中增设交叉支撑（图 7.2.5b），从而大大提高结构的空间刚度，而且这样剪力主要由支撑斜杆承担，避免横梁受剪变形，基本上消除了剪力滞后现象。

筒中筒：由内外套置的几个筒体组成，筒与筒之间由楼盖系统连接，保证各筒体协同工作（图 7.2.5c）。筒中筒结构具有很大的侧向刚度和抗侧力的能力。

束筒：由几个筒体并列组合而成的结构体系，如图 7.2.5（d）所示。由于结构内部横隔墙的设置，减小了筒体的边长，从而大大减轻了剪力滞后效应。同时由于横隔墙的作用，大大增加了结构的侧向刚度。为了减少地震和风力的作用，常随房屋高度的增加，逐渐对称地减少单筒个数。

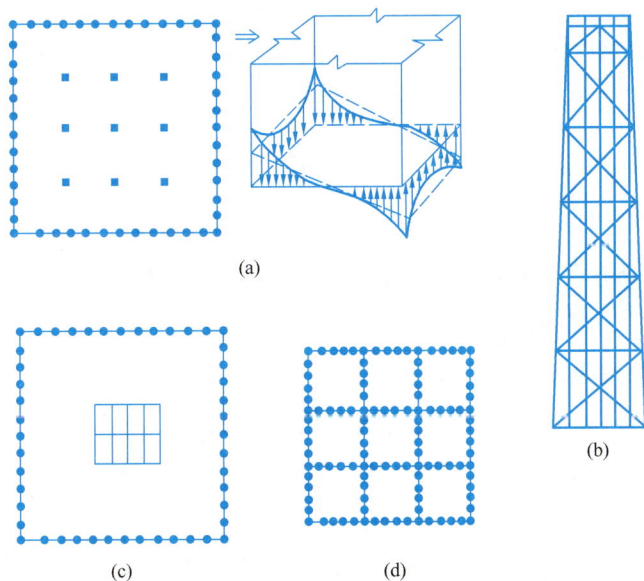

图 7.2.5 筒体体系

（a）框架筒；（b）束筒；（c）桁架筒；（d）筒中筒

7.2.2 高层钢结构抗震设计

高层建筑钢结构的抗震设计采用两阶段设计法：第一阶段为多遇地震作用下的弹性分析，验算构件的承载力和稳定性以及结构的层间位移；第二阶段为罕遇地震作用下的弹塑性分析，验算结构的层间侧移和层间侧移延性系数。

1. 抗震等级

钢结构房屋应根据设防分类、烈度和房屋高度采用不同的抗震等级，并应符合相应的计算和构造措施要求。丙类建筑的抗震等级应按表 7.2.1 确定。

钢结构房屋的抗震等级　　　　　　　表 7.2.1

房屋高度	6 度	7 度	8 度	9 度
≤50m	—	四	三	二
>50m	四	三	二	一

注：1. 高度接近或等于高度分界时，应允许结合房屋不规则程度和场地、地基条件确定抗震等级；
　　2. 一般情况下，构件的抗震等级应与结构相同；当某个部位各构件的承载力均满足 2 倍地震作用组合下的内力要求时，7～9 度的构件抗震等级应允许按降低一度确定。

2. 地震作用计算

1）结构自振周期

结构自振周期按顶点位移法计算，即：

$$T_1 = 1.7\phi_0 \sqrt{\Delta_T} \tag{7.2.1}$$

式中　ϕ_0——考虑非结构构件的影响，$\phi_0 = 0.9$；

　　Δ_T——把集中在各楼面处的重力荷载 G_i 视为假想水平荷载算得的结构顶点位移。

$$\Delta_T = \sum_{i=1}^{n} \delta_i \tag{7.2.2}$$

$$\delta_i = V_{Gi} / \sum D \tag{7.2.3}$$

式中　V_{Gi}——框架在假想水平荷载 G_i 作用下的 i 层层间剪力；

　　δ_i——V_{Gi} 作用下的层间位移；

　　$\sum D$——i 层柱的 D 值之总和；

　　D——框架柱的抗侧移刚度，可按 D 值法计算。

在初步设计时，基本周期可按下列经验公式估算：

$$T_1 = 0.1n \tag{7.2.4}$$

式中　n——建筑物层数（不包括地下部分及屋顶塔屋）。

2）设计反应谱

高层钢结构的周期较长，目前的《抗震规范》将设计反应谱周期延至 6s，基本满足了国内绝大多数高层钢结构抗震设计的需要。对于周期大于 6s 的结构，抗震设计反应谱应进行专门研究。

高层钢结构的阻尼比宜按下列规定采用：

（1）高度不大于 50m 时，可取 0.04；高度大于 50m 且小于 200m 时，可取 0.03；高度不小于 200m 时，宜取 0.02。

（2）当偏心支撑框架部分承担的地震倾覆力矩大于结构总地震倾覆力矩的 50%，其阻尼比可比（1）条相应增加 0.005。

（3）在罕遇地震下的分析，阻尼比可取 0.05。

3）底部剪力

采用底部剪力法计算水平地震作用时，结构的总水平地震作用即等效底部剪力标准值为：

$$F_{Ek} = \alpha_1 G_{eq} \tag{7.2.5}$$

$$G_{eq} = c \sum_{i=1}^{n} G_i \tag{7.2.6}$$

式中　c——等效荷载系数，对于一般结构，取 $c=0.85$，对于二十层以上的高层钢结构，取 $c=0.80$。

结构各层水平地震作用的标准值为：

$$F_i = \frac{G_i H_i}{\sum_{j=1}^{n} G_j H_j} F_{Ek}(1-\delta_n) \tag{7.2.7}$$

式中　δ_n——顶层附加水平集中力系数，当建筑高度在 40m 以下时，可采用《抗震规范》中的方法确定；但对于高层钢结构，δ_n 应按式（7.2.8）计算。

$$\delta_n = \frac{1}{T_1 + 8} + 0.05 \tag{7.2.8}$$

当 $\delta_n > 0.15$ 时，取 $\delta_n = 0.15$。

高层钢结构在采用底部剪力法计算时，其高度应不超过 60m，且结构的平面及竖向布置应较规则。

4）双向地震作用

高层钢结构高度较大，对设计要求应较严，对于设防烈度较高的重要建筑，当其平面明显不规则时，应考虑双向水平地震作用下的扭转效应进行抗震计算。根据强震观测记录的统计分析，两个方向水平地震加速度的最大值不相等，两者之比约为 1∶0.85，而且两个方向的最大值不一定发生在同一时刻，因此，《抗震规范》采用平方和开方计算两个方向地震作用效应的组合。

3. 地震作用下内力与位移计算

1) 多遇地震作用

结构在第一阶段多遇地震作用下的抗震计算中，其地震作用效应采用弹性方法计算，并计入重力二阶效应。高层钢结构的地震反应分析与一般结构相同，根据不同情况，可采用底部剪力法、振型分解反应谱法以及时程分析法等方法。

高层钢结构在进行内力和位移计算时，对于框架、框架-支撑（剪力墙板）、框筒等结构体系均可采用矩阵位移法。计算时应考虑梁、柱弯曲变形和柱的轴向变形，尚宜考虑梁、柱的剪切变形，此外还应考虑梁柱节点域的剪切变形对侧移的影响。在框架-支撑（剪力墙板）结构中，框架部分按计算得到的任一楼层地震剪力应乘以调整系数，以达到不小于结构底部总地震剪力的 25%。

在预估杆件截面时，内力及位移的分析可采用近似方法。框架结构在水平荷载作用下可采用 D 值法进行简化计算。框架-支撑结构在水平荷载作用下可简化为平面抗侧力体系。分析时可将所有框架合并为总框架，所有竖向支撑合并为总支撑，然后进行协同工作分析。

2) 罕遇地震作用

高层钢结构第二阶段的抗震计算应采用时程分析法对结构进行弹塑性时程分析。不超过20层且层刚度无突变的钢框架结构和支撑钢框架结构可采用《抗震规范》中的简化计算方法进行薄弱层（部位）弹塑性抗震变形验算。分析时结构的阻尼比可取 0.05，并应考虑 $P\text{-}\Delta$ 效应对侧移的影响。

4. 构件设计

框架梁、柱截面按弹性设计。设计时应考虑到在罕遇地震作用下框架将转入塑性工作，必须保证这一阶段的延性性能，使其不致倒塌。特别要注意防止梁、柱发生整体和局部失稳，故梁、柱板件的宽厚比应不超过其在塑性设计时的限值。同时，为使框架具有较大的吸能能力，应使框架在形成倒塌机构时塑性铰只出现在梁上而柱子除柱脚截面外仍保持为弹性状态，即将框架设计成强柱弱梁体系。还要考虑到塑性铰出现在柱端的可能性而采取措施，以保证其强度。这是因为框架在重力荷载和地震作用的共同作用下反应十分复杂，很难保证所有塑性铰出现在梁上，且由于构件的实际尺寸、强度以及材性常与设计取值有差异，当梁的实际强度大于柱时，塑性铰将转移至柱上。此外，在设计中一般不考虑竖向地震作用，即忽略了由此引起的柱轴向内力，从而过高估计柱的抗弯能力。

5. 侧移控制

钢框架结构应限制并控制其侧移，使其不超过一定的数值，以免在小震下（弹性阶段）由于层间变形过大而造成非结构构件的破坏，而在大震下（弹塑性阶段）造成结构的倒塌。为了控制框架侧移不致过大，可采取各种措施：一种办法是减少梁的变形，因为结构侧移一

般总与梁的 EI/L 成反比，减少梁的变形要比减少柱的变形经济。但必须注意，一旦增加梁的强度，塑性铰可能由梁上转移至柱上。另一种办法是减少节点区的变形，这可改用腹板较厚的重型柱或局部加固节点区来达到。此外，也可以采用增加柱子数量的办法。

在多遇地震下，高层钢结构的层间侧移标准值应不超过层高的 1/300。

用时程分析法验算罕遇地震下结构的弹塑性位移时，因考虑为罕遇地震，故不考虑风荷载；因结构处于弹塑性阶段叠加原理已不适用，故将所有标准荷载同时施加于结构进行分析。

在罕遇地震下为了避免倒塌，高层钢结构的层间侧移应不超过层高的 1/50，同时结构层间侧移的延性系数对于纯框架、偏心支撑框架、中心支撑框架分别不小于 3.5、3.0 及 2.5。结构弹塑性层间位移主要取决于楼层屈服强度系数 ξ_y 的大小及其沿房屋高度的分布情况，ξ_y 是层受剪承载力与罕遇地震下层弹性剪力之比。为了控制层间弹塑性位移不致过大，应控制 ξ_y 的值不致过小，而且使 ξ_y 沿房屋高度分布较为均匀。

7.3　钢构件及其连接的抗震设计

梁、柱、支撑等构件及其节点的合理设计，应主要包括以下方面：

（1）对于会形成塑性铰的截面，应避免其在未达到塑性弯矩时发生局部失稳或破坏，同时塑性铰应具有足够的转动能力，以保证体系能形成塑性倒塌机构。

（2）避免梁、柱构件在塑性铰之间发生局部失稳或整体失稳，或同时发生局部失稳与整体失稳。

（3）构件之间的连接要设计成能传递剪力与弯矩，并能允许框架构件充分发挥塑性性能的形式。

7.3.1　钢梁

钢梁的破坏表现为梁的侧向整体失稳和局部失稳。钢梁根据其板件宽厚比、侧向无支承长度及弯矩梯度、节点连接构造等的不同，其承载力及变形性能将有很大差别。

钢梁在反复荷载作用下的极限荷载将比单调荷载时小，但考虑到楼板的约束作用又将使梁的承载能力有明显提高，因此，钢梁承载力计算与一般在静力荷载作用下的钢结构相同。由于在强震作用下钢梁中将产生塑性铰，而在整个结构未形成破坏机构之前要求塑性铰能不断转动，为了使其在转动过程中始终保持极限抗弯能力，不但要避免板件的局部失稳，而且必须避免构件的侧向扭转失稳。

为了避免板件的局部失稳，应限制板件的宽厚比。《抗震规范》规定了板件宽厚比的限值，如表 7.3.1 所示。

框架梁板件宽厚比限值 表 7.3.1

板件	抗震等级			
	一级	二级	三级	四级
工字形梁和箱形梁翼缘外伸部分	9	9	10	11
箱形梁翼缘在两腹板间的部分	30	30	32	36
工字形梁和箱形梁腹板	$72—120N_b/Af$ $\leqslant 60$	$72—100N_b/Af$ $\leqslant 65$	$80—110N_b/Af$ $\leqslant 70$	$85—120N_b/Af$ $\leqslant 75$

注：1. 表列数值适用于 Q235 钢，其他钢号应乘以 $\sqrt{235/f_{ay}}$；

    2. 表中，N_b 为梁的轴向力，A 为梁的截面面积，f 为梁的钢材抗拉强度设计值。

为了避免构件的侧向扭转失稳，除了按一般要求设置侧向支承外，尚应在塑性铰处设侧向支承。塑性铰处的侧向支承与其相邻支承点的最大距离将与该段内的弯矩梯度、钢材屈服强度以及截面回转半径有关。相邻两支承点间的构件长细比，应符合现行国家标准《钢结构设计标准》GB 50017—2017 的有关规定。

在罕遇地震作用下可能出现塑性铰处，梁的上、下翼缘均应设有支撑点。需要注意，为了满足抗震要求，钢梁必须具有良好的延性性能，因此必须正确设计截面尺寸，合理布置侧向支撑，注意连接构造，保证其充分发挥变形能力。

7.3.2 钢柱

1. 钢柱的承载力与延性

钢柱的工作性能取决于下列因素：柱两端约束、柱轴向压力的大小、柱的长细比、截面尺寸、抗扭刚度等。

先考察柱端约束条件对柱工作性能的影响。考虑三种约束情况：柱两端弯矩相等而方向相反，柱变形曲线为单曲率，两端弯矩的比值 $\beta = -1$；柱一端为铰接，一端有弯矩，比值 $\beta = 0$；柱两端弯矩相等而方向相同，柱变形曲线呈双曲率，中间有反弯点，比值 $\beta = +1$。

在柱受单调荷载作用而不发生局部失稳或侧向失稳的情况下，上述不同的柱端约束条件对柱承载力与延性的影响如图 7.3.1 所示。图中柱的长细比和轴压比（柱轴向力 N 与其相应短柱屈服压力 N_y 之比）保持定值。由图可见，$\beta = +1$ 的柱在偏压塑性弯矩 M_{pc} 作用下具有很大的转动能力；$\beta = -1$ 的柱子由于受到较大的附加弯矩，其强度达不到 M_{pc}，且当达到最大弯矩后转动能力迅速下降，当柱长细比与轴压比增大时这种现象更为显著。

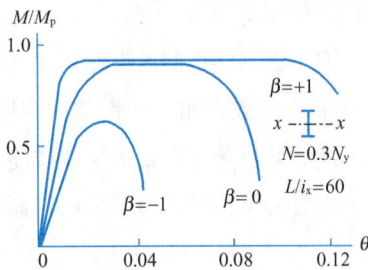

图 7.3.1 柱端约束情况对柱强度与延性的影响

在单调荷载下，当柱不发生局部失稳与扭转失稳时，柱轴压比对柱工作的影响，如图 7.3.2 所示。可以看到，柱的强度与延性随着轴压比的增加而降低。当轴压比较小时，柱具有很长的屈服平台；当轴压比较大时，柱的延性很小。在相同轴压比下，柱长细比愈大，其弯曲变形能力愈小，如图 7.3.3 所示。

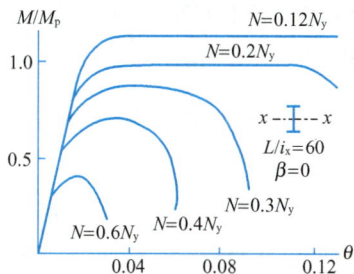

图 7.3.2　柱轴压比对柱工作性能的影响　　图 7.3.3　柱长细比对柱工作性能的影响

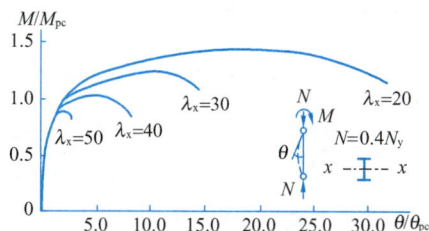

根据研究，当框架柱的轴向压力 N 小于其欧拉临界力 N_E 的 25％时，可避免框架发生弹塑性整体失稳。可以用下列直线公式来近似地表达：

对 Q235 钢：

$$\lambda \leqslant 120(1-\mu_N) \tag{7.3.1a}$$

对 16Mn 钢：

$$\lambda \leqslant 100(1-\mu_N) \tag{7.3.1b}$$

式中　　μ_N——轴压比，$\mu_N = N/N_y$；

　　　　λ——长细比。

上式可以作为偏心受压柱长细比和轴压比的综合限制公式。上述公式适用于 $\mu_N \geqslant 0.15$；当 $\mu_N < 0.15$ 时，由于轴压比对框架的弹塑性失稳影响已较小，所以只需对柱的最大长细比加以限定，使其不超过 150。

2. 钢柱的抗震设计

在框架柱的抗震设计中，当计算柱在多遇地震作用组合下的稳定性时，柱的计算长度系数 μ，对于纯框架体系，可按《钢结构设计标准》GB 50017—2017 中有侧移时的 μ 值取用；对于有支撑或剪力墙体系，如层间位移不超过限值（1/300 层高），可取 $\mu = 1.0$。

为了实现强柱弱梁的设计原则，使塑性铰出现在梁端而不是出现在柱端，柱截面的塑性抵抗矩宜满足下列关系：

$$\sum W_{pc}(f_{yc} - \sigma_a) \geqslant \eta \sum W_{pb} f_{yb} \tag{7.3.2}$$

式中　　W_{pc}、W_{pb}——计算平面内交汇于节点的柱和梁的截面塑性抵抗矩；

　　　　f_{yc}、f_{yb}——柱和梁钢材的屈服强度；

　　　　σ_a——轴力 N 引起的柱平均轴向应力，$\sigma_a = N/A_c$，其中 N 按多遇地震作用的荷载组合计算；

　　　　A_c——柱毛截面面积；

η——强柱系数，一级取 1.15，二级取 1.10，三级取 1.05。

钢柱在轴压比较大时，在反复荷载下强度的折减十分显著，故其轴压比不宜超过 0.4。与钢梁的设计相似，在柱可能出现塑性铰的区域内，为了保证塑性铰的转动能力，应按表 7.3.2 来确定板件宽厚比的限值。长细比和轴压比均较大的柱，其延性较小，故需满足式（7.3.1）的要求。框架柱的长细比，一级不应大于 $60\sqrt{235/f_{ay}}$，二级不应大于 $80\sqrt{235/f_{ay}}$，三级不应大于 $100\sqrt{235/f_{ay}}$，四级不应大于 $120\sqrt{235/f_{ay}}$。

框架柱板件宽厚比限值　　　　　　　　　表 7.3.2

板件	抗震等级			
	一级	二级	三级	四级
工字形柱翼缘外伸部分	10	11	12	13
工字形柱腹板	43	45	48	52
箱形柱壁板	33	36	38	40

注：表列数值适用于 Q235 钢，其他钢号应乘以 $\sqrt{235/f_{ay}}$。

7.3.3 支撑构件

支撑构件在反复荷载作用下的性能与其长细比关系很大。当构件采用圆钢或扁钢时，由于长细比极大，故只能受拉而不能受压；当支撑构件采用型钢时，其长细比一般较小，故能承受一定的压力。在水平荷载反复作用下，当支撑杆件受压失稳后，其承载能力降低，刚度退化，耗能能力随之降低。

1. 中心支撑构件设计

在交叉支撑中，当支撑杆件的长细比很大时可认为只有拉杆起作用，但当杆件长细比不很大（小于 200）时，则受压失稳的斜杆尚有一部分承载能力，故应考虑拉、压两杆的共同工作。根据试验，交叉支撑中拉杆内力 N_t 可按下式计算：

$$N_t = \frac{V}{(1+\psi_c \varphi)\cos\alpha} \qquad (7.3.3)$$

式中 　V——支撑架节间的地震剪力；

　　　φ——支撑斜杆的轴心受压稳定系数；

　　　ψ_c——压杆卸载系数；当 $\lambda = 60 \sim 100$ 时，$\psi_c = 0.7 \sim 0.6$；当 $\lambda = 100 \sim 200$ 时，$\psi_c = 0.6 \sim 0.5$；

　　　α——支撑斜杆与水平所成的角度。

在计算人字支撑和 V 形支撑的斜杆内力时，因斜杆受压屈曲后使横梁产生较大变形，同时体系的抗剪能力发生较大退化，为了提高斜撑的承载能力，其地震内力应乘以增大系数 1.5。

支撑斜杆在多遇地震作用效应组合下的抗压验算，可按下式进行：

$$\frac{N}{\varphi A} \leqslant \frac{\eta f}{\gamma_{RE}} \tag{7.3.4}$$

式中 N——支撑斜杆的轴力设计值；

    A——支撑斜杆的截面面积；

    φ——由支撑长细比确定的轴心受压构件的稳定系数；

    η——循环荷载作用下设计强度降低系数；

    γ_{RE}——承载力抗震调整系数，取 0.75。

η 按下式计算：

$$\eta = \frac{1}{1 + 0.35\lambda_n} \tag{7.3.5}$$

$$\lambda_n = \frac{\lambda}{\pi} \sqrt{f_{ay}/E} \tag{7.3.6}$$

中心支撑宜采用十字交叉体系、单斜杆体系和人字支撑（V 形支撑）体系，不宜采用 K 形斜杆体系。在地震作用下，因受压斜撑屈曲或受拉斜撑屈服引起较大的侧向变形，易使柱首先破坏，因而在地震区很少采用 K 形支撑。当采用只能受拉的单斜杆体系时，应同时设不同倾斜方向的两组单斜杆，且每层中不同方向单斜杆的截面面积在水平方向的投影面积之差不得大于 10%，以防止支撑屈曲后，使结构水平位移向一侧发展。

支撑构件的长细比，按压杆设计时，不宜大于 $120\sqrt{235/f_{ay}}$；中心支撑杆一、二、三级不得采用拉杆，四级时可采用拉杆，其长细比不宜大于 $180\sqrt{235/f_{ay}}$。人字形和 V 形支撑，因为它们屈曲后，加重所连接梁的负担，对长细比的限制应更严一些。

板件宽厚比是影响局部屈曲的重要因素，直接影响支撑构件的承载能力和耗能能力。《抗震规范》规定了中心支撑构件板件宽厚比的限值如表 7.3.3 所示。

中心支撑构件板件宽厚比限值　　　　　　　　　　　　　表 7.3.3

板件	抗震等级			
	一级	二级	三级	四级
翼缘外伸部分	8	9	10	13
工字形截面腹板	25	26	27	33
箱形截面腹板	18	20	25	30

注：表列数值适用于 Q235 钢，其他钢号应乘以 $\sqrt{235/f_{ay}}$。

2. 偏心支撑体系设计

1）耗能梁段设计

偏心支撑框架设计的基本概念，是使耗能梁段进入塑性状态，而其他构件仍处于弹性状态。设计良好的偏心支撑框架，除柱脚有可能出现塑性铰外，其他塑性铰均出现在梁段上。

耗能梁段可分为剪切屈服型和弯曲屈服型两种。为了发挥腹板优良的剪切变形性能，设计中宜使腹板发生剪切屈服时，梁受剪段两端所受的弯矩尚未达到截面的塑性弯矩，这种破坏形式称为剪切屈服型。剪切屈服型梁段短，梁端弯矩小，主要由剪力使梁段屈服；弯曲屈服型梁段长，梁端弯矩大，容易形成弯曲塑性铰。因此，耗能梁段宜采用剪切屈服型，它特别适宜用于强震区。如图 7.2.3 所示，可通过调整耗能段的长度 e，使该段梁的屈服先于支撑杆的失稳。一般当 e 符合下式时即为剪切屈服型，否则为弯曲屈服型：

$$e \leqslant 1.6 M_s / V_s \tag{7.3.7}$$

式中　M_s、V_s——耗能梁段的塑性抗弯和抗剪承载力。

假设梁段为理想的塑性状态，则：

$$V_s = h_0 t_w f_v \tag{7.3.8}$$

$$M_s = W_p f_{ay} \tag{7.3.9}$$

式中　h_0、t_w——梁段腹板的计算高度与厚度；

　　　W_p——梁段截面塑性抵抗矩；

　　f_{ay}、f_v——钢材屈服强度与抗剪强度，$f_v = 0.58 f_{ay}$。

一般耗能梁段只需作抗剪承载力验算，即使梁段的一端为柱时，虽然梁端弯矩较大，但由于弹性弯矩向梁段的另一端重分布，在剪力到达抗剪承载力之前，不会有严重的弯曲屈服。

耗能梁段的抗剪承载力可按下列规定验算：

当 $N \leqslant 0.15 Af$ 时，忽略轴向力的影响

$$V \leqslant 0.9 V_l / \gamma_{RE} \tag{7.3.10}$$

式中　N、V——分别为耗能梁段的轴力设计值和剪力设计值；

　　　A——耗能梁段的截面面积；

　　　f——耗能梁段钢材的抗压强度设计值；

　　　V_l——耗能梁段的受剪承载力，取腹板屈服时的剪力和梁段两端形成塑性铰时的剪力两者的较小值。

$$V_l = 0.58 h_0 t_w f_{ay} \tag{7.3.11a}$$

$$V_l = 2 M_{lp} / e \tag{7.3.11b}$$

式中　f_{ay}——耗能梁段钢材的屈服强度；

　　　M_{lp}——耗能梁段的塑性抗弯承载力。

当 $N > 0.15 Af$ 时，由于轴向力的影响，要适当降低梁段的受剪承载力，以保证梁段具有稳定的滞回性能：

$$V \leqslant 0.9 V_{lc} / \gamma_{RE} \tag{7.3.12}$$

式中　V_{lc}——耗能梁段考虑轴力影响的受剪承载力，取式（7.3.13a）和式（7.3.13b）两者较小值。

$$V_{lc} = 0.58h_0 t_{\mathrm{w}} f_{\mathrm{ay}} \sqrt{1 - \left[N/(Af)\right]^2} \tag{7.3.13a}$$

$$V_{lc} = 2.4M_{l\mathrm{P}}\left[1 - N/(Af)\right]/a \tag{7.3.13b}$$

式中　　a——耗能梁段的净长。

在上列诸公式中，γ_{RE} 均取 0.75。耗能梁段截面宜与同一跨内框架梁相同。耗能梁段的腹板上应设置加劲肋，以防止腹板过早屈曲。对于剪切屈服型梁段，加劲肋的间距不得超过 $30t_{\mathrm{w}} \sim h_0/5$（$t_{\mathrm{w}}$ 为腹板厚度；h_0 为腹板计算高度）。

2）支撑斜杆及框架梁、柱设计

偏心支撑斜杆内力，可按两端铰接计算，其强度按下式计算：

$$\frac{N_{\mathrm{br}}}{\varphi A_{\mathrm{br}}} \leqslant \frac{f}{\gamma_{\mathrm{RE}}} \tag{7.3.14}$$

式中　　A_{br}——支撑截面面积；

　　　　φ——由支撑长细比确定的轴心受压构件稳定系数；

　　　　N_{br}——支撑轴力设计值；

　　　　γ_{RE}——取 0.75。

为使偏心支撑框架仅在耗能梁段屈服，支撑斜杆、柱和非耗能梁段的内力设计值应根据耗能梁段屈服时的内力确定。《抗震规范》考虑耗能梁段设置加劲肋会有 1.5 的实际有效超强系数，并根据各构件的抗震调整系数 γ_{RE}，规定：偏心支撑斜杆、位于耗能梁段同一跨的框架梁以及偏心支撑框架柱的内力设计值，应取耗能梁段达到受剪承载力时各自的内力乘以增大系数。对于偏心支撑斜杆，增大系数 η 一级不应小于 1.4，二级不应小于 1.3，三级不应小于 1.2；对于位于耗能梁段同一跨的框架梁和偏心支撑框架柱，增大系数 η 一级不应小于 1.3，二级不应小于 1.2，三级不应小于 1.1。

7.3.4　梁与柱的连接

1. 梁与柱连接的工作性能

抗震结构中，梁与柱的连接常采用全部焊接或焊接与螺栓连接联合使用。试验证明，不论是全焊节点或翼缘用焊接而腹板用高强度螺栓连接的节点，其强度由于应变硬化，均可超出计算值很多。这类节点如果设计与构造合适，可以承受较强烈的反复荷载，它们具有很高的吸能能力。

2. 梁与柱连接的抗震设计

1）设计要求

在框架结构节点的抗震设计中，应考虑在距梁端或柱端 1/10 跨长或两倍截面高度范围内构件进入塑性区，设计时应验算该节点连接的极限承载力、构件塑性区的板件宽厚比和受弯构件塑性区侧向支承点间的距离。其中有关板件宽厚比及侧向支承点间的距离的要求如前所述，对于连接的计算将包括下列内容：计算连接件（焊缝、高强度螺栓等），以便将梁的弯矩、剪力和轴力传递至柱；验算柱在节点处的强度和刚度。

2）梁柱连接强度验算

梁与柱连接时应使梁能充分发挥其强度与延性。为此，当确定梁的抗弯及抗剪能力时应考虑钢材强度的变异，也应考虑局部荷载的剪力效应，即梁柱节点刚性连接的承载能力应满足下式要求：

$$M_u \geqslant \alpha M_p \tag{7.3.15}$$

$$V_u \geqslant 1.2(2M_p/l_n) + V_{Gb} \tag{7.3.16}$$

式中　M_u——节点连接的极限抗弯承载力；

　　　V_u——节点连接的极限抗剪承载力；

　　　M_p——梁的全塑性受弯承载力；

　　　l_n——梁的净跨；

　　　V_{Gb}——重力荷载代表值（9度尚应包括地震作用标准值）作用下，按简支梁分析的梁端截面剪力设计值；

　　　α——连接系数，按表 7.3.4 采用。

钢结构抗震设计的连接系数　　　　　　　　　　　　表 7.3.4

母材牌号	梁柱连接		支撑连接/构件拼接		柱脚	
	焊接	螺栓连接	焊接	螺栓连接		
Q235	1.40	1.45	1.25	1.30	埋入式	1.2
Q355	1.30	1.35	1.20	1.25	外包式	1.2
Q355GJ	1.25	1.30	1.15	1.20	外露式	1.1

注：1. 屈服强度高于 Q355 的钢材，按 Q355 的规定采用；

　　2. 屈服强度高于 Q355GJ 的 GJ 钢材，按 Q355GJ 的规定采用；

　　3. 外露式柱脚是指刚性柱脚，只适用于房屋高度 50m 以下。

3. 节点域承载力验算

梁柱节点域如果构造和焊接可靠，而且设置适当的加劲板以免腹板局部失稳和翼缘变形，将具有很大的耗能能力，成为结构中延性极高的部位。梁柱节点域的破坏形式有：①柱腹板在梁受压翼缘的推压下发生局部失稳，或柱翼缘在梁受拉翼缘的拉力下发生过大的弯曲变形，导致柱腹板处连接焊缝的破坏，如图 7.3.4（a）所示。②当节点域存在很大的剪力时，该区域将受剪屈服或失稳而破坏，如图 7.3.4（b）所示。

1）节点区的拉、压承载力验算

对于梁柱节点，梁弯矩对柱的作用可以近似地用作用于梁翼缘的力矩表示，而不计腹板内力。此作用力 $T = f_{ay}A_f$（其中 f_{ay} 及 A_f 各为翼缘屈服强度及截面积）。设 T 以 1:2.5 的

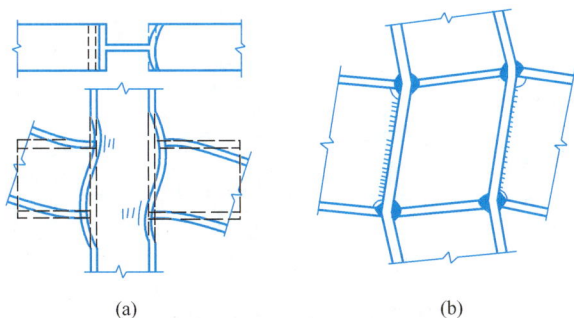

图 7.3.4　梁柱节点区的破坏

(a) 柱翼缘的变形；(b) 节点核心区的变形

斜率向腹板深处扩散，则在工字钢翼缘填角尽端处腹板应力为：

$$\sigma = \frac{T}{t_w(t_b + 5k_c)} = \frac{f_{ay}A_f}{t_w(t_b + 5k_c)} \tag{7.3.17}$$

式中　t_w——柱腹板厚度；

　　　t_b——梁翼缘厚度；

　　　k_c——柱翼缘外边至翼缘填角尽端的距离。

为了保证柱腹板的承载力，应使上述应力小于柱腹板的屈服强度，即当梁与柱采用同一钢材时，应使：

$$t_w \geqslant \frac{A_f}{t_b + 5k_c} \tag{7.3.18}$$

为了防止柱与梁受压翼缘相连接处柱腹板的局部失稳，柱腹板厚度尚应满足下列稳定性计算公式：

$$t_w \geqslant (h_b + h_c)/90 \tag{7.3.19}$$

式中　h_b、h_c——分别为梁腹板高度和柱腹板高度。

为了防止柱与梁受拉翼缘相接处柱翼缘及连接焊缝的破坏，对于宽翼缘工字钢，柱翼缘的厚度 t_c 应满足下列条件：

$$t_c \geqslant 0.4\sqrt{A_f} \tag{7.3.20}$$

若不能满足式（7.3.18）～式（7.3.20）的要求，则在节点区须设置加劲板。图 7.3.5 为加劲板的设置方法。

《抗震规范》规定，主梁与柱刚接时应采用图 7.3.5（b）的形式，对于不小于 7 度抗震设防的结构，柱的水平加劲肋应与翼缘等厚，6 度时应能传递两侧梁翼缘的集中力，其厚度不得小于梁翼缘的 1/2，并应符合板件宽厚比的限值。

2）节点域剪切变形及强度验算

在框架中间节点，当两边的梁端弯矩方向相同，或方向不同但弯矩不等时，节点域的柱

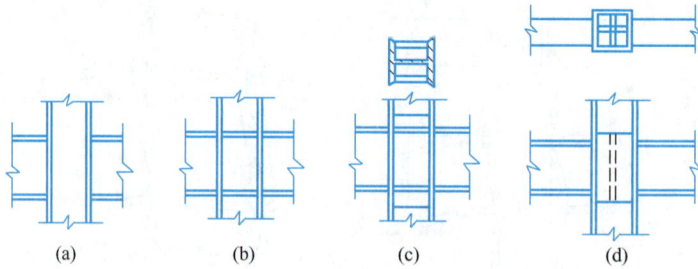

图 7.3.5　梁柱节点的加强

(a) 无加劲板；(b) 水平加劲板；(c) 竖直加劲板；(d) T 形加劲板

腹板将受到剪力的作用，使节点区发生剪切变形（图 7.3.6b）。

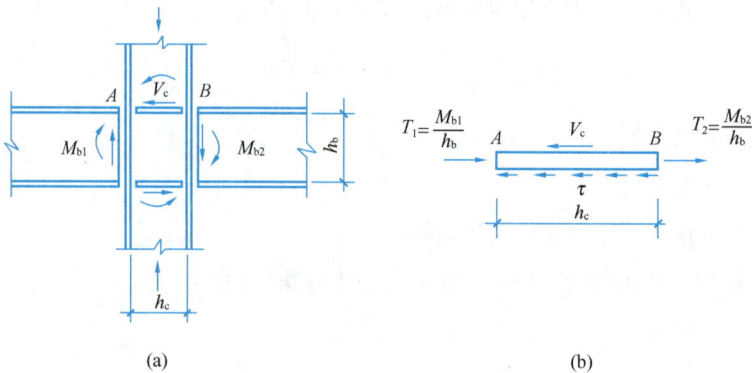

图 7.3.6　梁柱节点区的作用力

作用于节点的弯矩及剪力见图 7.3.6（a）。取上部水平加劲肋处柱腹板为隔离体（图 7.3.6b），其上 V_c 为柱的剪力，T_1 及 T_2 为梁翼缘的作用力，可以近似地将梁端设计弯矩 M_{b1} 及 M_{b2} 除以梁高 h_b 得之。设工字形柱腹板厚度为 t_w，高度为 h_c，得柱腹板中的平均剪应力为：

$$\tau = \left(\frac{M_{b1} + M_{b2}}{h_b} - V_c\right)/h_c t_w \tag{7.3.21}$$

τ 应小于钢材抗剪强度设计值 f_v，即：

$$\tau = f_v/\gamma_{RE} \tag{7.3.22}$$

《抗震规范》中省去 V_c 引起的剪应力项，以及考虑节点域在周边构件的影响下承载力的提高，将 f_v 乘以 4/3 的增强系数，即：

$$(M_{b1} + M_{b2})/h_b h_c t_w \leqslant (4/3) f_v/\gamma_{RE} \tag{7.3.23}$$

式中　M_{b1}、M_{b2}——分别为节点域两侧梁的弯矩设计值；

　　　γ_{RE}——取为 0.75。

同时，按 7 度以上抗震设防的结构，为不使节点板域厚度太大，影响地震能量吸收，节点域的屈服承载力尚应符合下列公式要求：

$$\psi(M_{pb1} + M_{pb2})/(h_b h_c t_w) \leqslant (4/3)/\gamma_{RE} \tag{7.3.24}$$

式中　M_{pb1}、M_{pb2}——分别为节点域两侧梁的全塑性受弯承载力；

　　　　ψ——折减系数，三、四级时取 0.6，一、二级时取 0.7；

　　　　γ_{RE}——取为 0.75。

　　式（7.3.23）、式（7.3.24）系对工字形截面而言，对于箱形截面的柱，其腹板受剪面积取 $1.8 h_c t_w$。

　　当柱的轴压比大于 0.5 时，在设计节点域时应考虑压应力与剪应力的联合作用。此时可将式（7.3.23）、式（7.3.24）中的钢材抗剪设计强度 f_v 乘以折减系数 α：

$$\alpha = \sqrt{1 - (N/N_y)^2} \tag{7.3.25}$$

式中　N——柱轴压力设计值；

　　　　N_y——柱的屈服轴压承载力。

　　如腹板厚度不足，宜将柱腹板在节点域局部加厚，不宜贴焊补厚板。

思考题与习题

7-1　分析常见高层钢结构体系的受力特点和各自的适用范围。

7-2　分析钢结构和钢筋混凝土结构阻尼比对其地震影响系数取值的影响。

7-3　分析对比钢结构房屋和钢筋混凝土结构房屋在多遇地震和罕遇地震作用下的侧移限值。

7-4　分析钢梁的受力破坏机理及其抗震设计要点。

7-5　分析钢柱的受力破坏机理及其抗震设计要点。

7-6　分析钢支撑的受力机理及其抗震设计要点。

7-7　分析钢梁与钢柱连接的工作机理及其抗震设计要点。

第 8 章
桥梁结构抗震设计

8.1 桥梁震害及其分析

桥梁是震后交通生命线中的重要组成部分，震区桥梁的破坏，不仅直接阻碍了及时的救灾行动，使次生灾害加重，导致生命财产以及间接经济损失巨大，而且给灾后的恢复与重建带来一定的困难。汶川地震中，据不完全统计，受损桥梁达 3053 座。图 8.1.1 所示北川县县城一座钢筋混凝土桥的桥体发生了严重的扭曲，桥面也发生了塌落，如图 8.1.2 所示。图 8.1.3 所示的钢筋混凝土拱桥的桥体已经产生了严重的变形，而且某些部位也发生了断裂和错位，如图 8.1.4 所示。

图 8.1.1 钢筋混凝土桥体发生扭曲破坏

图 8.1.2 钢筋混凝土桥面发生塌落

图 8.1.3 钢筋混凝土拱桥发生弯曲

图 8.1.4 钢筋混凝土拱发生断裂

桥梁结构的主要震害特征包括：

1. 上部结构的破坏

桥梁上部结构由于受到墩台、支座等的隔离作用，在地震中直接受惯性力作用而破坏的例子较少。由于下部结构破坏而导致上部结构破坏，则是桥跨结构破坏的主要形式，其常见的形式有：

（1）墩台位移使梁体由于预留搁置长度偏少或支座处抗剪强度不足，使得桥跨的纵向位移超出支座长度而引起落梁破坏，这是最为常见的桥梁震害之一。

（2）桥墩部位两跨梁端相互撞击的破坏，特别是用活动支座隔开的相邻桥跨结构的运动可能是异相的，这就增加撞击破坏的机会。

（3）由于地基失效引起的上部结构震害。强烈地震中的地裂缝、滑坡、泥石流、砂土液化、断层等地质原因，均会导致桥梁结构破坏。地基液化会使基础丧失基本的稳定性和承载力，软土通常会放大结构的振动反应，使落梁的可能性增加，断层、滑坡和泥石流更是撕裂桥跨的直接原因。

（4）墩柱失效引起的落梁破坏，由于墩台延性设计不足导致桥梁倒塌。例如，阪神地震中，阪神高速公路中一座高架桥共有 18 根独柱墩同时被剪断，致使 500m 左右长的梁体向一侧倾倒。

2. 下部结构的破坏

桥梁墩台和基础的震害是由于受到较大的水平地震作用所致。高柔的桥墩多为弯曲型破坏，粗矮的桥墩多为剪切型破坏，长细比介于两者之间的则呈现弯剪型破坏。此外，配筋设计不当还会引起盖梁和桥墩节点部位的破坏。

8.2　桥梁结构的抗震计算

我国《公路工程抗震规范》JTG 1302—2013（后面简称《公路抗震规范》）对桥梁抗震计算是以反应谱法为基础制订的，适用于跨径不超过 150m 的钢筋混凝土和预应力混凝土梁桥、圬工或钢筋混凝土拱桥的抗震设计。

8.2.1　桥梁设计反应谱

由第 2 章已知，单自由度弹性体系在给定的地震作用下相对位移、相对速度和绝对加速度的最大反应量与体系自振周期的关系曲线，称为反应谱。《公路抗震规范》中反应谱所概括的，是不同周期的结构在各种地震动输入下加速度放大的最大值，并用动力放大系数 β 来定义：

$$\beta(T, \zeta) = \frac{|\ddot{x} + \ddot{x}_g|_{\max}}{|\ddot{x}_g|_{\max}} \tag{8.2.1}$$

式中　$|\ddot{x}_g|_{\max}$——地面运动最大加速度绝对值；

　　$|\ddot{x} + \ddot{x}_g|_{\max}$——质点上最大绝对加速度的绝对值。

《公路抗震规范》所给出的反应谱见图 8.2.1，它是根据 900 多条国内外地震加速度记录反应谱的统计分析，确定了四类场地上的反应谱曲线（临界阻尼比为 0.05），同时又根据 150 多条数字强震仪加速度记录的反应谱分析，对上述反应谱的长周期部分作了修正。

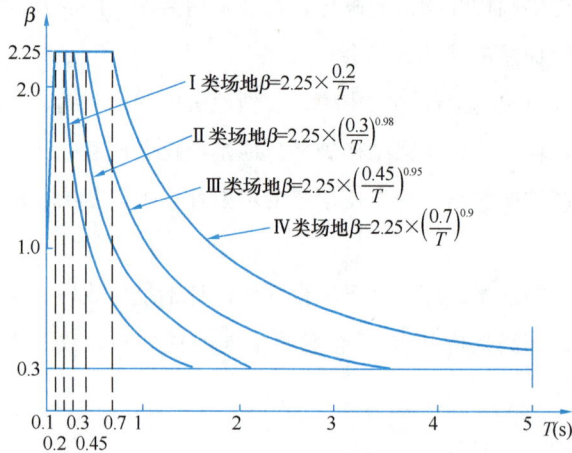

图 8.2.1　动力放大系数 β

规范将构造物所在地的土层，分为四类场地土。Ⅰ类场地土：岩石，紧密的碎石土。Ⅱ类场地土：中密、松散的碎石土，密实、中密的砾、粗、中砂；地基土容许承载力 $[\sigma_0]>$ 250kPa 的黏性土。Ⅲ类场地土：松散的砾、粗、中砂，密实、中密的细、粉砂，地基土容许承载力 $[\sigma_0]\leqslant$ 250kPa 的黏性土和 $[\sigma_0]\geqslant$ 130kPa 的填土。Ⅳ类场地土：淤泥质土，松散的细、粉砂，新近沉积的黏性土；地基土容许承载力 $[\sigma_0]<$ 130kPa 的填土。

对于多层土，当构造物位于Ⅰ类土上时，即属于Ⅰ类场地；位于Ⅱ、Ⅲ、Ⅳ类土上时，则按构造物所在地表以下 20m 范围内的土层综合评定为Ⅱ类、Ⅲ类或Ⅳ类场地。对于桩基础，可根据上部土层影响较大，下部土层影响较小，厚度大的土层影响较大，厚度小的土层影响较小的原则进行评定。对于其他基础，可着重考虑基础下的土层并按上述原则进行评定。对于深基础，考虑的深度应适当加深。

8.2.2　梁桥地震作用的计算

1. 单质点弹性体系

对于由高柔桥墩支承的梁桥体系，桥墩所支承的上部结构重量远较墩本身大，两者的比值一般在 5∶1 以上，且桥墩较柔，这时在分析桥墩的水平地震作用时可简化成单质点弹性体系。

按反应谱法，可写出单质点弹性体系所受地震惯性力的最大值为：

$$E = m \mid \ddot{x}_g + \ddot{x} \mid_{max} = mg \left(\frac{\mid \ddot{x}_g \mid_{max}}{g} \right) \left(\frac{\mid \ddot{x}_g + \ddot{x} \mid_{max}}{\mid \ddot{x}_g \mid_{max}} \right) = K_h \beta G \qquad (8.2.2)$$

式中　G——集中于质点处的重力荷载代表值，$G = mg$；

$\quad\;\; K_h$——水平地震系数，$K_h = \mid \ddot{x}_g \mid_{max} / g$，根据抗震设防要求采用；

$\quad\;\; \beta$——动力放大系数，$\beta = \mid \ddot{x}_g + \ddot{x} \mid_{max} / \mid \ddot{x}_g \mid_{max}$ 根据选定的反应谱曲线及体系的自振周期确定。

在考虑有关修正以后，《公路抗震规范》中给出作用于桥梁结构集中质点地震作用的计算公式的一般形式为：

$$E = C_i C_z K_h \beta G \qquad (8.2.3)$$

式中　C_i——重要性修正系数，根据桥梁结构的重要性，按表 8.2.1 取值；对政治、经济或国防上具有重要意义的三、四级公路工程，按国家批准权限，报请批准后，其重要性修正系数可按表 8.2.1 调高一档采用；

$\quad\;\; C_z$——综合影响系数，根据桥梁结构的形式，按表 8.2.2 取值，该系数的引入主要是反映结构的弹塑性动力特性、计算图式的简化、结构阻尼、几何非线性等影响；

$\quad\;\; K_h$——水平地震系数，根据抗震设防的基本烈度水准选用，按表 8.2.3 取值；

$\quad\;\; \beta$——动力放大系数，可根据结构计算方向的自振周期和场地类别按图 8.2.1 确定；当具有场地土的平均剪切模量或场地土的剪切波速、质量密度和分层厚度实测资料时，动力放大系数 β 可按《公路抗震规范》附录六确定。

重要性修正系数 C_i 　　　　　　　　　　　　　　　　　　　表 8.2.1

路线等级及构造物	重要性修正系数 C_i
高速公路和一级公路上的抗震重点工程	1.7
高速公路和一级公路的一般工程，二级公路上的抗震重点工程，二、三级公路上桥梁的梁端支座	1.3
二级公路的一般工程、三级公路上的抗震重点工程、四级公路上桥梁的梁端支座	1.0
三级公路的一般工程、四级公路上的抗震重点工程	0.6

注：1. 位于基本烈度为 9 度地区的高速公路和一级公路上抗震重点工程，其重要性修正系数也可采用 1.5；

　　　2. 抗震重点工程系指特大桥、大桥、隧道和破坏后修复（抢修）困难的路基中桥和挡土墙等工程；一般工程系指非重点的路基、中小桥和挡土墙等工程。

综合影响系数 C_z 表 8.2.2

桥梁和墩、台类型		桥墩计算高度 H（m）		
		$H<10$	$10\leqslant H<20$	$20\leqslant H<30$
梁桥	柔性墩 柱式桥墩、排架桩墩、薄壁桥墩	0.30	0.33	0.35
	实体墩 天然基础和沉井基础上的实体桥墩	0.20	0.25	0.30
	多排桩基础上的桥墩	0.25	0.30	0.35
桥台		0.35		
拱桥		0.35		

水平地震系数 K_h 表 8.2.3

基本烈度（度）	7	8	9
水平地震系数 K_h	0.1	0.2	0.3

式（8.2.3）中的重力荷载代表值 G，不同的情况有不同的简化，对于柔性墩简支梁桥情况，根据《公路抗震规范》的规定，将其定义为支座顶面处的换算质点重力：

$$G_t = G_{sp} + G_{cp} + \eta G_p \tag{8.2.4}$$

式中 G_{sp} ——梁桥上部结构重力；对于简支梁桥，计算地震作用时为相应于墩顶固定支座的一孔梁的重力；

G_{cp} ——盖梁重力；

G_p ——墩身重力，对于扩大基础和沉井基础，为基础顶面以上墩身重力；对于桩基础，为一般冲刷线以上墩身重力；

η ——墩身重力换算系数，按式（8.2.5）计算。

$$\eta = 0.16(X_f^2 + 2X_{f1/2}^2 + X_f X_{f1/2} + X_{f1/2} + 1) \tag{8.2.5}$$

式中 X_f、$X_{f1/2}$ ——考虑地基变形时，顺桥向作用于支座顶面上的单位水平力在墩身底面及计算高度 $H/2$ 处引起的水平位移与支座顶面处的水平位移之比（图8.2.2）。

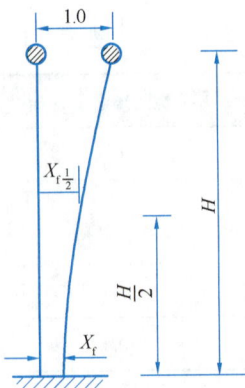

图 8.2.2 柔性墩计算简图

2. 多质点弹性体系

对于实体墩的情况，在确定地震作用时，除将上部结构的荷载简化到墩顶外，常将墩身分成若干段，按多质点体系进行计算。

对于多自由度弹性体系，如第 2 章所述，可通过振型坐标变换，将一组 n 个耦合的运动方程转换为一组 n 个不耦合的运动方程进行求解。其思路是将多质点的复杂振动，分解为按各个振型的独立振动，对每一个振型采用反应谱法进行地震作用计算，最后进行叠加，这个方法适用于求解线性结构的动力反应。

《公路抗震规范》给出了根据桥墩第一振型（或称基本振型）计算桥墩顺桥向和横桥向的水平地震作用公式：

$$E = C_i C_z K_h \beta_1 \gamma_1 X_{1i} G_i \tag{8.2.6}$$

式中　C_i——重要性修正系数，按表 8.2.1 取值；

　　　C_z——综合影响系数，按表 8.2.2 取值；

　　　K_h——水平地震系数，按表 8.2.3 取值；

　　　β——动力放大系数，按图 8.2.1 取值；

　　　γ_1——桥墩顺桥向或横桥向的基本振型参与系数。

$$\gamma_1 = \frac{\sum_{i=0}^{n} X_{1i} G_i}{\sum_{i=0}^{n} X_{1i}^2 G_i} \tag{8.2.7}$$

式中　X_{1i}——桥墩基本振型在第 i 分段重心处的相对位移（图 8.2.3）；对于实体桥墩，当 $H/B>5$ 时，$X_{1i}=X_f+\dfrac{1-X_f}{H}H_i$（一般适用于顺桥向）；当 $H/B<5$ 时，$X_{1i}=X_f+\left(\dfrac{H_i}{H}\right)^{1/3}(1-X_f)$（一般适用于横桥向）；

　　　X_f——考虑地基变形时，顺桥向作用于支座顶面或横桥向作用于上部结构质量重心上的单位水平力，在一般冲刷线或基础顶面引起的水平位移与支座顶面或上部结构质量重心处的水平位移之比；

　　　H_i——一般冲刷线或基础顶面至墩身各分段重心处的垂直距离；

　　　H——桥墩计算高度，即一般冲刷线或基础顶面至支座顶面或上部结构质量重心的垂直距离；

　　　B——顺桥向或横桥向的墩身最大宽度（图 8.2.4）；

　　　G_0——梁桥上部结构重力，对于简支梁桥，计算顺桥向地震作用时为相应于墩顶固定支座的一孔梁的重力；计算横桥向地震作用时为相邻两孔梁重力的一半；

　　　G_i——桥墩墩身各分段的重力。

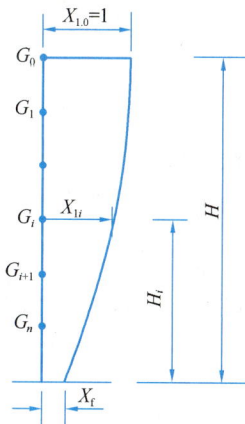

图 8.2.3　多质点桥墩计算简图

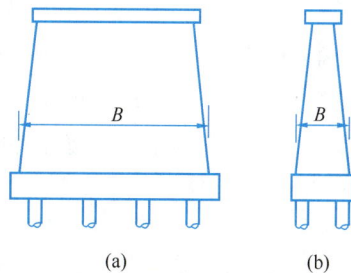

图 8.2.4　墩身最大宽度

（a）横桥向；（b）顺桥向

对于考虑多振型参与组合的情况，引入第 i 振型的地震参与系数：

$$\gamma_i = \frac{X_i^{\mathrm{T}} M I}{X_i^{\mathrm{T}} M X_i} \tag{8.2.8}$$

可以得到第 i 振型引起的第 j 质点水平方向上，按地震反应谱法计算的最大地震作用为：

$$E_{ji} = K_{\mathrm{h}} \beta_i \gamma_i X_{ji} G_j \tag{8.2.9}$$

同样，在引入结构重要性系数 C_i 和综合影响系数 C_z 之后，可以有如下表达式：

$$E_{ji} = C_i C_z K_{\mathrm{h}} \beta_i \gamma_i X_{ji} G_j \tag{8.2.10}$$

式中各量的意义及取值同式（8.2.6）。

3. 考虑橡胶支座支承效果的梁桥

支座在上部结构和下部结构之间起着承上启下的作用，不仅能传递竖向力和水平力，而且不同性质的支座对抗震效果还有不同的影响。为此，《公路抗震规范》对目前常见的采用板式橡胶支座和滑板橡胶支座支承的梁式桥的地震作用进行了规定。

1）对全联均采用板式橡胶支座的连续梁桥、桥面连续或顺桥向具有足够强度的抗震连接措施（即纵向连接强度大于支座抗剪极限强度）的简支梁桥，假定地震引起的墩顶位移相等，于是全桥可简化成如图 8.2.5 所示的单墩模型来计算，图中 K_1 为一联上部结构全部板式橡胶支座抗推刚度之和，K_2 为全部桥墩抗推刚度之和。

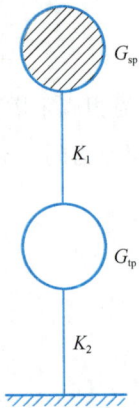

上部结构对每一桥墩上板式橡胶支座顶面处产生的水平地震作用，可将上部结构对支座顶面总的地震作用，按刚度分配到各墩支座，即上部结构对第 i 号墩板式橡胶支座顶面处产生的水平地震作用 $E_{i\mathrm{hs}}$ 为：

$$E_{i\mathrm{hs}} = \frac{K_{i\mathrm{tp}}}{\sum\limits_{i=1}^{n} K_{i\mathrm{tp}}} C_i C_z K_{\mathrm{h}} \beta_1 G_{\mathrm{sp}} \tag{8.2.11}$$

式中　C_i——重要性修正系数；

　　　C_z——综合影响系数；

　　　K_{h}——水平地震系数；

　　　β_1——动力放大系数，取值方法同前；

图 8.2.5　计算自振特性的单墩模型

　　　G_{sp}——相应一联上部结构的总重力；

　　　n——相应一联桥墩个数；

　　　$K_{i\mathrm{tp}}$——第 i 号墩组合抗推刚度，按式（8.2.12）计算。

$$K_{i\mathrm{tp}} = \frac{K_{is} K_{ip}}{K_{is} + K_{ip}} \tag{8.2.12}$$

式中　K_{ip}——第 i 号墩顶抗推刚度；

　　　K_{is}——第 i 号墩板式橡胶支座抗推刚度，按式（8.2.13）计算。

$$K_{is} = \sum_{i=1}^{n_s} \frac{G_d A_r}{\sum t} \qquad (8.2.13)$$

式中　G_d ——板式橡胶支座动剪切模量；取 $1200\mathrm{kN/m^2}$；

　　　　A_r ——板式橡胶支座面积；

　　　　$\sum t$ ——板式橡胶支座橡胶层总厚度；

　　　　n_s ——第 i 号墩上板式橡胶支座数量。

实体墩由于墩身自重在墩身质点 i 处产生的水平地震作用：

$$E_{hp} = C_i C_z K_h \beta_1 \gamma_1 X_{1i} G_i \qquad (8.2.14)$$

式中　G_i ——桥墩墩身各分段的重力；

　　　其他各符号意义同式（8.2.11）。

柔性墩由墩身自重在板式支座顶面处的水平地震作用：

$$E_{hp} = C_i C_z K_h \beta_1 G_{tp} \qquad (8.2.15)$$

式中　G_{tp} ——桥墩对板式橡胶支座顶面处的换算质点重力，$G_{tp} = G_{cp} + \eta G_p$；

　　　其他各符号意义同式（8.2.6）。

2）当某连续梁桥中部分采用板式橡胶支座，其余采用聚四氟乙烯滑板支座时，也可采用单墩计算，但对上部结构所产生的地震作用应考虑滑动支座的摩阻影响，使之更接近实际，这时，上部结构对支座顶面处产生的水平地震作用可按下式计算：

$$E_{hsp} = C_i C_z (K_h \beta_1 G_{sp} - \sum \mu_{id} R_i) \qquad (8.2.16)$$

式中　E_{hsp} ——上部结构对一个或几个板式橡胶支座顶面处产生的水平地震作用之和；当为几个板式橡胶支座时，应按相应的几个桥墩抗推刚度，以刚度分配的原则计算其每个板式橡胶支座顶面的水平地震作用；

　　　β_1　相应于桥墩顺桥向的基本周期放大系数，对于几个桥墩为板式橡胶支座时，应按几个桥墩抗推刚度组合计算；

　　$\sum \mu_{id} R_i$ ——一联中所有聚四氟乙烯滑板支座的动摩阻力；

　　　μ_{id} ——第 i 号聚四氟乙烯滑板支座的动摩阻系数，取值 0.02；

　　　R_i ——上部结构重力在第 i 号聚四氟乙烯滑板支座上产生的反力。

上部结构对支座顶面处产生的水平地震作用如按式（8.2.16）算得的水平地震作用小于按式（8.2.11）的计算值，则取式（8.2.11）的计算结果。

3）对采用板式橡胶支座的多跨简支梁桥，对刚性墩可按单墩单梁计算，即将桥墩支承的梁体简化成墩顶质点；对柔性墩应考虑支座与上下部的偶联作用（一般情况下可考虑 3～5 孔），按图 8.2.6 所示简图计算结构体系的基本周期及振型，再根据式（8.2.6）计算地震作用。

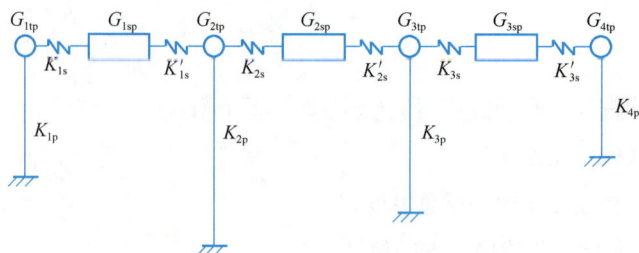

图 8.2.6　计算自振特性的柔性墩多跨简支梁桥模型

图 8.2.6 中：$G_{i\text{tp}}$——桥墩对板式橡胶支座顶面处的换算质点重力；

$G_{i\text{sp}}$——梁体重力；

$K_{i\text{p}}$——墩顶抗推刚度；

$K_{i\text{s}}$、$K'_{i\text{s}}$——板式橡胶支座抗推刚度。

8.2.3　拱桥地震作用的计算

单孔拱桥的地震作用应按在拱平面和出拱平面两种情况分别进行计算。

1. 在拱平面

顺桥向水平地震动所产生的竖向地震作用力引起拱脚、拱顶和 1/4 拱跨截面处弯矩、剪力或轴力应按下式计算：

$$S_{\text{va}} = C_{\text{i}} C_{\text{z}} K_{\text{h}} \beta \gamma_{\text{v}} \psi_{\text{v}} G_{\text{ma}} \tag{8.2.17}$$

顺桥向水平地震动所产生的水平地震作用力引起拱脚、拱顶和 1/4 拱跨截面处弯矩、剪力或轴力应按下式计算：

$$S_{\text{ha}} = C_{\text{i}} C_{\text{z}} K_{\text{h}} \beta \gamma_{\text{h}} \psi_{\text{h}} G_{\text{ma}} \tag{8.2.18}$$

2. 出拱平面

横桥向水平地震动所产生的水平地震作用力引起拱脚、拱顶和 1/4 拱跨截面处弯矩、剪力或轴力应按下式计算：

$$S_{\text{za}} = C_{\text{i}} C_{\text{z}} K_{\text{h}} \beta \psi_{\text{z}} G_{\text{ma}} \tag{8.2.19}$$

式中　　C_{i}——重要性修正系数，按表 8.2.1 采用；

C_{z}——综合影响系数，取 0.35；

K_{h}——水平地震系数，按表 8.2.3 的规定确定；

β——相应于在拱平面或出拱平面的基本周期的动力放大系数，按反应谱曲线取值；

γ_{v}——与在拱平面基本振型的竖向分量有关的系数，按表 8.2.4 采用；

γ_{h}——与在拱平面基本振型的水平分量有关的系数，按表 8.2.4 采用；

G_{ma}——包括拱上建筑在内沿拱圈单位弧长的平均重力；

ψ_{h}、ψ_{v}、ψ_{z}——拱桥地震内力系数，按表 8.2.5 采用。

系数 γ_v 与 γ_h 值　　　　　　表 8.2.4

系数	矢跨比					
	1/4	1/5	1/6	1/7	1/8	1/10
γ_v	0.70	0.67	0.63	0.58	0.53	0.45
γ_h	0.46	0.35	0.27	0.21	0.17	0.12

拱桥地震内力系数 ψ_h、ψ_v 和 ψ_z 值　　　　　　表 8.2.5

f/L	截面	ψ_h 值			ψ_v 值			ψ_z 值		
		m	n	q	m	n	q	m	n	t
1/3	拱顶	0.000 0	0.000 0	0.092 96	0.000 0	0.000 0	0.099 18	0.327 0	0.000 0	0.000 0
	1/4	0.013 1	0.264 84	0.027 90	0.013 45	0.047 12	0.052 52	0.007 84	0.271 90	0.008 47
	拱脚	0.030 18	0.375 55	0.342 28	0.018 84	0.172 65	0.130 63	0.087 65	0.333 33	0.013 45
1/4	拱顶	0.000 0	0.000 0	0.080 44	0.000 0	0.000 0	0.101 80	0.033 46	0.000 0	0.000 0
	1/4	0.011 45	0.261 03	0.023 02	0.014 12	0.045 61	0.051 62	0.006 49	0.271 90	0.007 73
	拱脚	0.026 2	0.405 63	0.302 2	0.020 13	0.153 44	0.149 02	0.086 50	0.333 33	0.010 67
1/5	拱顶	0.000 0	0.000 0	0.069 26	0.000 0	0.000 0	0.103 80	0.034 43	0.000 0	0.000 0
	1/4	0.009 93	0.257 91	0.019 05	0.014 80	0.045 42	0.050 87	0.005 05	0.271 90	0.007 06
	拱脚	0.022 61	0.429 15	0.264 17	0.021 21	0.134 82	0.163 47	0.085 17	0.333 33	0.008 27
1/6	拱顶	0.000 0	0.000 0	0.060 2	0.000 0	0.000 0	0.105 19	0.035 46	0.000 0	0.000 0
	1/4	0.008 68	0.255 56	0.016 04	0.015 22	0.046 31	0.050 30	0.003 67	0.271 90	0.006 49
	拱脚	0.019 67	0.445 73	0.232 01	0.021 94	0.118 85	0.173 73	0.083 82	0.333 33	0.006 40
1/7	拱顶	0.000 0	0.000 0	0.052 96	0.000 0	0.000 0	0.106 16	0.036 47	0.000 0	0.000 0
	1/4	0.007 66	0.253 77	0.013 77	0.015 52	0.047 88	0.049 89	0.002 42	0.271 90	0.006 01
	拱脚	0.017 31	0.457 28	0.205 56	0.022 45	0.105 62	0.180 96	0.082 55	0.333 33	0.004 99
1/8	拱顶	0.000 0	0.000 0	0.047 16	0.000 0	0.000 0	0.106 85	0.037 40	0.000 0	0.000 0
	1/4	0.006 84	0.252 35	0.012 01	0.015 73	0.049 86	0.049 59	0.001 29	0.217 90	0.005 59
	拱脚	0.015 4	0.465 42	0.183 86	0.022 81	0.094 69	0.186 14	0.083 19	0.333 33	0.003 93
1/9	拱顶	0.000 0	0.000 0	0.042 42	0.000 0	0.000 0	0.107 35	0.038 25	0.000 0	0.000 0
	1/4	0.006 16	0.251 17	0.010 61	0.015 89	0.052 05	0.049 37	0.000 31	0.271 90	0.005 22
	拱脚	0.013 84	0.471 24	0.165 91	0.023 07	0.085 62	0.189 93	0.080 36	0.333 33	0.003 12
1/10	拱顶	0.000 0	0.000 0	0.038 51	0.000 0	0.000 0	0.107 72	0.039 00	0.000 0	0.090 0
	1/4	0.005 6	0.250 16	0.009 47	0.016 01	0.054 33	0.049 20	0.000 55	0.271 90	0.004 89
	拱脚	0.012 55	0.475 47	0.150 91	0.023 27	0.078 03	0.192 77	0.079 46	0.333 33	0.002 51

注：f/L 为矢跨比；m 为截面弯矩系数，求弯矩值时应将表值乘以 L^2；n 为截面轴力系数，求轴力值时应将表值乘以 L；q 为截面剪力系数，求剪力值时应将表值乘以 L；t 为截面扭矩系数，求扭矩值时应将表值乘以 L^2。

　　有关连拱桥的地震内力计算有着与单孔拱桥相似的计算原则，详见《公路抗震规范》，这里不再讨论。

8.2.4 地震作用效应组合

前面讨论了应用振型分解反应谱法求解各振型地震内力计算的一般公式，需要注意，按各振型独立求解的地震反应最大值，一般不会同时出现，因此，几个振型综合起来时的地震作用最大值一般并不等于每个振型中该力最大值之和。目前，国内外学者提出了多种反应谱组合方法，应用较广的是基于随机振动理论提出的各种组合方法，如 CQC、SRSS 法等。

当求出各阶振型下的最大地震作用效应 S_i 时，CQC 组合方法为：

$$S_{\max} = \sqrt{\sum_{i=1}^{n} \sum_{j=1}^{n} \rho_{ij} S_{i,\max} S_{j,\max}} \tag{8.2.20}$$

式中　ρ_{ij}——振型组合系数。

对于所考虑的结构，若地震动可看成宽带随机过程，则：

$$\rho_{ij} = \frac{8\sqrt{\zeta_i \zeta_j}(\zeta_i + \gamma \zeta_j)\gamma^{3/2}}{(1+\gamma^2)^2 + 4\zeta_i \zeta_j \gamma(1+\gamma^2) + 4(\zeta_i^2 + \zeta_i^2)\gamma^2} \tag{8.2.21}$$

其中 $\gamma = \omega_j / \omega_i$，若采用等阻尼比，即 $\zeta_i = \zeta_j = \zeta$，则：

$$\rho_{ij} = \frac{8\zeta^2(1+\gamma)\gamma^{3/2}}{(1+\gamma^2)^2 + 4\zeta^2 \gamma(1+\gamma^2) + 8\zeta^2 \gamma^2} \tag{8.2.22}$$

体系的自振周期相隔越远，则 ρ_{ij} 值越小，如当：

$$\gamma > \frac{\zeta + 0.2}{0.2} \tag{8.2.23}$$

则 $\rho_{ij} < 0.1$，便可认为 ρ_{ij} 近似为零，可采用 SRSS 方法，即：

$$S_{\max} = \sqrt{\sum_{i=1}^{n} S_{i,\max}^2} \tag{8.2.24}$$

通常在地震引起的内力中，前几阶振型对内力的贡献比较大，高振型的影响渐趋减少，实际设计中一般仅取前几阶振型。

在多方向地震动作用下，还涉及空间组合问题，即各个方向输入引起的地震反应的组合。《公路抗震规范》指出，在计算桥梁地震作用时，应分别考虑顺桥和横桥两个方向的水平地震作用；对于位于基本烈度为 9 度区的大跨径悬臂梁桥，还应考虑上、下两个方向竖向地震作用和水平地震作用的不利组合。

对各种桥梁结构，目前主要还是采用经验方法组合，如：

(1) 各分量反应最大值绝对值之和（SUM），给出反应最大值的上限估计值；

(2) 各分量反应最大值平方和的平方根（SRSS）；

(3) 各分量反应最大值中的最大者加上其他分量最大值乘以一个小于 1 的系数。

一般来说，梁式桥等中小跨度桥梁一般可采用 SRSS 方法组合；大跨度桥梁一般可采用 CQC 方法组合。

8.3 桥梁结构的抗震设计

本节简要介绍按振型反应谱法进行桥梁抗震设计的一般过程。以极限状态法表达的钢筋混凝土和预应力混凝土桥梁抗震验算要求的一般表达式为：

$$S_d\left(\gamma_g \sum G;\ \gamma_q \sum Q_d\right) \leqslant \gamma_b R_d\left(\frac{R_c}{\gamma_c};\ \frac{R_s}{\gamma_s}\right) \tag{8.3.1}$$

式中 S_d ——荷载效应函数；

   R_d ——结构抗力效应函数；

   γ_g ——荷载安全系数，对钢筋混凝土与预应力混凝土结构取 1.0；

   γ_q ——地震作用安全系数，对钢筋混凝土与预应力混凝土结构取 1.0；

   G ——非地震作用效应；

   Q_d ——地震作用效应；

   R_c ——混凝土设计强度；

   R_s ——预应力钢筋或非预应力钢筋设计强度；

   γ_c ——混凝土安全系数；

   γ_s ——预应力钢筋或非预应力钢筋安全系数；

   γ_b ——构件工作条件系数，矩形截面取 0.95，圆形截面取 0.68。

除了以地震组合检验桥梁的承载能力极限状态以外，对板式橡胶支座，还要进行支座厚度验算，支座抗滑稳定性验算；地基土的容许应力验算，承载力计算；桥梁墩、台的抗滑动、抗倾覆稳定性验算等。

至此，将按反应谱法进行桥梁抗震设计的基本步骤总结如下：

第一步：对桥梁结构进行简化，建立合理的抗震计算模型。

第二步：计算地震作用及其最不利组合：

(1) 根据地质勘察报告，综合确定场地类型；

(2) 分析模型的基本周期（频率）、振型，根据情况取前一阶或前几阶；

(3) 根据场地类型和基本周期确定动力放大系数；

(4) 根据《公路抗震规范》，计算振型参与系数，计算桥梁结构所受地震作用；

(5) 根据地震作用计算地震作用效应，如弯矩、轴力、剪力等；

(6) 对各振型下的地震作用效应进行组合，求最大地震反应；

(7) 在考虑多方向地震作用时，还需进行多方向最不利作用效应组合；

第三步：进行地震组合下的桥梁结构（包括支座）的强度和稳定性验算。

第四步：结合前面的抗震计算结构，进行桥梁的抗震构造设计，《公路抗震规范》分别按 7 度区、8 度区和 9 度区给出了抗震构造设计规定。

需要指出，反应谱方法通过反应谱的建立巧妙地将动力问题转化为静力问题，概念简单、计算方便，可以用较少的计算量获得结构的最大反应值，因此，目前世界各国规范都把它作为一种基本的分析手段。但是，反应谱方法只是弹性范围内的概念，它不能描述结构在强烈地震作用下的塑性工作状态；也不能反映桥梁在地震作用过程中，结构内力、位移等随时间的反应历程；还不能体现结构延性对地震作用的抵抗。因此，对于大跨度桥梁，例如斜拉桥和悬索桥一般建议采用时程分析法进行特殊抗震设计。

思考题与习题

8-1 试分析桥梁震害的特点，为什么说桥梁上部结构震害常常是由下部结构震害引起的？
8-2 试分析桥梁设计反应谱与建筑设计反应谱的异同？
8-3 简述梁桥和拱桥地震作用的计算方法。
8-4 简述桥梁抗震设计的基本步骤。

第 9 章

建筑结构隔震设计

9.1　隔震结构概述

　　传统的建筑抗震设计需要保证结构本身必须具备足够的强度、刚度和延性，在设计方法上分为强度型设计和延性设计，前者充分提高结构的强度来抵抗地震时产生的地震作用，后者是提高结构的延性利用其塑性变形能力来吸收地震输入的能量，从而防止建筑物的倒塌破坏。根据 20 世纪中后期工程地震领域内的大量研究成果认为，延性设计是比较合理的抗震设计方法。但是，1994 年美国的北岭地震和 1995 年日本的兵库县南部地震之后，按照延性设计的方法暴露出了明显问题：承受了大地震后的建筑物虽然没有倒塌，但难以继续维持其使用功能，且维修加固费代价巨大，之后工程设计人员开始逐步关注隔震结构——一种能够从根本上解决这些问题的新型抗震体系。基础隔震的概念早在 20 世纪初就有人提出，但直到 20 世纪 20 年代才开始在工程上应用。Frand Lloyd Wright 是第一个成功地把隔震原理用于实际工程的人，1921 年他主持设计建造了日本东京帝国饭店，在 1923 年关东大地震中显示了良好的隔震性能。

9.1.1　隔震结构的基本原理

　　隔震结构通过在基础结构和上部结构之间设置隔震层，使得上部结构和地震动的水平成分隔离，大大减小了上部结构所承受的水平地震作用。隔震层中设置隔震支座和阻尼器等各种装置，其中隔震支座能够稳定持续的支持建筑物的重量，并追随建筑物的水平变形，同时具有适当的弹性回复力，而阻尼器能用于吸收地震输入的能量，限制隔震结构的位移。因此隔震结构可以同时满足抗震设计的两个基本要素，在遭受罕遇地震时，作用于上部结构的水平力较传统抗震结构小得多，很容易对上部结构进行弹性设计，即使遭遇特大地震，隔震结构也能够维持上部结构的使用功能，保证建筑物内部财产不受过大损伤，保障生命安全。

　　结构隔震体系的组成及多质点力学简化模型可用图 9.1.1 来表示。由这些隔震装置形成

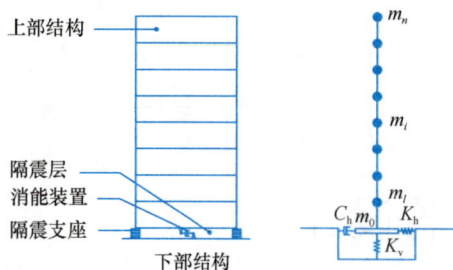

图 9.1.1　隔震结构的组成及力学简化模型

的隔震层，具有较大的竖向承载力、足够大的初始水平刚度和较低的屈服后水平刚度和一定的耗能能力，以保证正常使用时的稳定性和在地震时延长整个结构体系的自振周期，减少输入到上部结构的地震能量，从而降低上部结构的地震反应，并且具有自恢复能力。

隔震结构的基本原理也可以从反应谱角度直观表达。图 9.1.2 给出了加速度反应谱和位移反应谱的变化规律，从图中可以看出，延长结构的自振周期，使结构的自振周期远离场地卓越周期，会大大减小结构的加速度反应；周期延长也会使结构的位移反应增大，但通过适当提高结构的阻尼，可以控制好结构的位移反应。

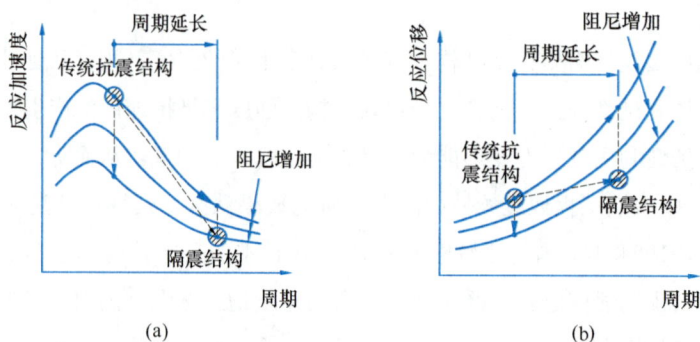

图 9.1.2　隔震结构的反应谱原理
（a）加速度谱；（b）位移谱

9.1.2　隔震结构的性能和效果

在 1995 年 1 月 17 日日本阪神大地震中，地震区有两栋橡胶垫隔震房屋兵库县松村组三层隔震楼和兵库县邮政部七层中心大楼，仪器记录显示，隔震建筑物的加速度反应仅为传统抗震建筑物加速度反应的 $1/8 \sim 1/4$，两栋隔震房屋的结构及内部的装修、设备、仪器丝毫无损，其明显的隔震效果令人惊叹。美国 1994 年的北岭地震中的南加利福尼亚大学医院隔震结构的强震观测记录也证实了地震时上部结构产生的水平加速度是地表加速度的 1/3 以下。于 1993 年在汕头市建成的夹层橡胶垫隔震房屋，在 1994 年 9 月 16 日我国台湾海峡地震（7.3 级）中经受考验，传统抗震房屋激烈晃动，悬挂物摇摆，人们惊慌失措，但隔震房屋中的人却几乎没有感觉。从目前的强震观测记录可以看出隔震建筑物内部的摇晃程度与传统的建筑相比要小一个数量级，极大地增强了建筑物内部空间的安全性。但隔震建筑上部结构产生的竖向振动与传统建筑物相比差别不明显。

传统抗震设计的重点放在提高结构的延性上，希望结构在较大地震作用下产生较大变形但不倒塌，将塑性变形分散到整个结构中，由建筑整体吸收地震输入的能量，但建筑结构的变形情况大多取决于地震动的特性，破坏形态通常会集中于薄弱层，而这种薄弱层一般是很难准确预知的，而对于隔震结构，其薄弱层必然是隔震层，所以说隔震结构是一种清晰明了的结构形式。

9.1.3　隔震结构的适用性

大胆的建筑形式在建筑方案是很有吸引力的，但其结构形式却会随着地震烈度的增加而变得困难，但如果采用隔震形式，由于上部结构的地震作用大大减小，层间变形也会减小，安全性和舒适性得到很大改善，这就使得建设和结构的设计自由度扩大。采用隔震结构时，在充分理解其结构原理的基础上，应该丢掉抗震结构的习惯和僵化的思路，充分发挥想象。从低层建筑到高层建筑，从一般结构到大跨结构，无论上部结构的基本周期有多大，如果采用适当的隔震装置进行很好的设计，隔震结构能够适用于大部分建筑，根据隔震层布置位置的不同，建筑隔震结构主要分为基础隔震和层间隔震，另外还有对建筑局部结构进行隔震等。

在隔震建筑的造价方面，建设初期，在烈度高的地区隔震建筑就会表现出较好的经济优势，中低烈度区隔震建筑的建设造价较传统结构相当或略有增加，但在后期维护和震后维修方面，隔震建筑的经济性就会明显优于传统结构。另外，隔震建筑大大提高了建筑物的抗震性能，在评判隔震结构与传统建筑的造价时，还应该进行综合评判。

9.2　隔震支座

隔震结构中的隔震支座与结构中的柱一样，必须长期承受建筑物的重量，除此之外，隔震支座与普通柱相比，在地震作用下可以产生较大的水平变形时仍然具有较好的稳定性。所以隔震支座的质量不仅决定着隔震建筑的抗震性能，而且在保障建筑物的安全性和可靠性方面也具有非常重要的作用。设计隔震支座时和设计其他结构构件一样，要满足工程上要求的定量性，设计人员必须要认识到隔震支座与柱、梁等同为结构构件，需要确定其尺寸、材料及性能等。隔震技术种类繁多，而叠层橡胶支座隔震技术是当前比较成熟和应用最为广泛的隔震技术，近年来，滑移隔震和叠层橡胶支座隔震的混合应用在高层隔震中逐步增多。

9.2.1　叠层橡胶支座

1. 叠层橡胶支座的构造

叠层橡胶支座是由橡胶和钢板分层叠合经高温加硫黏合硫化而成，组成见图 9.2.1。其中，d_e 为有效直径，D 为外径，d_0 为无铅芯支座的中心孔径或铅芯橡胶支座的铅芯直径。

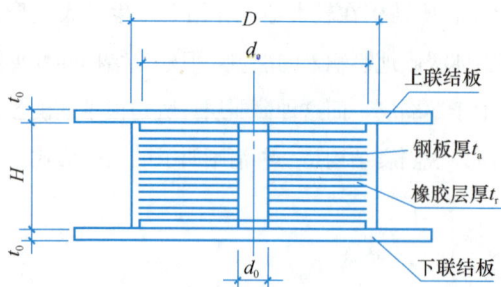

图 9.2.1　夹层橡胶垫构造详图

由于橡胶层和钢板交互叠合并紧密粘结，当支座受较大竖向受压荷载时，橡胶层的横向变形受到钢板约束，使叠层橡胶支座具有很大的竖向受压承载力和刚度。当其受水平荷载作用时，由于叠层钢板的作用，使得叠层橡胶支座的水平刚度较低，且由于各橡胶层的相对侧移大大减小，使得叠层橡胶支座可以达到很大的整体水平相对位移而不致失稳，并且具有较强的自恢复能力。这些特性符合隔震结构理想支座的特性，因此，叠层橡胶支座是目前国内外应用最多的隔震装置。

由于天然橡胶支座的阻尼较低，采用高阻尼橡胶材料可形成高阻尼橡胶支座；由于铅具有良好的弹塑性特性，常用来作为抗风和消能装置，在天然橡胶支座中开孔灌入铅芯可形成具有初始刚度和高阻尼特性的铅芯橡胶支座。

2. 叠层橡胶支座的形状系数及剪应变

形状系数是决定叠层橡胶支座承载能力和变形能力的重要几何参数，也是隔震支座生产和工程设计时隔震支座选型的重要参数。

1）第 1 形状系数 S_1

第 1 形状系数 S_1 为叠层橡胶支座每片橡胶层有效竖向承压面积和其侧向自由表面积之比。

$$S_1 = \frac{\pi(d_e^2 - d_0^2)/4}{\pi(d_e + d_0)t_r} = \frac{d_e - d_0}{4t_r} \tag{9.2.1}$$

式中　d_e——橡胶层有效承压直径；

d_0——橡胶层中心孔径（铅芯橡胶支座为铅芯直径）；

t_r——每层橡胶层的厚度。

S_1 表征叠层橡胶支座中钢板对橡胶层的约束程度。随着 S_1 的增大，支座的竖向刚度和竖向承压能力也越大，一般取 $S_1 \geqslant 15$。

2）第 2 形状系数 S_2

第 2 形状系数 S_2 为叠层橡胶支座中竖向有效承压直径和橡胶总厚度之比。

$$S_2 = \frac{d_e}{nt_r} \tag{9.2.2}$$

式中　n——橡胶层的总层数。

S_2 表征叠层橡胶支座受压体的宽高比，反映其受压时的稳定性。S_2 越大，支座越粗矮，受压稳定性越好，受压失稳临界荷载越大，但水平刚度也越大，水平极限变形能力将越小，一般取 $S_2 = 3 \sim 6$。

3）剪应变

叠层橡胶支座在水平荷载作用下会发生水平变形，其上下板间的相对位移 δ_h 与橡胶层总厚度 nt_r 之比称为叠层橡胶支座在水平向的剪应变 γ，以百分比的形式表示。为保证隔震支座在罕遇地震下的稳定性，需要对隔震支座的剪应变进行合理控制。

$$\gamma = \frac{\delta_h}{nt_r} \tag{9.2.3}$$

3. 叠层橡胶支座的力学性能

1）轴压性能

叠层橡胶支座的轴压承载力是指支座在没有发生任何水平变形下的竖向承载力，它是评价支座在无地震发生时，在正常使用下承载能力的重要指标，同时也是直接影响支座在地震时其他力学性能的重要指标。叠层橡胶支座受压时，由于橡胶层的侧向鼓出受到钢板的约束，使其具有很大的轴压承载力和很大的竖向刚度，通常竖向受压刚度简化为线弹性刚度来计算。

2）轴拉性能

叠层橡胶支座受拉承载力通过夹层钢板和橡胶层间的紧密粘结来保证。叠层橡胶支座轴拉破坏分为弹性拉伸阶段、非弹性拉伸阶段和拉伸破坏三个阶段。通常叠层橡胶支座的抗拉能力较低，由于过大的拉力会使隔震支座产生内部缺陷，降低支座的承载力和安全性，为了保证叠层橡胶支座正常的工作性能，隔震设计时必须保证其受拉时处于弹性变形之内。

3）叠层橡胶支座的水平刚度和滞回特性

天然橡胶支座的阻尼及水平刚度较低，通常将水平剪切刚度简化为线性刚度；高阻尼橡胶支座由于高阻尼材料的增加使得支座的耗能能力提高，当高阻尼橡胶支座初始刚度较大时，剪切刚度可简化为带有屈服力的双线性刚度特性，阻尼较小时也可采用简化的线性刚度计算；铅芯橡胶支座的水平特性可看成由铅芯的弹塑性特性（屈服后水平刚度为零）和天然橡胶支座的水平刚度特性并联而成，通常简化为双线性刚度特性，屈服力及屈服前刚度主要由铅芯来确定，屈服后刚度主要由天然橡胶支座提供。

9.2.2 弹性滑移支座

滑移隔震是最早采用的隔震技术，由于现代橡胶工业的发展，叠层橡胶支座表现出优越的性能，相对于滑移支座，其具有较强的自恢复能力，但无法达到滑移支座滑移后零刚度的优点。近年来，日本的许多高层隔震建筑采用了改进的滑移支座，结合叠层橡胶和原始滑移支座的特点研制出弹性滑移支座，以及具有较强抗拉能力且可以水平任意向移动的直线轨道式滑移支座。

1. 弹性滑移支座构造

弹性滑移支座可看成由刚性部分（调整钢管）、弹性部分（叠层橡胶）和滑移面（摩擦和缝）串联组成的隔震装置，综合具有弹簧、摩擦和缝的特性。日本昭和电线电缆株式会社等厂商生产的弹性滑移支座，进行了充分的试验分析，并通过了日本产品性能认定，已成功应用于许多高层隔震建筑。

2. 弹性滑移支座的工作机理

初始状态下，弹性滑移支座主要承受重力荷载（N）作用，滑移面具有初始水平屈服剪力（$Q_y = \mu \times N$，μ 为滑移面的摩擦系数）。地震发生时，叠层橡胶层先发生水平变形，当支座所受到的水平地震作用超过滑移面的水平屈服剪力时，滑移面开始相对滑动，支座的水平刚度降低为零；同时，支座所受到的总竖向荷载也在不断变化，摩擦力表现出非线性，依赖于结构的重力荷载、地震作用和摩擦系数。由于弹性滑移支座可以具有较大的初始刚度而屈服后刚度为零，这种特性符合高层隔震的需要，缺陷是在大震下的水平恢复能力较差，所以可以和叠层橡胶支座混合并用，来提高隔震层的自恢复能力。

3. 弹性滑移支座的力学性能

1）承载力

试验测得弹性滑移支座的铅直极限面压一般可达 100MPa 以上，承载面压随橡胶层剪应变的增大而略有下降，通常弹性滑移支座的初始刚度较大、屈服位移（δ_y）较小，所以竖向承载能力可认为基本不变，具有较大的竖向受压刚度和承载力。对于一般结构，弹性滑移支座的长期基准面压可取用到 20MPa，短期最大面压可用到 30MPa，具有足够的安全度。弹性滑移支座摩擦系数的面压依存性试验表明，摩擦系数随面压的增大而下降；摩擦系数的速度依存性试验表明，加载正弦波的速度在超过基准速度后，摩擦系数基本不变。通常，弹性滑移支座以基准速度和基准面压来确定摩擦系数。

2）水平刚度特性

弹性滑移支座的初始水平刚度（K_1）由叠层橡胶层提供，当滑移面开始滑移时，整个滑移支座的水平刚度变为零，图 9.2.2 绘出了弹性滑移支座简化的水平恢复力特性。

3）水平滞回特性

当弹性滑移支座发生滑移时，由于摩擦力的存在，滑移面可以提供摩擦耗能。由弹性滑移支座的水平恢复力特性很容易得到图 9.2.3 的水平滞回特性。当屈服力较大时，滞回圈的面积相对较大，可以给隔震层提供一定的阻尼来减小隔震层的位移。

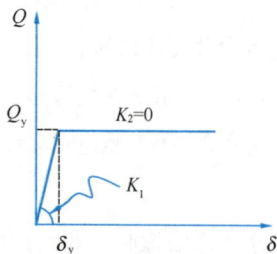

图 9.2.2 弹性滑移支座水平恢复力特性

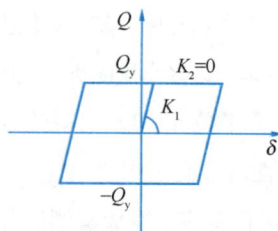

图 9.2.3 弹性滑移支座水平滞回特性

9.3　隔震设计

对隔震建筑进行抗震设计的原则是尽可能减小上部结构的地震作用，同时将隔震层的变形控制在允许的变形范围之内。传统抗震结构分析中的不确定因素对于隔震结构来说少了很多，但影响设计的隔震参数还是很多，应该充分考虑这些参数的变化范围，从多个角度研究隔震建筑在地震中的状态。隔震分析的模型应该从简单到精细，有效把握隔震结构在地震中的实际状态。隔震结构设计的核心是隔震层设计，但支撑隔震层的下部结构设计和隔震层上部结构的规划也是整个隔震结构设计中的重要内容。

9.3.1　分析模型

根据 9.2 节的内容，可以将隔震装置模型化为带有滞回特性的弹簧，而整个隔震结构的分析模型可以根据分析目标的不同，由简易模型到精细模型，如单质点模型、多质点模型、扭转振动模型、空间振动模型等，而单质点模型是隔震结构最简单而有效的一种分析模型。如果上部结构的层间刚度远大于隔震层的水平刚度，那么隔震结构以 1 阶平动振型为主，结构的变形主要发生在隔震层，上部结构相对于隔震层的大变形可简化为刚体运动，那么隔震结构就可以用单质点分析模型进行地震响应预测。

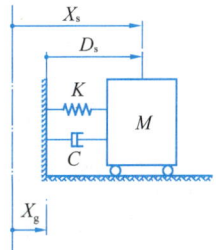

图 9.3.1　隔震结构单质点力学分析模型

采用黏滞阻尼理论可得到隔震结构的单质点模型的动力微分方程：

$$M\ddot{x}_s + C\dot{x}_s + Kx_s = C\dot{x}_g + Kx_g \tag{9.3.1}$$

方程两边均除以 M，并定义：

$$\omega_n = \sqrt{\frac{K}{M}}, \quad \zeta = \frac{C}{2M\omega_n} \tag{9.3.2}$$

式（9.3.1）变换成：

$$\ddot{x}_s + 2\zeta\omega_n\dot{x}_s + \omega_n^2 x_s = 2\zeta\omega_n\dot{x}_g + \omega_n^2 x_g \tag{9.3.3}$$

设工程场地特征频率为 ω，结构绝对加速度对地震动输入加速度的传递函数为 $H_x(i\omega)$，那么地面地震加速度及隔震结构地震加速度反应为：

$$\ddot{x}_g = e^{i\omega t}, \quad \ddot{x}_s = H_x(i\omega)\ddot{x}_g \tag{9.3.4}$$

把式（9.3.4）代入式（9.3.3）可得到单质点隔震结构加速度反应衰减比：

$$R_a = \frac{|\ddot{x}_s|}{|\ddot{x}_g|} = |H_x(i\omega)| = \sqrt{\frac{1+(2\zeta\omega/\omega_n)^2}{[(\omega/\omega_n)^2-1]^2+(2\zeta\omega/\omega_n)^2}} \tag{9.3.5}$$

加速度反应衰减比是关于阻尼比和频率比的函数，对于建造于Ⅱ、Ⅲ类或卓越周期更小场地的高层隔震建筑，通常频率比 (ω/ω_n) 在 $(\omega/\omega_n)^2 > 2$ 的范围内，所以充分延长结构的周期，加速度衰减越大，隔震效果越明显；隔震层阻尼越大，隔震效果降低，给隔震层设置过大的阻尼，反而对隔震效果不利。

由图 9.3.1，隔震结构的单质点模型的动力微分方程也可写成式（9.3.6）：

$$\ddot{D}_s + 2\zeta\omega_n\dot{D}_s + \omega_n^2 D_s = -\ddot{x}_g \tag{9.3.6}$$

相对位移 D_s 对地震动输入 $\ddot{x}_g$ 的传递函数为 $H_D(i\omega)$，并由式（9.3.6）可得到：

$$D_s = H_D(i\omega)\ddot{x}_g, \ D_g = \frac{\ddot{x}_g}{\omega^2} \tag{9.3.7}$$

$$H_D(i\omega) = \frac{1}{\omega_n^2 - \omega^2 + 2i\zeta\omega_n\omega} \tag{9.3.8}$$

由式（9.3.7）、式（9.3.8）可得单质点隔震结构的位移反应放大比：

$$R_d = \left| \frac{D_s}{D_g} \right| = |H_D(i\omega)|\,\omega^2 = \frac{(\omega/\omega_n)^2}{\sqrt{[(\omega/\omega_n)^2 - 1]^2 + (2\zeta\omega/\omega_n)^2}} \tag{9.3.9}$$

从以上公式可以看出，对于一定的频率比，位移放大比随阻尼比的增大呈下降趋势，但随频率比的增大下降趋势逐渐减弱。

9.3.2 隔震层的力学特性

图 9.3.2 所示双线性恢复力特性是隔震结构最基本的恢复力特性，图中 K_1、K_2 分别为隔震层屈服前和屈服后水平刚度，K_e 为隔震层水平等效刚度，Q_y、δ_y 分别为隔震层水平屈服力及屈服位移，不难得出 K_e 随 K_1、K_2、Q_y 变化的关系式：

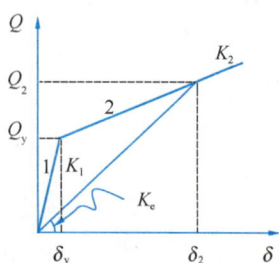

$$K_e = K_2 + \frac{Q_y}{\delta_2}\left(1 - \frac{K_2}{K_1}\right) \tag{9.3.10}$$

对于相同的 Q_y 及 K_2，则隔震层等效刚度随 1 次刚度 K_1 的增大而增大，式（9.3.10）可简化为：

图 9.3.2　隔震层水平
向恢复力特性

$$K_e \approx K_2 + \frac{Q_y}{\delta_2} \tag{9.3.11}$$

所以对隔震层屈服后等效刚度起主要影响的是隔震层屈服后刚度和隔震层的屈服力。同时也可以看出，隔震结构的变形能力越大，隔震效果也会更好。

9.3.3 隔震结构设计

整个隔震结构的设计可以分为上部结构设计、隔震层设计、隔震层下部相连构件的设计、建筑物基础设计、隔震构造设计等几个部分，各部分设计内容相互关联，在设计中要能够充分理解各部分设计的要点和原则。

1. 上部结构设计

1）强度和刚度设计

隔震结构隔震层以上部分受到的地震作用相对较小，地震能量几乎由隔震层吸收，但是，上部结构也还是应该具有足够的强度抵抗已减弱的地震作用。在水平刚度很小的隔震层上的结构还应该确保具有相对较高的水平刚度，使其在地震时表现为刚体特性，各层加速度的减小程度基本相同，使各层的安全可靠度基本相同。

2）构件设计

隔震结构不需要上部结构具有能量吸收能力和塑性变形能力，结构构件可以按照弹性范围进行设计，与隔震层相比，上部结构的刚度很大，可以抑制地震反应沿高度方向的增加，所以对于隔震层上部构件的设计完全可以放松传统抗震设计中保证延性的有关规定。

对于建筑物的自重、楼面荷载、雪荷载等竖向荷载的设计与传统抗震结构一样，但是，对于和地震作用相比持续时间较长的风荷载，有必要约束隔震层的水平位移，风荷载下结构的设计与竖向荷载的情况相同，计算方法与抗震结构的一样。

3）其他方面的考虑

传统抗震建筑设计是要严格控制各层的偏心率的，通过控制位移比来控制结构的扭转，但对各隔震结构，由于隔震层的变形能力很大，变形比较集中，所以隔震结构只要保证隔震层的偏心率满足要求，而对于上部各层的偏心率的要求很低。

由于隔震结构的上部结构完全与基础完全分开，不会像抗震结构一样由于受到基础的约束而容易产生裂缝，所以隔震结构即便是大规模的建筑，也不需要设置伸缩缝，混凝土由于收缩或温度变化引起的变形通过柔弱的隔震层进行释放。许多隔震工程实例的报告都表明，混凝土表面几乎没有产生裂缝。

2. 隔震层设计

为了达到预期的隔震效果，隔震层必须具备四项基本特征：① 具备较大的竖向承载能力，安全支撑上部结构；②具备可变的水平刚度，屈服前的刚度可以满足风荷载和微振动的要求，当中强震发生时，其较小的屈服后刚度使隔震体系变成柔性体系，将地面振动有效地隔开，降低上部结构的地震响应；③ 具备水平弹性恢复力，使隔震体系在地震中具有瞬时复位功能；④ 具备足够的阻尼，有较大的消能能力。在进行各种层设计时，要充分了解各类型隔震支座的力学性能，合理配置隔震层以满足基本特性。

3. 隔震层下部相连构件的设计

为了保证有效支撑隔震层，使其能够在罕遇地震下发挥减震作用，《抗震规范》规定，与隔震层连接的下部构件（如地下室、下墩柱）的地震作用和抗震验算，应采用罕遇地震下隔震支座的竖向力、水平力和力矩进行计算。如图 9.3.3 所示，隔震支座传给下部结构的竖

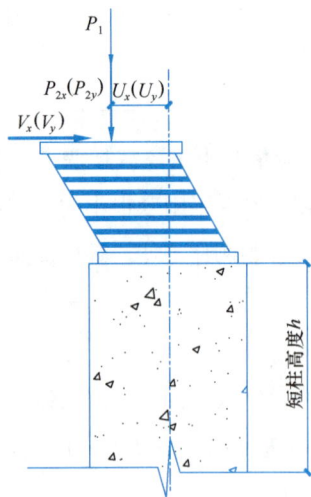

图 9.3.3　地下室及下
墩柱受力图

向力包括了重力荷载代表值产生的轴力 P_1 和地震作用下产生的轴力 P_{2x}、P_{2y}；水平力即地震作用下隔震支座传给下部结构的剪力 V_x、V_y；力矩包含三部分：第一部分为轴向力 P_1 在隔震支座最大位移下产生的弯矩 M_{dx}、M_{dy}，等于 P_1 与隔震支座的最大位移的乘积（$M_{dx} = P_1 \times U_x$，$M_{dy} = P_1 \times U_y$）；第二部分为地震作用下的轴力在隔震支座最大位移下产生的弯矩 $M_{ex}(M_{ey})$，等于 P_{2x} 和 P_{2y} 与隔震支座的最大位移的乘积（$M_{ex} = P_{2x} \times U_x$，$M_{ey} = P_{2y1} \times U_y$）；第三部分为地震剪力 V_x 和 V_y 对下部结构产生的弯矩，等于地震剪力乘以短柱高度 h。

4. 基础设计

由于隔震结构的地震作用大幅降低，其基础结构与传统抗震结构相比，基础形式和荷载会有所不同，没有必要与传统的建筑采用相同的形式和构件。《抗震规范》规定隔震建筑地基基础的抗震验算和地基处理仍应按本地区抗震设防烈度进行，甲、乙类建筑的抗液化措施应按提高一个液化等级确定，直至全部消除液化沉陷。

5. 隔震层的构造

隔震层的构造设计是整个隔震设计中的重要环节。对于楼梯和电梯井穿过隔震层的情况，楼梯和电梯都应采用混凝土井筒形式由上部结构下沉，下部留出避让空间。对于设备的构造，给水管、暖气管、排水管等设备管线，以及电气线路和通信线路应该分别安装在隔震层上部结构和隔震层下部结构，但它们之间必须采用合适的柔性连接，以使其能够产生较大变形。

思考题与习题

9-1　试分析对比基础隔震结构体系和抗震结构体系的异同点。

9-2　试分析对比叠层橡胶支座和弹性滑移支座的力学性能。

9-3　简述基础隔震结构的分析模型和力学特性。

9-4　简述基础隔震结构的设计要求和设计要点。

第 10 章

建筑结构消能减震设计

10.1 结构消能减震概述

传统抗震设计方法以概率理论为基础,提出三水准的设防要求,即"小震不坏,中震可修,大震不倒",并通过两个阶段设计来实现:第一阶段设计采用第一水准烈度的地震动参数,结构处于弹性状态,能够满足承载力和弹性变形的要求;第二阶段设计采用第三水准烈度的地震动参数,结构处于弹塑性状态,要求具有足够的弹塑性变形能力,但又不能超过变形限值,使建筑物"裂而不倒"。然而,结构物要终止在强震或大风作用下的振动反应(速度、加速度和位移),必然要进行能量转换或耗散。传统抗震结构体系实际上是依靠结构及承重构件的损坏消耗大部分输入能量,往往导致结构构件严重破坏甚至倒塌,这在一定程度上是不合理也是不安全的。为了克服传统抗震设计方法的缺陷,结构振动控制技术(简称"结构控制")逐渐发展起来,并被认为是减轻结构地震和风振反应的有效手段。结构消能减震(又称"消能减振")技术就是一种结构控制技术,《建筑抗震设计规范》GB 50011—2001首次以国家标准的形式对房屋消能减震设计这种抗震设防新技术的设计要点做出了规定。

10.1.1 结构振动控制

1972 年美籍华裔学者姚治平(J. T. P. Yao)教授撰文第一次明确提出了土木工程结构控制的概念。近三十年来,国内外学者在结构控制的理论、方法、试验和工程应用等方面取得了大量的研究成果。结构控制的概念可以简单表述为:通过对结构附加控制机构或装置,由控制机构或装置与结构共同承受振动作用,以调谐和减轻结构的振动反应,使它在外界干扰作用下的各项反应值被控制在允许范围内。基于此定义,结构控制的减振机理,可简单地用一个结构动力方程予以说明:

$$M\ddot{x}(t) + C\dot{x}(t) + Kx(t) = F(t) - MI\ddot{x}_g(t) \tag{10.1.1}$$

式中　　M、C、K——分别为结构的质量、阻尼和刚度矩阵;

I ——单位列向量；

$F(t)$ ——外部作用（包括控制机构或装置施加的控制力、风或可能施加的其他外力）列向量；

$\ddot{x}(t)$、$\dot{x}(t)$、$x(t)$ ——分别为结构在外部作用（或荷载）下的加速度、速度和位移反应列向量；

$\ddot{x}_g$ ——地面运动加速度。

结构控制就是通过调整结构的自振频率 ω 或自振周期 T（通过改变 K 和 M）或增大阻尼 C，或施加控制力 $F(t)$，以大大减少结构在地震（或风）作用下的反应。设 $\ddot{x}_{max}$、$\dot{x}_{max}$ 和 x_{max} 为确保结构及结构中的人、设备及装修设施等的安全和处于正常使用状态所允许的结构加速度、速度和位移反应值，则结构的动力响应需满足下式要求。

$$\ddot{x} \leqslant \ddot{x}_{max}, \ \dot{x} \leqslant \dot{x}_{max}, \ x \leqslant x_{max} \tag{10.1.2}$$

结构控制一般可分为被动控制、主动控制、混合控制和半主动控制四类。

10.1.2 结构消能减震

1. 结构消能减震的概念

结构消能减震设计是指在房屋结构中设置消能装置，通过其局部变形提供附加阻尼，以消耗输入上部结构的地震能量，达到预期设防要求。具体说，就是把结构的某些构件（如支撑、剪力墙、连接件等）设计成消能杆件，或在结构的某些部位（层间空间、节点、连接缝等）安装消能装置，在小风或小震下，这些消能杆件（或消能装置）和结构共同工作，结构本身处于弹性状态并满足正常使用要求；在大震或大风下，随着结构侧向变形的增大，消能杆件或消能装置产生较大阻尼，大量消耗输入结构的地震或风振能量，使结构的动能或者变形能转化成热能等形式耗散掉，迅速衰减结构的地震或风振反应，使主体结构避免出现明显的非弹性状态（结构仍然处于弹性状态或者虽然进入弹塑性状态，但不发生危及生命和丧失使用功能的破坏）。

结构消能减震技术的研究来源于对结构在地震发生时的能量转换的认识，下面以一般的能量表达式来分别说明地震时传统抗震结构和消能减震结构的能量转换过程：

传统抗震结构：

$$E_{in} = E_R + E_D + E_S \tag{10.1.3}$$

消能减震结构：

$$E_{in} = E_R + E_D + E_S + E_A \tag{10.1.4}$$

式中 E_{in} ——地震时输入结构的地震能量；

E_R ——结构物地震反应的能量，即结构物振动的动能和势能（弹性变形能）；

E_D ——结构阻尼消耗的能量（一般不超过 5%）；

E_S——主体结构及承重构件非弹性变形（或损坏）消耗的能量；

E_A——消能构件或消能装置消耗的能量。

从式（10.1.3）看出，对于传统结构，如果 E_D 忽略不计，为了终止结构地震反应（$E_R \to 0$），必然导致主体结构及承重构件的损坏、严重破坏或者倒塌（$E_S \to E_{in}$）。而对于消能减震结构［式（10.1.4）］，如果 E_D 忽略不计，消能装置率先进入消能工作状态，大量消耗输入结构的地震能量（$E_A \to E_{in}$），既能保护主体结构及承重构件免遭破坏（$E_S \to 0$），又能迅速地衰减结构的地震反应（$E_R \to 0$），确保结构在地震中的安全。

2. 结构消能减震体系的分类

结构消能减震体系由主体结构和消能部件（消能装置和连接件）组成，其可以按照消能部件的不同形式分为以下类型：

（1）消能支撑：可以代替一般的结构支撑，在抗震和抗风中发挥支撑的水平刚度和消能减震作用，消能装置可以做成方框支撑、圆框支撑、交叉支撑、斜杆支撑、K 形支撑和双 K 形支撑等，见图 10.1.1。

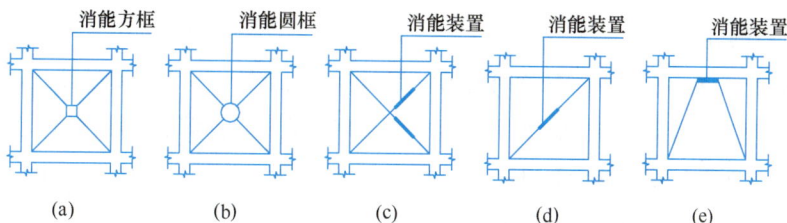

图 10.1.1　消能支撑

（a）方框支撑；（b）圆框支撑；（c）交叉支撑；（d）斜杆支撑；（e）K 形支撑

（2）消能剪力墙：可以代替一般结构的剪力墙，在抗震和抗风中发挥支撑的水平刚度和消能减震作用，消能剪力墙可以做成竖缝剪力墙、横缝剪力墙、斜缝剪力墙、周边缝剪力墙、整体剪力墙和分离式剪力墙等，见图 10.1.2。

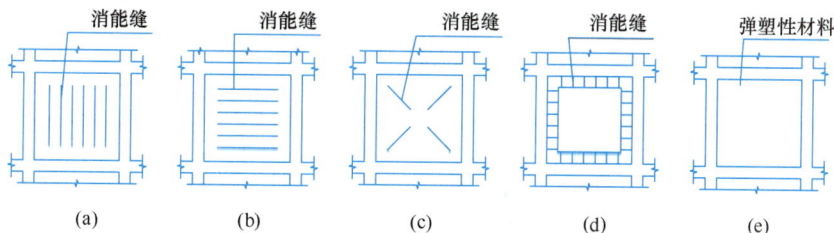

图 10.1.2　消能剪力墙

（a）竖缝剪力墙；（b）横缝剪力墙；（c）斜缝剪力墙；（d）周边缝剪力墙；（e）整体剪力墙

（3）消能节点：在结构的梁柱节点或梁节点处安装消能装置。当结构产生侧向位移、在节点处产生角度变化或者转动式错动时，消能装置即可以发挥消能减震作用，见图 10.1.3。

（4）消能连接：在结构的缝隙处或结构构件之间的连接处设置消能装置。当结构在缝隙或联结处产生相对变形时，消能装置即可以发挥消能减震作用，见图 10.1.4。

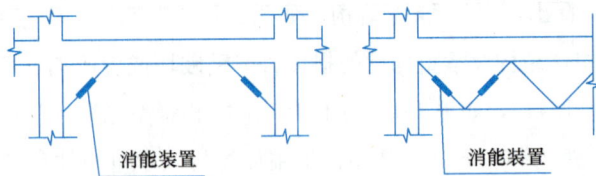

图 10.1.3　消能节点

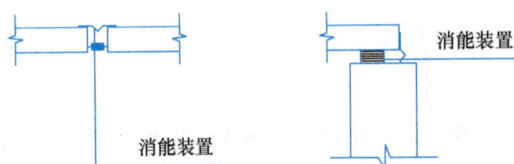

图 10.1.4　消能连接

（5）消能支承或悬吊构件：对于某些线结构（如管道、线路、桥梁的悬索、斜拉索的连接处等），设置各种支承或者悬吊消能装置，当线结构发生振（震）动时，支承或者悬吊构件即发生消能减震作用。

3. 消能器的分类

消能部件中安装有消能器（又称阻尼器）等消能减震装置，消能器的功能是，当结构构件（或节点）发生相对位移（或转动）时，产生较大阻尼，从而发挥消能减震作用。为了达到最佳消能效果，要求消能器提供最大的阻尼，即当构件（或节点）在力（或弯矩）作用下发生相对位移（或转动）时，消能器所做的功最大。这可以用消能器阻尼力（或消能器承受的弯矩）-位移（转角）关系滞回曲线所包络的面积来度量，包络的面积越大，消能器的消能能力越大，消能效果越明显。典型的消能器力（或弯矩）-位移（转角）关系滞回曲线见图 10.1.5。

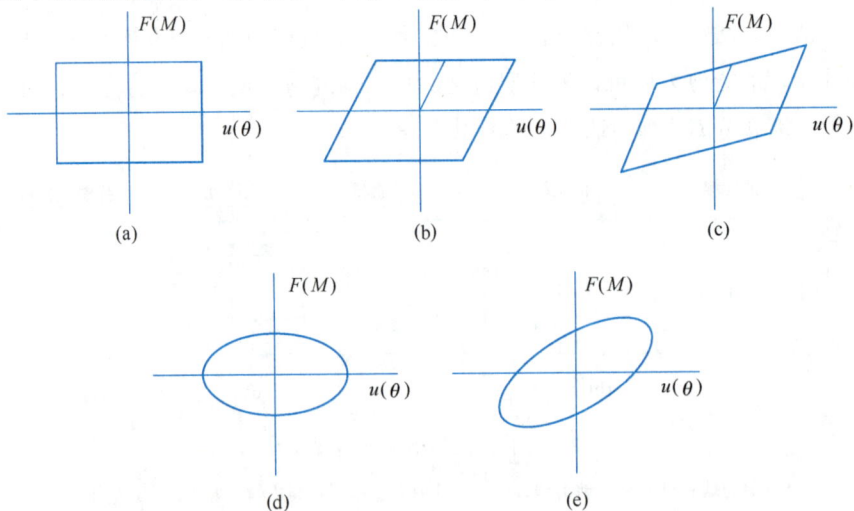

图 10.1.5　典型的消能器力（弯矩）-位移（转角）滞回关系曲线

（a）方形线；（b）单折线；（c）双折线；（d）椭圆线（无刚度）；（e）椭圆线（有刚度）

消能器主要分为位移相关型、速度相关型及其他类型。黏弹性阻尼器、黏滞流体阻尼器、黏滞阻尼墙、黏弹性阻尼墙等属于速度相关型，即消能器对结构产生的阻尼力主要与消能器两端的相对速度有关，与位移无关或与位移的关系为次要因素；金属屈服型阻尼器、摩擦阻尼器属于位移相关型，即消能器对结构产生的阻尼力主要与消能器两端的相对位移有关，当位移达到一定的起动限值才能发挥作用。摩擦阻尼器属于典型的位移相关型消能器，但是有些摩擦阻尼器有时候性能不够稳定。此外，还有其他类型的消能器，如调频质量阻尼器（TMD）、调频液体阻尼器（TLD）等。

4. 结构消能减震建筑的特点

设置消能减震装置的减震结构具有以下基本特点：

（1）消能减震装置可同时减少结构的水平和竖向的地震作用，适用范围较广，结构类型和高度均不受限制。

（2）消能减震装置应使结构具有足够的附加阻尼，以满足罕遇地震下预期的结构位移要求。

（3）由于消能减震结构不改变结构的基本形式（但是可减小梁、柱断面尺寸和配筋，减少剪力墙的设置），除消能部件和相关部件外，结构设计仍可按照《抗震规范》对相应结构类型的要求进行。

5. 结构消能减震技术的优越性

结构消能减震技术是一种积极的、主动的抗震对策，不仅改变了结构抗震设计的传统概念、方法和手段，而且使得结构的抗震（风）舒适度、抗震（风）能力、抗震（风）可靠性和灾害防御水平大幅度提高。采用消能减震结构体系与传统抗震结构体系相比，具有下述优越性：

（1）安全性。消能器作为非承重的消能构件或消能装置，在强震中能率先消耗地震能量，迅速衰减结构的地震反应并保护主体结构和构件免遭破坏，确保结构的安全。根据有关振动台试验的数据，消能减震结构的地震反应比传统抗震结构降低 40%～60%。

（2）经济性。消能减震结构是通过"柔性消能"的途径减少结构的地震反应，因而可以减少剪力墙的设置，减少结构断面和配筋，并提高结构的抗震性能，可节约造价 5%～10%。若用于旧建筑物的抗震加固，则可节约造价 10%～60%。

（3）技术合理性。结构越高、越柔，消能减震效果越显著。因而，消能减震技术必将成为采用高强、轻质材料的超高结构、大跨度结构及桥梁的合理减震（地震和风振）手段。

6. 结构消能减震技术的应用范围

消能减震技术适用于结构的地震和风振控制，结构的层数越多、高度越高、跨度越大、变形越大、场地的烈度越高，消能减震效果越明显，可广泛应用于下述工程结构的减震（抗风）：①高层建筑，超高层建筑；②高柔结构，高耸塔架；③大跨度桥梁；④柔性管道、管线（生命线工程）；⑤旧有高柔建筑或结构物的抗震（或抗风）加固改造。

10.2　结构消能减震设计

结构消能减震技术是一种新技术，结构采用消能减震设计应考虑使用功能的要求、消能减震效果、长期工作性能以及经济性等问题。现阶段，这种新技术主要用于对使用功能有特殊要求（如重要机关、医院等地震时不能中断使用的建筑）和高烈度地区（8、9 度区）的建筑，或用于投资方愿意通过增加投资来提高安全要求的建筑。

10.2.1　结构消能减震设计的一般规定

房屋消能减震设计，应根据建筑抗震设防类别、抗震设防烈度、场地条件、建筑结构方案和建筑使用要求，与采用抗震设计的方案进行技术、经济可行性对比分析后，确定其设计方案。

1. 消能减震装置的设置要求

消能减震装置应符合以下要求：

（1）应对结构提供足够的附加阻尼，并应沿结构的两个主轴方向均有附加阻尼或刚度；

（2）宜设在层间变形较大的部位，以便更好地发挥消能作用，一般应按照计算确定位置和数量，并有利于提高整个结构的消能减震能力，形成均匀合理的受力体系；

（3）应采用便于检查和替换的措施；

（4）消能器与斜撑、墙体、梁或节点等支承构件的连接，应符合钢构件连接或钢与钢筋混凝土构件连接的要求，并且在消能器施加给主结构最大阻尼力作用下，消能器与主结构之间的连接部件应在弹性范围内工作；

（5）与消能部件相连的结构构件，应计入消能部件传递的附加内力，并将其传给基础；

（6）消能器和连接构件在长期使用过程中需要检查和维护，其安装位置应便于维护人员接近和操作，即应具有较好的易维护性；

（7）消能器和连接构件应具有耐久性能；

（8）设计文件上应注明消能减震装置的性能要求；

（9）消能减震部件的性能参数应严格检查，安装前应对消能器进行抽样检测。

2. 结构消能减震设计设防目标

采用消能减震设计的建筑，当遭遇到本地区的多遇地震影响、抗震设防烈度影响和罕遇地震影响时，其抗震设防目标应高于（传统）抗震设计的抗震设防目标。采用消能减震设计，还不能完全做到在设防烈度下上部结构不受损坏或主体结构处于弹性工作阶段的要求，但是与非消能减震（及非隔震）建筑相比，应有所提高，大体上是：当遭受多遇地震影响时，将基本不受损坏和影响使用功能；当遭受设防烈度的地震影响时，不需要修理仍可继续使用；当遭受高于本地区设防烈度的罕遇地震影响时，将不发生危及生命安全和丧失使用功能的破坏。规范规定，当消能减震结构的抗震性能明显提高时，主体结构的抗震构造要求可适当降低，降低程度可根据消能减震结构地震影响系数与不设置消能减震装置结构的地震影响系数之比确定，最大降低程度应控制在 1 度以内。此外，消能减震结构在罕遇地震下的层间弹塑性位移角限值，应符合预期的变形控制要求，宜比非消能减震结构适当减小。

3. 消能减震结构设计涉及的主要问题

(1) 消能减震装置（阻尼器）的设计、选择、布置及数量；

(2) 消能减震装置附加给结构的阻尼比的估算；

(3) 消能减震结构体系在罕遇地震下的位移计算；

(4) 消能部件与主体结构的连接构造。

10.2.2　消能减震结构计算

1. 消能器的计算参数

消能减震装置应提供恢复力模型、有效刚度、阻尼系数、阻尼比、设计容许位移、极限位移、适用环境温度及加载频率等参数。消能减震装置的力学性能主要用恢复力模型来表示，其与温度、加载速度、频率、幅值和环境等因素有关。

1) 消能部件附加给结构的有效阻尼比，可以按照下列方法确定：

(1) 消能部件附加给结构的有效阻尼比可按下式估算：

$$\zeta_a = W_c/(4\pi W_s) \tag{10.2.1}$$

式中　ζ_a——消能结构的附加有效阻尼比；

　　　W_c——所有消能部件在结构预期位移下往复一周所消耗的能量；

　　　W_s——设置消能部件的结构在预期位移下的总应变能。

(2) 不计及扭转影响时，消能减震结构在其水平地震作用下的总应变能，可按照下式估算：

$$W_s = (1/2) \sum F_i u_i \tag{10.2.2}$$

式中　F_i——质点 i 的水平地震作用；

　　　u_i——质点 i 对应于水平地震作用的位移。

(3) 速度线性相关型消能器在水平地震作用下所消耗的能量，可按照下式估算：

$$W_c = (2\pi^2/T_1) \sum C_j \cos^2\theta_j \Delta u_j^2 \tag{10.2.3}$$

式中　T_1——消能减震结构的基本自振周期；

　　　C_j——第 j 个消能器由试验确定的线性阻尼系数；

　　　θ_j——第 j 个消能器的消能方向与水平面的夹角；

Δu_j——第 j 个消能器两端的相对水平位移。

当消能器的阻尼系数和有效刚度与结构的振动周期有关时，可取相当于消能减震结构基本自振周期的值。

（4）位移相关型、速度非线性相关型和其他类型消能器在水平地震作用下所消耗的能量，可按照下式估算：

$$W_c = \sum A_j \tag{10.2.4}$$

式中 A_j——第 j 个消能器的恢复力滞回环在相对水平位移 Δu_j 时的面积。

消能器的有效刚度可取消能器的恢复力滞回环在相对水平位移 Δu_j 时的割线刚度。

（5）消能部件附加给结构的有效阻尼比超过 25% 时，宜按 25% 计算。

2）消能部件由试验确定的有效刚度、阻尼比和恢复力模型的设计参数，应符合下列规定：

（1）速度相关型阻尼器应由试验提供设计容许位移、极限位移，以及在设计容许位移幅值和不同环境温度条件下、加载频率为 0.1～4Hz 的滞回模型。速度相关型消能器与斜撑、墙体或梁等支承构件组成消能部件时，该部件在消能器消能方向的刚度应满足下式（无刚度消能器除外）：

$$K_b \geqslant (6\pi/T_1)C_V \tag{10.2.5}$$

式中 K_b——支承构件在消能器方向的刚度；

C_V——消能器由试验确定的相应于结构基本自振周期的线性阻尼系数；

T_1——消能减震结构的基本自振周期。

（2）位移相关型阻尼器应由往复静力加载试验确定设计容许位移、极限位移和恢复力模型参数。位移相关型消能器与斜撑、墙体或梁等支承构件组成消能部件时，该部件的恢复力模型参数宜符合下列要求：

$$\Delta u_{py}/\Delta u_{sy} \leqslant 2/3 \tag{10.2.6}$$

式中 Δu_{py}——消能部件在水平方向的屈服位移或起滑位移；

Δu_{sy}——设置消能部件的结构层间屈服位移。

（3）黏弹性阻尼器的黏弹性材料单层厚度应满足下式：

$$t \geqslant \Delta u/[\gamma] \tag{10.2.7}$$

式中 t——黏弹性材料的单层厚度；

Δu——沿阻尼器方向的最大可能的位移；

$[\gamma]$——黏弹性材料容许的最大剪切应变。

（4）消能器的极限位移应不小于罕遇地震下消能器最大位移的 1.2 倍；对速度相关型消能器，消能器的极限速度应不小于地震作用下消能器最大速度的 1.2 倍，且消能器应满足在此极限速度下的承载力要求。

　　下面简要介绍速度相关型消能器的计算参数。速度相关型消能器是消能减震设计中最常用的消能器，速度相关型消能器的力与速度和位移的一般可表示为：

$$F_d = C_d \dot{X} + K_d X \qquad (10.2.8)$$

式中　F_d——消能器提供的阻尼力；

　C_d、K_d——分别是消能器的阻尼系数和刚度；

　X、$\dot{X}$——分别是消能器的相对位移和相对速度。

　　黏滞（流体）阻尼器和黏弹性阻尼器是目前较为常见的速度相关型消能器。黏滞消能器（图 10.2.1）一般由缸筒、活塞、阻尼孔、阻尼材料和导杆等部分组成，活塞在缸筒内作往复运动，活塞上开有适量小孔作为阻尼孔，缸筒内装满流体阻尼材料。当活塞与缸筒之间发生相对运动时，由于活塞前后的压力差使流体阻尼材料从阻尼孔中通过，从而产生阻尼力。其消能原理是将结构的部分振动能量通过消能器中黏滞流体阻尼材料的黏滞耗能耗散掉，达到减小结构振动反应的目的。对于黏滞消能器，式（10.2.8）中 C_d 是消能器的黏滞阻尼系数，与阻尼材料、温度、消能器构造、阻尼孔大小等因素有关，由产品型号给定或试验测定；K_d 等于 0。

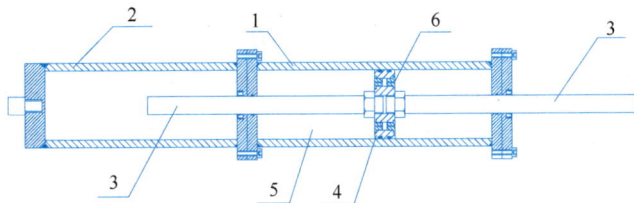

图 10.2.1　黏滞消能器

1—主缸；2—副缸；3—导杆；4—活塞；5—阻尼材料（硅油或液压油）；6—阻尼孔

　　黏弹性消能器（图 10.2.2）通常由钢板和固体黏弹性材料交替叠合而成，其原理是通过黏弹性材料的往复剪切变形来耗散能量。对于黏弹性消能器：

$$C_d = \frac{\eta(\omega) \cdot G(\omega) \cdot A}{\omega \delta},$$

$$K_d = \frac{G(\omega) \cdot A}{\delta} \qquad (10.2.9)$$

式中　$\eta(\omega)$、$G(\omega)$——分别是黏弹性材料的损耗因子和剪切模量，一般与频率和温度有关，由黏弹性材料特性曲线确定；

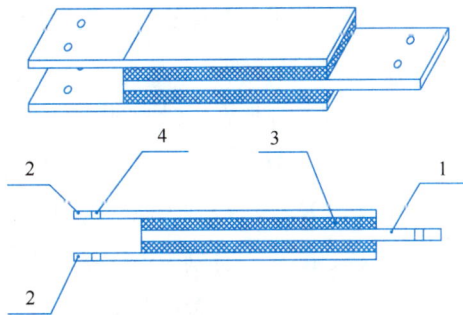

图 10.2.2　黏弹性消能器

1—中间钢板；2—两侧钢板；
3—黏弹性材料；4—螺栓孔

A、δ——分别是黏弹性材料的受剪面积和厚度；

ω——结构的振动频率，对于多自由度结构，取弹性振动的固有频率。

速度相关型消能器与斜撑等串联使用时，为了充分发挥消能器的减震效果，斜撑在消能器往复变形方向的刚度 k_b 宜符合下式要求：

$$k_b \geqslant 10C_d\left(1+\frac{1}{T_1}\right) \qquad (10.2.10)$$

式中 T_1——结构固有基本自振周期。

当满足式（10.2.10）要求时，可忽略串联构件刚度对消能器相对变形的影响。

2. 消能减震结构的抗震计算

消能减震结构在抗震计算时，其计算要点为：

（1）由于加上消能部件后不改变结构的基本形式，除消能部件和相关部件外，结构设计（包括抗震构造）仍可按照《抗震规范》对相应结构类型的要求进行。这样，计算消能减震结构的关键是确定结构的总刚度和总阻尼。一般来说，消能减震结构的总刚度应为结构刚度和消能部件有效刚度的总和；消能减震结构的总阻尼比应为结构阻尼比和消能部件附加给结构的有效阻尼比的总和，多遇和罕遇地震下的总阻尼比应分别计算。

（2）一般情况下，计算消能减震结构宜采用静力非线性（弹塑性）分析方法或者非线性（弹塑性）动力时程分析方法。对非线性（弹塑性）动力时程分析法，宜采用消能部件的恢复力模型计算；对静力非线性（弹塑性）分析法，可采用消能部件附加给结构的有效阻尼比和有效刚度计算。

（3）当主体结构基本处于弹性工作阶段时，可采用线性分析方法作简化估算，并根据结构的变形特征和高度等，按《抗震规范》规定分别采用底部剪力法、振型分解反应谱法和时程分析法。其地震影响系数可根据消能减震结构的总阻尼比按《抗震规范》规定的地震影响系数曲线采用。

下面简要介绍采用振型分解反应谱法和时程分析法计算消能减震结构的基本过程。

1）振型分解反应谱法

消能减震结构在地震作用下的弹性振动的动力方程可以表示为：

$$M_s\ddot{x}(t) + (C_s + C_d)\dot{x}(t) + (K_s + K_d)x(t) = -MI\ddot{x}_g(t) \qquad (10.2.11)$$

式中 M_s、C_s、K_s——分别为原结构的质量、阻尼和刚度矩阵；

C_d、K_d——分别为消能器给结构附加的阻尼和刚度矩阵；

I——单位列向量；

由消能减震结构的质量阵 M_s 和总刚度阵（$K_s + K_d$）可以求得其频率向量和振型矩阵：

$$\omega = \{\omega_1, \omega_2, \cdots \omega_n\}^T \qquad (10.2.12)$$

$$X = \{X_1, X_2, \cdots X_n\}^T \qquad (10.2.13)$$

原结构的阻尼矩阵 $\boldsymbol{C}_s$ 通常假定是正交的，即：

$$\boldsymbol{X}_i^{\mathrm{T}}\boldsymbol{C}_s\boldsymbol{X}_j = \begin{cases} C_{si}^* ,i = j \\ 0,i \neq j \end{cases} \tag{10.2.14}$$

但是消能器附加给结构的阻尼矩阵 $\boldsymbol{C}_d$ 通常不满足式（10.2.14）的正交性条件，需要进行强行解耦，即作为近似处理，忽略 $\boldsymbol{C}_d$ 的非正交项，则有：

$$\boldsymbol{X}_i^{\mathrm{T}}\boldsymbol{C}_d\boldsymbol{X}_j = \begin{cases} C_{di}^* ,i = j \\ 0,i \neq j \end{cases} \tag{10.2.15}$$

此时，可对方程式（10.2.11）进行求解，这种方法称为强行解耦法。大量计算表明，采用这种方法求得的结构反应误差不超过 10%，大多数情况下不超过 5%。

2）时程分析法

采用时程分析法对消能减震结构体系进行分析时，体系的刚度和阻尼是时间的函数，随着消能构件或消能装置处于不同的工作状态而变化。当主体结构基本处于弹性工作阶段时，体系的非线性特性可能是由消能构件（或消能装置）的非线性工作状态产生的，这时体系的刚度矩阵包括线性部分（主体结构）和非线性部分（消能构件或装置），体系的阻尼矩阵可以忽略主体结构的阻尼影响（占很小比例），只考虑消能构件或装置产生的阻尼。考虑每一时间的增量变化，采用逐步积分法求出消能减震结构体系在每时刻的结构地震反应。一般情况下，当主体结构进入非弹性工作状态时，体系的非线性特性由主体结构和消能构件（或消能装置）的非线性工作状态共同产生，体系的刚度矩阵包括主体结构的非线性部分和消能构件（或装置）非线性部分，这时一般不能忽略主体结构的阻尼影响（占很小比例）。

10.2.3　消能减震结构设计

消能减震结构的设计步骤可归纳如下：

（1）确定结构所在场地的抗震设计参数，如设防烈度、地面加速度、采用的地震波、结构的重要性、使用要求、变形限值及设防目标等。

（2）按照传统抗震设计方法优选结构设计方案。

（3）对结构进行分析计算，如抗震设计方案满足要求，即可采用抗震方案。如抗震设计方案不能满足设防目标要求，或虽能满足要求但为了进一步提高抗震能力，则考虑采用消能减震方案。

（4）选择消能减震装置（如黏滞阻尼器、黏弹性阻尼器等），根据消能减震装置的设计参数，初步确定消能减震装置的布置方案（位置、数量、形式等）。

（5）对消能减震结构进行计算，确定其是否满足要求，如满足要求，即可采用该方案，并对其进行完善设计；如不满足要求，则重新选择消能减震设计方案（消能装置的类型、安装位置、数量、形式等），并对该方案进行计算，直至满足要求。

思考题与习题

10-1 试分析消能减震结构和常规抗震结构的异同点。

10-2 简述消能减震装置的类型和各自的适用范围。

10-3 简述各类消能减震装置的滞回特性。

10-4 试分析消能减震装置的设置原则和设计中涉及的主要问题。

10-5 试分析黏弹性阻尼器和黏滞阻尼器的工作机理和滞回特性。

10-6 试分析消能减震设计中主要计算分析参数的确定。

10-7 简述消能减震结构的设计步骤和设计要点。

参 考 文 献

[1]　中华人民共和国国家质量监督检验检疫总局 . 中国地震动参数区划图：GB 18306—2015[S]. 北京：中国标准出版社，2015.

[2]　中华人民共和国国家市场监督管理总局 . 中国地震烈度表：GB/T 17742—2020[S]. 北京：中国标准出版社，2020.

[3]　中华人民共和国住房和城乡建设部 . 建筑与市政工程抗震通用规范：GB 55002—2021[S]. 北京：中国建筑工业出版社，2021.

[4]　中华人民共和国住房和城乡建设部 . 建筑抗震设计规范：GB 50011—2010(2016 年版)[S]. 北京：中国建筑工业出版社，2010.

[5]　中华人民共和国住房和城乡建设部 . 建筑工程抗震设防分类标准：GB 50223—2008[S]. 北京：中国建筑工业出版社，2008.

[6]　中华人民共和国住房和城乡建设部 . 建筑地基基础设计规范：GB 50007—2011[S]. 北京：中国建筑工业出版社，2011.

[7]　中华人民共和国住房和城乡建设部 . 混凝土结构设计规范：GB 50010—2010(2015 年版)[S]. 北京：中国建筑工业出版社，2015.

[8]　中华人民共和国住房和城乡建设部 . 高层建筑混凝土结构技术规程：JGJ 3—2010[S]. 北京：中国建筑工业出版社，2011.

[9]　中华人民共和国住房和城乡建设部 . 砌体结构设计规范：GB 50003—2011[S]. 北京：中国建筑工业出版社，2011.

[10]　中华人民共和国住房和城乡建设部 . 钢结构设计标准：GB 50017—2017[S]. 北京：中国建筑工业出版社，2018.

[11]　中国工程建设标准化协会标准 . 建筑工程抗震性态设计通则(试用)：CECS 160：2004[S]. 北京：中国计划出版社，2004.

[12]　胡聿贤 . 地震工程学[M]. 北京：地震出版社，2006.

[13]　刘伯权，吴涛 . 建筑结构抗震设计[M]. 北京：机械工业出版社，2011.

[14]　白国良 . 工程结构抗震设计[M]. 武汉：华中科技大学出版社，2012.

[15]　郭继武 . 建筑结构抗震[M]. 北京：清华大学出版社，2012.

[16]　吕西林 . 建筑结构抗震设计理论与实例(第四版)[M]. 上海：同济大学出版社，2015.

[17]　刘恢先 . 唐山大地震震害[M]. 北京：地震出版社，1986.

[18]　同济大学土木工程防灾国家重点实验室 . 汶川地震震害[M]. 上海：同济大学出版社，2008.

[19]　陈肇元，钱稼茹，等 . 汶川地震建筑震害调查与灾后重建分析报告[M]. 北京：中国建筑工业出版社，2008.

[20]　(美)R. 克拉夫，J. 彭津，著 . 结构动力学[M]. 王光远，等，译 . 北京：高等教育出版社，2006.

[21]　(美)乔普拉著 . 结构动力学：理论及其在地震工程中的应用[M]. 谢礼立，吕大刚，等，译 . 北京：高等教育出版社，2007.

[22]　张熙光，王骏孙，刘惠珊 . 建筑抗震鉴定加固手册[M]. 北京：中国建筑工业出版社，2001.

[23]　李爱群 . 工程结构减振控制[M]. 北京：中国机械工业出版社，2007.

[24]　裴星洙 . 建筑结构抗震分析与设计[M]. 北京：北京大学出版社，2013.

［25］ 罗福午，张惠英，杨军 . 建筑结构概念设计及案例[M]. 北京：清华大学出版社，2003.

［26］ (美)林同炎，(美)斯多台斯伯利，著 . 结构概念和体系[M]. 高立人，方鄂华，钱稼茹，译 . 北京：中国建筑工业出版社，1999.

［27］ Li Aiqun. Vibration Control for Building Structures Theory and Applications[M]. Springer，2020.

高等学校土木工程专业指导委员会规划推荐教材（经典精品系列教材）

征订号	书 名	定价	作 者	备 注
V40063	土木工程施工（第四版）（赠送课件）	98.00	重庆大学　同济大学　哈尔滨工业大学	教育部普通高等教育精品教材
V36140	岩土工程测试与监测技术（第二版）	48.00	宰金珉　王旭东　等	
V40077	建筑结构抗震设计（第五版）（赠送课件）	49.00	李国强　等	
V38988	土木工程制图（第六版）（赠送课件）	68.00	卢传贤　等	
V38989	土木工程制图习题集（第六版）	28.00	卢传贤　等	
V36383	岩石力学（第四版）（赠送课件）	48.00	许明　张永兴	
V32626	钢结构基本原理（第三版）（赠送课件）	49.00	沈祖炎　等	国家教材奖一等奖
V35922	房屋钢结构设计（第二版）（赠送课件）	98.00	沈祖炎　陈以一　等	教育部普通高等教育精品教材
V24535	路基工程（第二版）	38.00	刘建坤　曾巧玲　等	
V36809	建筑工程事故分析与处理（第四版）（赠送课件）	75.00	王元清　江见鲸　等	教育部普通高等教育精品教材
V35377	特种基础工程（第二版）（赠送课件）	38.00	谢新宇　俞建霖	
V37947	工程结构荷载与可靠度设计原理（第五版）（赠送课件）	48.00	李国强　等	
V37408	地下建筑结构（第三版）（赠送课件）	68.00	朱合华　等	教育部普通高等教育精品教材
V28269	房屋建筑学（第五版）（含光盘）	59.00	同济大学　西安建筑科技大学　东南大学　重庆大学	教育部普通高等教育精品教材
V40020	流体力学（第四版）	59.00	刘鹤年	
V30846	桥梁施工（第二版）（赠送课件）	37.00	卢文良　季文玉　许克宾	
V40955	工程结构抗震设计（第四版）（赠送课件）	48.00	李爱群　等	
V35925	建筑结构试验（第五版）（赠送课件）	49.00	易伟建　张望喜	
V36141	地基处理（第二版）（赠送课件）	39.00	龚晓南　陶燕丽	国家教材二等奖
V29713	轨道工程（第二版）（赠送课件）	53.00	陈秀方　娄平	
V36796	爆破工程（第二版）（赠送课件）	48.00	东兆星　等	
V36913	岩土工程勘察（第二版）	54.00	王奎华	
V20764	钢-混凝土组合结构	33.00	聂建国　等	
V36410	土力学（第五版）（赠送课件）	58.00	东南大学　浙江大学　湖南大学　苏州大学	
V33980	基础工程（第四版）（赠送课件）	58.00	华南理工大学　等	

征订号	书　名	定价	作　者	备　注
V34853	混凝土结构（上册）——混凝土结构设计原理（第七版）（赠送课件）	58.00	东南大学　天津大学　同济大学	教育部普通高等教育精品教材
V34854	混凝土结构（中册）——混凝土结构与砌体结构设计（第七版）（赠送课件）	68.00	东南大学　同济大学　天津大学	教育部普通高等教育精品教材
V34855	混凝土结构（下册）——混凝土桥梁设计（第七版）（赠送课件）	68.00	东南大学　同济大学　天津大学	教育部普通高等教育精品教材
V25453	混凝土结构（上册）（第二版）（含光盘）	58.00	叶列平	
V23080	混凝土结构（下册）	48.00	叶列平	
V11404	混凝土结构及砌体结构（上）	42.00	滕智明　等	
V11439	混凝土结构及砌体结构（下）	39.00	罗福午　等	
V32846	钢结构（上册）——钢结构基础（第四版）（赠送课件）	52.00	陈绍蕃　顾强	
V32847	钢结构（下册）——房屋建筑钢结构设计（第四版）（赠送课件）	32.00	陈绍蕃　郭成喜	
V22020	混凝土结构基本原理（第二版）	48.00	张　誉　等	
V25093	混凝土及砌体结构（上册）（第二版）	45.00	哈尔滨工业大学　大连理工大学等	
V26027	混凝土及砌体结构（下册）（第二版）	29.00	哈尔滨工业大学　大连理工大学等	
V20495	土木工程材料（第二版）	38.00	湖南大学　天津大学　同济大学　东南大学	
V36126	土木工程概论（第二版）	36.00	沈祖炎	
V19590	土木工程概论（第二版）（赠送课件）	42.00	丁大钧　等	教育部普通高等教育精品教材
V30759	工程地质学（第三版）（赠送课件）	45.00	石振明　黄雨	
V20916	水文学	25.00	雒文生	
V36806	高层建筑结构设计（第三版）（赠送课件）	68.00	钱稼茹　赵作周　纪晓东　叶列平	
V32969	桥梁工程（第三版）（赠送课件）	49.00	房贞政　陈宝春　上官萍	
V40268	砌体结构（第五版）（赠送课件）	48.00	东南大学　同济大学　郑州大学	教育部普通高等教育精品教材
V34812	土木工程信息化（赠送课件）	48.00	李晓军	

注：本套教材均被评为《"十二五"普通高等教育本科国家级规划教材》和《住房和城乡建设部"十四五"规划教材》。